W0263282

PHILOSOPHIE

VON

KARL JASPERS

DRITTER BAND

METAPHYSIK

BERLIN
VERLAG VON JULIUS SPRINGER
1932

METAPHYSIK

VON

KARL JASPERS

BERLIN

VERLAG VON JULIUS SPRINGER

1932

ISBN 978-3-642-98526-3   ISBN 978-3-642-99340-4 (eBook)
DOI 10.1007/978-3-642-99340-4

Inhaltsübersicht des Gesamtwerkes.

Inhaltsverzeichnis des dritten Bandes.

Drittes Buch: Metaphysik.

Erstes Kapitel.

Transzendenz.

Was das Sein sei, ist die nicht aufhörende Frage des Philosophierens.

Als *bestimmtes Sein* ist es wißbar. Die Grundweisen seines Bestimmtseins zeigen die *Kategorien.* Deren Aufstellung macht in der Logik die Seinsweisen ausdrücklich bewußt: das *Sein als Gewußtsein und Gedachtsein* wird in seinen Verzweigungen und seiner Vielfältigkeit gegenständlich. Aber das Sein schlechthin ist damit nicht erschöpft.

Als *empirische Wirklichkeit* enthält es ein Hinzunehmendes, vom Gedanken Getroffenes, aber nicht Durchdrungenes. In der Weltorientierung bemächtige ich mich dieser Wirklichkeit, welche, als Ganzes unübersehbar, nach einzelnen Seiten und im besonderen Sein des einzelnen Dinges zu kennen und relativ zu erkennen ist. *Sein als Erkannt-*

sein trägt stets zugleich das Unerkannte an seiner Grenze. Aber das Erkannte mit dem von ihm getroffenen Unerkannten als das Weltsein erschöpfen wiederum nicht das Sein.

Vom Weltsein, es durchbrechend, komme ich zu mir selbst als *möglicher Existenz.* Ich bin darin als Freiheit und in Kommunikation auf andere Freiheit gerichtet. Dieses Darinsein eines Seins, das noch entscheidet, ob und was es ist, kann nicht aus sich heraus und sich nicht zusehen. Aber auch dieses Sein ist nicht das Sein, mit dem alles erschöpfbar wäre. Es ist nicht nur mit und durch anderes Sein der Freiheit, sondern ist selbst bezogen auf ein Sein, das nicht Existenz, sondern ihre *Transzendenz* ist.

Will ich wissen, was Sein ist, so zeigt sich also, je unerbittlicher ich weiterfrage und je weniger ich mich durch irgendein konstruktives Bild des Seins täuschen lasse, desto entschiedener die *Zerrissenheit* des Seins für mich. Nirgends habe ich *das* Sein, sondern immer nur *ein* Sein. *Das* Sein reduziert sich auf die leere Bestimmung der Aussage in der Kopula „ist“ als unbestimmbar vieldeutige Funktion der Mitteilung; aber es wird auf keine haltbare Weise zum *Begriff,* der alles Sein in dem ihm Gemeinsamen umfaßte, nicht das *Ganze* eines Innern, das alle Seinsweisen als seine Äußerungen hätte, noch weniger ein *spezifisches Sein,* das die Auszeichnung besäße, Ursprung von Allem zu werden. Will ich das Sein als Sein fassen, so scheitere ich.

Die *Frage* nach dem Sein als Sein kann von mir als Bewußtsein überhaupt nicht eigentlich verstanden werden. Für dessen zwingende Einsicht ist wohl eine Zerrissenheit zwischen Weisen des Seins aufzeigbar; sie bleibt aber gleichgültig, weil Erkenntnis auf dem Wege zum objektiven Sein die zu diesem gehörende Einheit, wenn sie auch nicht erkannt ist, doch fraglos voraussetzt. Die Zerrissenheit des Seins schlechthin zum Bewußtsein zu bringen, ist Handlung der Freiheit. Erst die Entscheidung, welche aneignet und verwirft, steht vor der Zerrissenheit des Seins als vor der Situation, die sie angeht und in den Grenzsituationen herausfordert, die Frage nach dem Sein eigentlich zu stellen.

Nicht das Dasein in seiner Vitalität und als Bewußtsein überhaupt erfährt darum die Zerrissenheit des Seins. Erst mögliche Existenz ist von ihr betroffen und *sucht* das Sein, als ob es verloren und zu gewinnen sei. Mögliche Existenz ist im Unterschied vom Dasein dadurch charakterisiert, daß sie eigentlich selbst ist in diesem Suchen des Seins. Ihr wird unausweichlich: Ich habe den Boden des Seins nicht im

2

Dasein, nicht in den mannigfaltigen Bestimmtheiten besonderen Seins
als Gewußtsein und Erkanntsein, nicht in mir in meiner Isolierung
und noch nicht in der Kommunikation. Nirgends habe ich „das Sein".
Überall trete ich an Grenzen, bewegt von dem meiner Freiheit verbundenen, weil sie selbst seienden Suchen des Seins. Suche ich es nicht,
so ist es, als ob ich selbst aufhörte zu sein. Ich scheine es zu finden in
der konkreten Geschichtlichkeit meines aktiven Daseins, und muß es
mir doch stets entgleiten sehen, wenn ich es philosophierend fassen will:

Stehe ich vor diesem Sein als Transzendenz, so suche ich den
letzten Grund auf eine einzigartige Weise. Er scheint sich zu öffnen;
doch wird er sichtbar, so zergeht er; will ich ihn fassen, so greife ich
nichts. Will ich an die Quelle des Seins dringen, so falle ich hindurch
in das Bodenlose. Niemals gewinne ich, was ist, als einen Wissens-
inhalt. Doch diese Abgründigkeit, leer für den Verstand, vermag sich
für Existenz zu füllen. Ich stehe im Transzendieren, wo diese Tiefe
sich öffnete und im Zeitdasein das Suchen als solches zum Finden
wurde: denn das transzendierende Zeitdasein des Menschen vermag
als mögliche Existenz die *Einheit von Gegenwart und Suchen* zu werden: eine Gegenwart, die nur als das Suchen ist, das nicht abgeschnit-
ten ist von dem, was es sucht. Nur aus einem Vorwegergreifen dessen,
was gefunden werden soll, kann gesucht werden; Transzendenz muß
schon gegenwärtig sein, wo ich sie suche. Im Transzendieren weiß ich
vom Sein weder gegenständlich wie in der Weltorientierung, noch
werde ich seiner inne wie meiner selbst in der Existenzerhellung,
sondern ich weiß von ihm in einem inneren Tun, das selbst im Scheitern noch bei diesem eigentlichen Sein bleibt. Es kann, ohne gefunden
zu sein als ein objektiver Halt, der Existenz Festigkeit geben, im
Dasein sich zu sich und zur Transzendenz in Einem zu erheben.

Die Weisen dieses Seinssuchens aus möglicher Existenz sind *Wege
zur Transzendenz*. Ihre *Erhellung* ist die philosophische *Metaphysik*.

Ungenügen an allem Sein, das nicht Transzendenz ist.

Sacherkenntnis kann ihre eigene Grenze begreifen: daß sie selbst
und ihr Inhalt nicht das Sein schlechthin ist, sondern nur dasjenige
Sein, das im Bewußtsein sich auf ein Sein als objektiven Bestand
richtet. Dieses Sein war das Weltsein.

Philosophische Weltorientierung zeigte, daß die Welt in sich
keinen Grund hat; denn sie erwies sich als nicht schließbar: es wurde

unmöglich, die Welt als ein aus sich und in sich bestehendes selbstgenügsames Ganzes zu erkennen.

Mit dem Bewußtsein dieser Grenzen begann der Durchbruch zur möglichen Existenz und das Philosophieren. Jetzt war ich denkend betroffen von einem Gegensatz, den ich erkennend nicht begreife, aber als mögliche Existenz ergreife: von dem Gegensatz des Seins als Bestand und des Seins, das ich als Freiheit selbst bin. In diesem Gegensatz war die Seite des Bestandes jeweils gegenständlich, klar und allgemeingültig. Die Seite der Freiheit aber blieb ungegenständlich, unbestimmt; ohne Anspruch auf eine allgemeine, ging Freiheit auf unbedingte Geltung. In der *Existenzerhellung* wurde Freiheit in einem spezifischen Denken zur Mitteilbarkeit im erweckenden Appell gebracht. Zu ihr führte die *Unbefriedigung am bloßen Weltdasein* im nur Allgemeinen. Aber auch in ihr konnte *keine endgültige Befriedigung* erreicht werden.

Doch Existenz ergreift sich in ihrer Freiheit nur, indem sie im selben Akt zugleich ein ihr Anderes wahrnimmt. Unbedingtheit wird, wo sie entschieden ist, sich bewußt, nicht nur sich als Dasein nicht geschaffen zu haben und als Dasein dem sicheren Untergang ohnmächtig preisgegeben zu sein, sondern selbst als Freiheit sich nicht sich allein zu verdanken. Auf irgendeine Weise verwirklicht sie sich nur in bezug auf ihre Transzendenz:

Transzendenz wird entweder ausdrücklich *geleugnet;* da aber Transzendenz sich der Existenz als mit ihr verbundene Möglichkeit unablässig aufdrängt, muß dies Leugnen aktiv wiederholt und dadurch als ein negatives Verhalten zur Transzendenz festgehalten werden. Oder Existenz steht *gegen* Transzendenz, sich im Kampfe mit ihr zu verwirklichen. Oder sie will *mit* der Transzendenz ihren Weg in der Welt gehen. Ob ohne, gegen oder mit der Transzendenz, für mögliche Existenz ist Transzendenz die unaufhörliche Frage. Jene drei Möglichkeiten sind Momente in der Bewegung des existentiellen Bewußtseins der Transzendenz im Zeitdasein.

Sich absolut auf sich zu stellen ist der Existenz zwar die Wahrheit ihrer Unbedingtheit im Zeitdasein, wird ihr aber zur Verzweiflung. Sie ist sich bewußt, daß sie als schlechthin eigenständig ins Leere sinken müßte. Soll sie aus sich wirklich werden, so ist sie darauf angewiesen, daß ihr entgegenkommt, was sie erfüllt. Sie ist nicht sie selbst, wenn geschieht, daß sie sich ausbleibt; sie steht zu sich, als ob sie sich gegeben würde. Sie bewährt ihre Möglichkeit nur, wenn sie sich in der Transzendenz begründet weiß. Sie verliert ihre Offenheit für ihr eigenes Werden, wenn sie sich für das eigentliche Sein hält.

Daher wird zwar Freiheit im Durchbruch durch das Weltdasein mit der Leidenschaft ergriffen, in ihr das Sein noch zu entscheiden, aber Freiheit kann sich nicht für das Letzte halten. Denn sie ist nur in der Zeit auf dem Wege, wo noch mögliche Existenz sich verwirklicht. Sie ist nicht das Sein an sich. In der Transzendenz hört Freiheit auf, weil nicht mehr entschieden wird; dort ist weder Freiheit noch Unfreiheit. Sein als Freiheit, der tiefste Appell an uns, sofern es noch an uns liegt, was wir sind, ist nicht Sein der Transzendenz. Auch Freiheit, auf sich selbst beschränkt, muß verkümmern. In der Transzendenz, welche als solche nur ihr sich öffnet, sucht sie ihre Erfüllung. Was diese ist, wird ihr die Möglichkeit von Vollendung, Versöhnung, Erlösung, oder des Schmerzes im Sein der Transzendenz. In jedem Falle ist ihr die *Aufhebung der möglichen Selbstgenugsamkeit* in sich die letzte *Befriedigung* im Zeitdasein.

Angesichts der Transzendenz hat Existenz das eigentliche Bewußtsein der *Endlichkeit*. Die Endlichkeit des menschlichen *Erkennens* kann durch Konstruktionen anderer Möglichkeiten des Erkennens kontrastierend zur Einsicht gebracht werden; die Endlichkeit des *Daseins* ist darin, daß es stets ein Anderes außer sich hat, und in jeder Gestalt nur entsteht und vergeht. Die Endlichkeit des Erkennens und des Daseins ließe sich durch die Konstruktion einer Erweiterung ins Unendliche als überwunden denken.

Existenz dagegen kann sich weder als endlich gegen eine denkbare Vollendung des Endlosen, noch als endlich gegen anderes Endliche fassen. Aber sie weiß sich, wenn sie über jeden Endlichkeits- und Unendlichkeitsgedanken hinaus im Sprunge zur Selbstgewißheit gekommen ist, als nicht trennbar von anderer Existenz, auch nicht losgelöst von der Instanz, auf die sie sich, obzwar von ihr unendlich verschieden, bezieht.

Nenne ich dieses Bezogensein Endlichkeit, so wäre diese Endlichkeit der Existenz nicht wie jene früheren Endlichkeiten gedanklich konstruierbar und aufhebbar, sondern schlechthin. Sie wäre nicht einsehbar, sondern erfaßt durch den Akt der Freiheit, die sich auf sich selbst richtet und darin sich vor ihre Transzendenz stellt. Die einsehbaren Endlichkeiten würden zu relativen und gewönnen ihrerseits erst existentielle Relevanz, wenn sie von dem Bewußtsein der auf Transzendenz bezogenen Existenz rückgreifend beseelt würden.

Was aber sich auf Transzendenz bezieht, ist als Endlichkeit nicht seinem unendlichen Wesen gemäß gefaßt, als Unendlichkeit nicht in seinem Ungenügen getroffen. Existenz kann von sich weder Endlichkeit noch Unendlichkeit oder beides aussagen. Sie ist das unüberwindbare, weil unendliche *Ungenügen,* das eines ist mit dem *Suchen* der Transzendenz. Existenz ist nur in bezug auf Transzendenz oder gar nicht. In diesem Bezug hat sie ihr Ungenügen, oder mit der Aufhebung des Zeitdaseins ihr mögliches Genügen.

Wirklichkeit metaphysischen Denkens und Wirklichkeit der Transzendenz.

1. **Gegenständlichwerden der Transzendenz.** — Da das Sein der Transzendenz weder bestimmt ist in Kategorien, noch da ist als empirische Wirklichkeit, noch die Gegenwart meiner Freiheit als diese selbst ist, so ist es überhaupt nicht in Seinsweisen, die ich gegenständlich artikuliert denke, als hinzunehmendes Dasein erkenne oder im Appell an meine Möglichkeit erhelle. Sofern aber Existenz im Dasein sich erscheint, ist für sie, was ist, nur in Gestalt des Bewußtseins; daher nimmt auch, was Transzendenz ist, für die daseinsgebundene Existenz die Form des Gegenständlichseins an.

Metaphysische Gegenständlichkeit hat vor aller jeweiligen Bestimmtheit einen spezifischen Charakter. Sie ist Funktion einer *Sprache,* welche Transzendenz im Bewußtsein der Existenz verständlich macht. Durch die Sprache dieser Gegenständlichkeit kann sich Existenz zur Gegenwart bringen, was sie als Bewußtsein überhaupt nicht wissen kann. Sie ist nicht eine allgemeine Sprache aller Existenz als einer Gemeinschaft von Vernunftwesen, sondern je geschichtliche Sprache. Sie verbindet die Einen und ist den Anderen unzugänglich. Sie wird verwässert zum Allgemeinen und ist ganz entschieden nur im Geschaffenwerden und in ursprünglicher Aneignung.

Die Sprache der Transzendenz ist im Dasein wie *eine zweite Welt* der Gegenstände. Während in der Weltorientierung jeder Gegenstand er selbst, identisch für jedermann und daher allgemeingültig erforschbar ist, ist diese zweite Welt gegenständlicher Sprache nur möglicher Existenz vernehmbar. Jedoch ist alle Gegenständlichkeit mögliche Chiffre, sofern sie in transzendierender Aneignung auf eine Weise gegenwärtig wird, daß in ihr Transzendenz erscheint.

Die metaphysischen Gegenstände sind äußerlich auch *für das Be-*

wußtsein überhaupt sichtbar in dem unermeßlichen Reichtum der historisch vorliegenden Mythik, Metaphysik und religiösen Dogmatik. Ihre Welt ist vielfach in sich, zersplittert in viele Sprachen, darum ohne Ganzheit und zunächst wie der unverständliche Lärm einer Sprachverwirrung. In ihr scheint ein metaphysisches Gegenstandsreich heterogen dem anderen und doch nicht absolut disparat. Denn es ist ein Ansprechen möglich wie durch eine Sprache, die ich noch nicht verstehe, deren Verständnis ich aber näher kommen kann, ohne damit schon in sie als die meine eingetreten zu sein. Metaphysische Vergegenständlichungen der Transzendenz stehen als Vergewisserungen nebeneinander in der Möglichkeit geschichtlicher Kommunikation, doch ohne bestimmbare Grenzen. Während es darum in der metaphysischen Gegenständlichkeit keine gehaltvolle Identität für den Betrachter gibt, welcher die eine allgemeingültige Metaphysik forschend feststellen möchte, ist in ihr eine mögliche geschichtliche Gemeinschaft durch diese Sprache, in deren Verstehen Menschen sich aneinander binden.

2. Stufen der Wirklichkeit überhaupt. — Es ist die Frage, in welchem Sinne in der Sprache metaphysischer Gegenständlichkeit Wirklichkeit ist.

Alle Wirklichkeit ist für uns in der Korrelation eines *Gegenständlichen* zu einem Subjekt, das *aktiv* zu ihm gerichtet ist. So ist *empirische Wirklichkeit* als Gegenstand des Wissens durch die Aktivität untersuchenden Verhaltens kritisch ergriffen. Für das forschende Bewußtsein überhaupt ist die empirische Wirklichkeit zwingend. Aber Transzendenz ist keine zwingende Wirklichkeit; jedoch bemerken wir, sofern wir im Dasein mögliche Existenz sind, überall in den Wirklichkeiten etwas, das als empirisch festgestellt nicht mehr das ist, als was wir es erfuhren. Es ist eine *Wirklichkeit als die Grenze der empirischen Wirklichkeit,* nur als diese zu erfassen, aber unerforschbar, weil über sie hinausgreifend.

Eine solche Wirklichkeit, die doch von keinem Bewußtsein überhaupt anders als negativ bemerkt wird, war die *Existenz.* Wenn der andere Mensch, als Objekt gekannt und verstanden, durch Schaffung von Situationen in berechenbarer Weise dirigiert werden kann, so bleibt doch eine Unberechenbarkeit, welche sich durch die Endlosigkeit der in Betracht kommenden Faktoren nur negativ begreifen läßt, welche aber als das absolut Einmalige der Existenz, mit der ich in Kommunikation stehe, der Aktivität des Selbstseins positiv offenbar wird. Unberechenbarkeit ist als Tiefe des Seins zwischen Existenzen gegenseitig wirklich, aber zweideutig für den Gedanken. Die endlosen Reibungen, Täuschungen, Beunruhigungen und Möglichkeiten in der Beziehung zu anderen, diese Schwierigkeiten, in denen ich auch mich selbst erst erfahre, sind entweder Folge der bloßen Natur als des schlechthin Fremden, der harte gegenseitige Widerstand des existenzlosen Daseins; oder sie sind die Dunkelheit möglicher Existenz, die der Erhellung sich erst öffnen muß in der Bereitschaft zu existentieller Kommunikation. Diese *Wirklichkeit der Existenz* ist Grenze der empirischen und doch die leibhaftigste, gegenwärtigste Wirklichkeit, der ich mich verschließen würde, wenn ich die empirische Wirklichkeit für die einzige hielte. Dann erfahre ich jene Störungen, die mir in einer Welt anscheinend so klarer Berechnungen immer in die Quere kommen, durch mich vermöge mir nicht bewußter irrationaler Motive, durch die Anderen vermöge von Handlungen und Zielsetzungen, die nicht zu erwarten waren. Ich bleibe verstrickt in einer unauflösbaren Dunkelheit grade darum, weil ich nur objektive Klarheit als Wahrheit und Wirklichkeit gelten lassen will.

Erst möglicher Existenz wird an den Grenzen der von ihr im „Bewußtsein überhaupt" erkannten empirischen und der ihr in Kommunikation sich offenbarenden existentiellen Wirklichkeit *das wirkliche Sein der Transzendenz* fühlbar.

So ist es etwa in den Situationen oft ein Zufall, auf den es uns grade ankommt. Wenn wir dann sagen, alles sei dennoch Kombination notwendiger gesetzlicher Zusammenhänge, so gibt es zwar für ein allgemeingeltendes Wissen in der Tat nichts anderes. Aber in der konkreten Situation bleibt die Unberechenbarkeit als das entscheidende Wirkliche doch der Stachel. Man fragt, als was das Unberechenbare wirklich sei, wenn es unerkennbar ist. Die Behauptung von dem allumfassenden Mechanismus der Kausalzusammenhänge und die Behauptung von dem Nochnichtberechnenkönnen trotz der prinzipiellen Berechenbarkeit von allem ist unwahre Antizipation. Nur in der Grenzsituation der geschichtlichen Bestimmtheit kann mögliche Existenz im unberechenbaren Zufall entschiedene Wirklichkeit als Grenze empirischer Wirklichkeit erfassen.

Jeder bestimmte Wirklichkeitsbegriff grenzt ab gegen ein Nichtwirkliches. Als mögliche Existenz frage ich, nicht forschend, nicht Wirklichkeit bestimmend, sondern mich aus aller Besonderheit zurücksammelnd, nach der *absoluten Wirklichkeit*. Diese ist mir transzendent; aber ich vermag in der Immanenz des empirischen Daseins und der Existenz Grenzen zu erfahren, an denen sie mir gegenwärtig ist.

Transzendenz als die Wirklichkeit, nach welcher Existenz fragt, kann nicht mehr allgemeingültig befragt werden. Denn sie trifft mich als *Wirklichkeit ohne Möglichkeit*, als die absolute Wirklichkeit, über die hinaus nichts ist; ich stehe vor ihr im Verstummen. Was ich als *empirische* Wirklichkeit erkenne, das begreife ich als *Möglichkeit* durch die Bedingungen ihrer Verwirklichung; ich suche mit Hilfe meiner Erkenntnis das konkret Wirkliche zweckhaft zu ändern. Was ich als *Selbstsein* ergreife, dessen bin ich mir als einer *Möglichkeit* bewußt, welche ihre Wirklichkeit durch meine Freiheit entscheidet; diese Möglichkeit schafft mir keinen Gegenstand als Ziel und keinen Plan als Weg, aber sie ist der gehaltvolle Raum, aus dem an mich als Selbstsein appelliert wird, damit ich verwirkliche. Die *Wirklichkeit der Transzendenz* dagegen ist der Rückübersetzung in Möglichkeit unzugänglich; darum ist sie nicht empirisch: sie entbehrt der uns faßlichen Möglichkeit, aus der sie wirklich ist, nicht aus Mangel, sondern weil diese Trennung von Möglichkeit und Wirklichkeit der Mangel der empirischen Wirklichkeit ist, die immer ein Anderes außer sich hat; darum ferner ist sie nicht Existenz: sie entbehrt der Möglichkeit des Entscheidens, nicht aus Mangel, sondern umgekehrt, weil Entscheidungsmöglichkeit Ausdruck des Mangels der Existenz im Zeitdasein ist.

Wo also ich an die *Wirklichkeit* stoße *ohne deren Verwandlung in Möglichkeit*, da treffe ich Transzendenz.

Wenn transzendente Wirklichkeit nicht als empirische vorkommt und nicht Existenz ist, so wird sie also, könnte man folgern, eine *jenseitige* sein. Metaphysik wäre das Wissen von einer Hinterwelt, welche hinaus über die wirkliche Welt, anderswo, unzugänglich bestände. Transzendiere ich, so würde ich einen Weg in diese andere Welt beschreiten. Durch Glück und Gunst meint einmal jemand von ihr berichten zu können.

Diese Weltverdoppelung erweist sich als trügerisch. In die andere Welt werden nur Dinge und Ereignisse versetzt, die es auch in dieser Welt gibt, phantastisch vergrößert, verkleinert und kombiniert. Bilder und Geschichten aus jener Welt, entsprungen der Imagination des Erzählers oder des konstruierenden Verstandes, werden Gegenstände der Furcht und des Trostes dadurch, daß sie wie eine andere empirische Wirklichkeit behandelt werden. Das Jenseits als eine bloß andere Wirklichkeit muß als Illusion fallen.

Wie aber ist dann auf die Wirklichkeit der Transzendenz zuzugehen? Es ist dem Einzelnen nicht möglich, in eigenmächtigem Anfangen durch sich selbst allein gleichsam herauszubekommen, was sie sei. Eine unergründliche Überlieferung in der Sprache metaphysischer Gegenständlichkeit läßt ihn hören, was er ihr verbunden, in eigener Gegenwart als Wirklichkeit erfahren kann.

3. **Metaphysik zwischen dem Wissen von ihrer Überlieferung und der existentiellen Gegenwart der Transzendenz.** — Die in Mythik, Metaphysik und Theologie überlieferte Sprache kann als die Mannigfaltigkeit metaphysischer Gegenständlichkeit in historischer Weltorientierung äußerlich gekannt werden. Aber dieses *Wissen* von Metaphysik als *empirischer* Wirklichkeit menschlichen Daseins ist nicht selbst Metaphysik. Man kann es haben auch bei der Meinung, es sei die Geschichte der menschlichen Irrtümer.

Da vielmehr die Wirklichkeit der *Transzendenz* nur in schlechthin geschichtlicher Konkretheit der Situation wahrhaftig gegenwärtig sein kann, ist Metaphysik das auf diese unbezweifelbare Wirklichkeit bezogene Denken, das sie vergegenwärtigt in einem Medium des gehörten Allgemeinen.

Philosophische Metaphysik steht daher zwischen der *überlieferten Metaphysik* als Möglichkeit, deren Sprache zu verstehen und anzueignen, und der *existentiell wirklichen Gegenwart der Transzendenz*, die sie in der Sphäre möglicher Gedanken glaubt.

Überlieferte Metaphysik ist die Voraussetzung nicht nur für eine weltorientierende äußere Kenntnis, sondern für die innere Aneignung, welche den Gehalt der Sprache als Betroffenheit von der Wirklichkeit der Transzendenz hören läßt. Schließlich ist selbst das Wissen von der empirischen Wirklichkeit der Metaphysik in der Geschichte eigentlich nur sinnvoll aus dem Ursprung einer im Grunde der Überlieferung sich verstehenden gegenwärtigen Metaphysik des Suchenden. Ohne ihn würde Geschichte der Metaphysik zu einer Sammlung von Kuriositäten; als solche vermöchte sie nur ein Bewußtsein zu befriedigen, das von diesen Störungen der Daseinsrationalisierung frei geworden zu sein meint. Die überlieferte Metaphysik wird zur Möglichkeit für die jeweils gegenwärtige.

Die *Wirklichkeit der Transzendenz* geht auf keine Weise in den metaphysischen Gedanken ein. Der Gedanke, der dem existentiellen Anstoß an die Transzendenz ursprünglich Sprache verleiht, spricht zwar in geschichtlicher Konkretheit aus; er *zeigt* kraft der Wahrheit und *läßt keine Möglichkeit* des Andersseinkönnens *zu*, wenn er sie *kündet. Als Gedanke* vom Ursprung seiner Wirklichkeit gelöst, ist er aber alsbald *Möglichkeit für Existenz*. Metaphysik, als das philosophische Denken in bezug auf Transzendenz, hat ihren ganzen Gehalt in den Ursprüngen und ihren Ernst in der Ermöglichung ihrer Erfahrung. Metaphysik als überlieferte Möglichkeit ist nicht etwa eine widersinnige Rückübersetzung der Wirklichkeit der Transzendenz in logische und psychologische Möglichkeit, sondern Möglichkeit für Existenz, die durch sie in Berührung mit der absoluten Wirklichkeit sich erhellen kann.

Die *Aneignung* des Überlieferten als *Ermöglichung* eigener existentieller Nähe zur Transzendenz findet sich in diesem *Zwischenreich philosophischer Metaphysik,* in der Vergegenwärtigung der Wahrheit nicht schon die Wirklichkeit ihrer Gegenwart ist. Daher steht dieses Philosophieren (im Unterschied vom bloß äußeren historischen Wissen der Lehren) der vergangenen Metaphysik gegenüber in Kommunikation zu ihrem Ursprung in fremder Existenz, und hat die Achtung im Abstand von deren Wirklichkeit. Es steht zu sich selbst als der Bereitschaft, welche im Existieren noch zu bewähren hat, ob ihr statt der Möglichkeit in der Vergegenwärtigung die Wirklichkeit der Transzendenz gewiß werde.

Zwischen der *absolut gegenwärtigen Wirklichkeit der Transzendenz* und der *empirischen Wirklichkeit der historisch vorhandenen Metaphysik* ist die *Wirklichkeit des Philosophierens* in der Metaphysik also das Denken, das weder kündet, noch vor der Wirklichkeit der Transzendenz steht, noch erforscht, was andere glaubten — das vielmehr die Möglichkeit des Chiffrewerdens allen Daseins im Medium des Allgemeinen möglicher Existenz zeigt.

Die Schwierigkeit ist, daß Metaphysik, obgleich ihr Ursprung die nicht auf adäquate Weise mitteilbar gedachte absolute Wirklichkeit der Transzendenz vor sich hat, nicht *ohne* ein Allgemeines zu sein vermag, als *nur* Allgemeines aber leer wird.

4. Materialisieren und Leugnen der Transzendenz. — Da die Wirklichkeit der Transzendenz immanent nur in der Gegenständlichkeit als ihrer Sprache erscheint, nicht aber als empirischer Gegenstand selbst da ist, ist es möglich, entweder durch Verwechslung der Wirklichkeiten die Transzendenz zu *materialisieren,* oder durch Verabsolutierung der empirischen Wirklichkeit die Transzendenz zu *leugnen.*

Die *Materialisierung* bringt die Transzendenz in Gestalt greiflicher partikularer Wirklichkeit zu einer täuschenden Gegenwart; statt in empirischer Wirklichkeit, wird sie als empirische Wirklichkeit gesehen. Unter Verlust der Transzendenz hat der Aberglaube sein Absolutes als ein materialisiertes und doch in dem, wie es gemeint ist, unwirkliches Dasein in der Welt. Sein Handeln in dieser täuschenden Übersinnlichkeit ist Magie. Er haftet am Endlichen, behandelt es wie Transzendenz, und hat es doch nicht einmal als Endliches in der Hand.

Der *Positivismus* dagegen läßt nur die empirische Wirklichkeit gelten. Er lehnt Metaphysik als Phantastik ab, wenn er auch die Wirklichkeit dieser Phantastik im Menschen keineswegs beherrschen oder vernichten kann. Er untersucht die historische Wirklichkeit der Metaphysik im Dasein des Menschen, dessen metaphysisches Bedürfnis als eine Naturanlage sich inhaltliche Gestalten geschaffen und durch sie auf sein Dasein eingewirkt hat. Ob der Glaube an diese Inhalte Illusion sei oder nicht, in jedem Falle läßt sich feststellen, was geglaubt wurde und welche faktischen Wirkungen dieser Glaube hatte; man nimmt ein Inventar auf und ordnet. Dann wird der faktische Umgang mit metaphysischen Inhalten in Kulten, Riten, Festen und im schon vergangenen Nachdenken beschrieben. Schließlich werden die Folgen dieses Umgangs für die praktische Lebensführung, im rationalen und irrationalen Verhalten zu der empirischen Welt, begriffen.

Aberglaube materialisiert, Unglaube als Positivismus löst in Illusionen auf. Beide sehen die metaphysische Gegenständlichkeit opak, nicht transparent. Sie hören nicht die Sprache der Transzendenz: der Aberglaube verwandelt sie in Weltdasein, das er wie empirische Wirklichkeit behandelt, der Unglaube in vermeintlich erkannte Phantasmen, die gemessen an der Wirklichkeit der Weltorientierung nichtig sind.

Materialisierung und bestehendes Jenseits sind *Illusionen der Daseinsnot*, welche ohne den Durchbruch zur Freiheit der Existenz vermöge eines Wissens herumkommen möchte um Sorge und Gefahr und um das Bewußtsein absoluter Vernichtung.

Positivismus kann gar nicht eigentlich nach Transzendenz fragen, da er den *Standpunkt des Bewußtseins überhaupt nicht verläßt.* Die Sprache der Transzendenz ist auf diesem Standpunkt nicht einmal als Dasein einer Sprache erkennbar. Reine Immanenz ohne Transzendenz bleibt nichts als das taube Dasein.

Da die Wirklichkeit der Transzendenz weder empirisches Dasein als materialisierte Transzendenz ist, noch jenseitig eine andere Welt, kommt es — sie zu erfahren — auf den *Bruch der Immanenz* an, worin der Existenz das Sein im geschichtlichen Augenblick entgegenkommt. Der Ort der Transzendenz ist weder diesseits noch jenseits, sondern Grenze, aber Grenze, auf der ich vor ihr stehe, wenn ich eigentlich bin.

Aberglaube und Positivismus sind *Feinde* auf derselben Ebene. Aber der Positivismus ist auf dieser Ebene Sieger. Es gibt keine objektiven Wunder. Es gibt keine Gespenster, kein Hellsehen und keine Magie. Was es in der Wirklichkeit als Tatsache gibt, das steht unter Regel und Gesetz, ist methodisch feststellbar. Die Unmöglichkeit jener immer wieder gutgläubig berichteten und betrügerisch oder hysterisch veranstalteten Phänomene ist zwar nicht logisch eine Unmöglichkeit, sondern wird als Unmöglichkeit in einer spezifischen Gewißheit erfaßt, welche im Ganzen des Wissens ihren Grund hat: die reale Unmöglichkeit folgt daraus, daß solche Phänomene mit den Bedingungen der Möglichkeit empirischer Erkenntnis überhaupt streiten. Die Unmöglichkeit schlechthin wird aber dadurch nicht zwingend eingesehen. Deren Gewißheit ist vielmehr grade die nicht logische, wenn auch auf logischen Wegen erhellte, existentiell begründete Gewißheit. Das Rechnen mit den real unmöglichen Phänomenen als Wirklichkeiten, ja schon die ernstliche positive Erwägung ihrer Möglichkeit trennt den Menschen abgründig von dem Anderen, welcher von der Gewißheit der Unmöglichkeit beseelt ist. Denn diese Gewißheit ist sowohl Bedingung für sein besonnenes positivistisches Weltwissen wie Korrelat zur echten Beziehung auf Transzendenz. Wie an einem meist verschleierten Symptom ist in diesen Dingen des Aberglaubens die faktische Kommunikationslosigkeit zwischen Menschen zu erfahren, die in den Dingen des Daseins so vielfach sich zu verstehen und solidarisch zu sein scheinen.

5. Die Frage: Illusion oder Wirklichkeit? — Aus den historischen Tatsachen, wie Menschen geglaubt haben, bleibt ein Stachel durch die unausweichliche Frage: Sind die Menschen in Jahrtausenden irregeführt durch Phantasmen, die man adäquat untersucht, wenn man sie wie psychopathologische Phänomene auffaßt? Ist Irrung, was Grund der menschlichen Persönlichkeiten und einzigen Schöpfungen war, und sind die sonderbaren Bewegungen der Seele auch des heutigen Menschen nur die Reste dieser Irrung, welche nun endgültig auszurotten an der Zeit wäre? Gibt es sie nur als die unwesentlichen Gefühlstrübungen des übrigens aufgeklärten Daseins, oder ist in uns

eine Verlorenheit, die sich zurücksehnt zur Erfahrung eigentlichen Seins?

Dies Fragen vor den metaphysischen Inhalten gilt noch nicht für die *primitiven Bewußtseinszustände*. In ihnen ist noch nicht geschieden, was wir als Wirklichkeit und Traum, als Körper und Seele, und was wir in den Bestimmtheiten der Kategorien unterscheiden. Das wirksame Reiben zweier Hölzer, um Feuer zu erzeugen, und das kausal wirkungslose Ausgießen von Wasser, um Regen herbeizuführen, sind wie Handlungen gleicher Art. Alles ist noch geistig und leiblich zugleich, die Natur noch nicht entseelt, der Geist noch nicht entstofflicht. In dem unmittelbaren Daseinsganzen gibt es noch keine Differenzierung der Seinsweisen und daher kein entschiedenes Wissen. Erst der Mensch, der forschend und denkend sich durch Scheidungen orientiert hat, kann eigentlich nach Wirklichkeit fragen. Er besitzt nach Ausschließung möglicher Täuschungen die unausweichlichen Wirklichkeitsbegriffe des empirischen Wissens: Wirklich ist, was meßbar, in Raum und Zeit sinnlich nach Regeln wahrnehmbar, durch Veranstaltung beherrschbar oder wenigstens berechenbar ist.

Die Frage nach Illusion oder Wirklichkeit gilt erst in diesem *kritisch entwickelten Bewußtsein*. Hier aber *gilt* bei philosophischer Helligkeit *die Alternative* von Wirklichkeit oder Illusion *nicht für metaphysische Gegenständlichkeit*. Als materialisierte ist sie Illusion für ein Wissen, aber sie ist Wirklichkeit für Existenz, welche in ihr die *Sprache* der Transzendenz *vernimmt*. Wie die Frage nach Transzendenz nur aus möglicher Existenz kommt, so ist auch Antwort nur ihr verständlich.

Wenn alles Sein in dem von der Weltorientierung Gewußten aufgeht und dann alle Wirklichkeit verschwindet, die nicht hier ihren Ausweis findet, dann muß das Recht auf Metaphysik zurückerobert werden durch die Klarheit, welche sowohl das Hinsinken in abergläubische Materialisierung als auch das glaubenslose Verharren beim empirisch Wirklichen verhindert. Sie hält den Raum frei, wenn sie als bloße Methodenklarheit ihn auch noch nicht erfüllen kann.

Unbeständigkeit der metaphysischen Gegenständlichkeit.

Gegenstand für das Bewußtsein ist das Sein als Bestand. Dieses ist in seiner Gegenwart selbst gegeben. Der Gegenstand ist uns nah, weil er leibhaftig, handgreiflich oder als notwendig gedachter da ist.

14

So ist er als empirischer oder zwingend gültiger Gegenstand nur dieser und bedeutet nichts anderes.

Aber der Gegenstand ist zugleich, weil er das Andere ist, uns *fern*. Diese Ferne erzwingt noch im forschenden Denken an der Grenze die Frage, was der Gegenstand, der, wie er ist, für uns als Bewußtsein überhaupt ist, an sich sei; er wird als *Erscheinung* gedacht. Da nun schon aus anderem Ursprung Existenz über sich hinausblickt zum Sein der Transzendenz, ergreift sie im Denken dies Erscheinungsein aller Gegenständlichkeit als die Aufhebung bloßen Daseins. Das schlechthin Andere der Transzendenz war für das Bewußtsein überhaupt nur als der noch leer bleibende Grenzgedanke des Ansichseins; dieses Bewußtsein ist im wissenden Haben des bloßen Gegenstandes schon bei sich. Ich selbst aber bin erst im Erfassen der Transzendenz existierend bei mir, noch nicht im Denken der Mannigfaltigkeit empirischer und geltender Gegenstände. Existenz bleibt nicht bei dem noch allgemeinen Bewußtsein der Erscheinungshaftigkeit von allem stehen, sondern Gegenstände werden für sie zur Sprache der Transzendenz in einer eigentümlichen Gestalt.

Wenn das Gegenständliche Erscheinung der Transzendenz wird, so wird es Eigenschaften aufweisen, die es unterscheiden. *Gegenständlichkeit*, die Erscheinung von Transzendenz ist, muß für das Bewußtsein *verschwindend* sein, da sie nicht Sein als Bestand, sondern Sein der Transzendenz für das Sein der Freiheit als Sprache ist. So wie überall Existenz zu sich kommt im Verschwinden dessen, was nur da ist, aber nicht existiert, so auch in der Richtung auf Transzendenz nur in Gegenständen, die als Gegenstände für das Bewußtsein keinen Bestand haben. Daraus sind methodisch *drei Weisen der Unbeständigkeit metaphysischer Gegenstände* zu begreifen:

Das metaphysisch Gegenständliche ist als Gegenstand, sei es als Gedanke, sei es als Anschauung, nicht dieser selbst, sondern *Symbol*.

Bei klarem Denken des metaphysischen Gegenstandes *fällt* dieser *logisch* für den Verstand in sich *zusammen*; der Gedanke erweist sich als Zirkel oder Tautologie oder als innerer Widerspruch.

Vermöge der metaphysischen Intention wird in dem endlichen, *empirisch Wirklichen* aus der Freiheit der Existenz *absolut Wirkliches* ergriffen. Das empirisch Wirkliche ist vor dem Absoluten wie nicht eigentlich wirklich; das absolut Wirkliche ist vor dem empirisch Wirklichen in dessen Sinn unwirklich. *Sein und Nichtsein* kehren *in ständigem Wechsel* ihr Verhältnis um.

1. Das Denken im Symbol. — Man spricht von Bedeutung im Sinne von Zeichen und Bild, von Gleichnis, Vergleich, Allegorie, Metapher. Der Grundunterschied zwischen Bedeuten in der Welt und metaphysischem Bedeuten ist: ob in der Beziehung des Bildes zu dem, was es vertritt, dieses Vertretene auch selbst als Gegenstand zu erfassen wäre, oder ob das Bild nur Bild für etwas ist, das auf keine andere Weise zugänglich wird; ob das bildhaft Ausgedrückte auch direkt gesagt oder gezeigt werden könnte, oder ob es für uns nur ist, sofern es im Bilde ist. Ausschließlich im letzteren Falle sprechen wir von Symbol im prägnanten Sinn metaphysischen Bedeutens, das im Bilde existentiell ergriffen werden muß, nicht nur objektiv gedacht werden kann. Während das in der Welt bleibende Gleichnis eine Übersetzung oder Verbildlichung eines an sich ebenfalls Gegenständlichen ist, eines Denkbaren oder Anschaulichen, ist also das metaphysische Symbol das Gegenständlichwerden eines an sich Ungegenständlichen. Das Ungegenständliche ist nicht selbst gegeben, das Gegenständliche des Symbols nicht als der Gegenstand gemeint, der er ist. Das Symbol ist nicht deutbar, es sei denn wieder durch andere Symbole. Symbolverstehen heißt daher nicht: die Bedeutung rational kennen, das Symbol übersetzen können, sondern: in der Symbolintention als Existierender diese unvergleichbare Bezogenheit auf ein Transzendentes, an der Grenze, im Verschwinden des Gegenstandes, erfahren.

Der Gegenstand, welcher Symbol ist, ist *nicht* festzuhalten *als* daseiendes Wirklichsein der *Transzendenz*, sondern *nur als ihre Sprache* zu hören. Dasein und Symbolsein sind wie zwei Aspekte in der einen Welt, die sich zeigt entweder für das Bewußtsein überhaupt oder für mögliche Existenz. Wird die Welt, ohne noch etwas zu bedeuten, als allgemeingültig erkennbare, empirische Gegebenheit gesehen, so ist sie Dasein. Wird sie als Gleichnis eigentlichen Seins erfaßt, so ist sie Symbol. Das allgemeingültig erkennbare Dasein ist als ein Sein in Beziehungen erforschbar. Das Symbolsein ist die geschichtlich konkrete Sprache, durch welche Existenz in die Tiefe des Seins blickt. Ohne Beziehung auf Anderes ist es nur es selbst. Nur durch Versenkung ist es zu ergreifen oder zu verlieren.

Das Versenken in Symbole ist nicht mystische Versenkung, welche in die Ungegenständlichkeit der Transzendenz durch gegenstandslose und daher inkommunikable unio tritt. Im Vernehmen der Symbolsprache wird vielmehr *bei erhaltener Subjekt-Objektspaltung* im Medium hellen Bewußtseins die Erscheinung der Transzendenz für Existenz *artikuliert*. Das Ich statt sich aufzulösen vertieft sich angesichts seiner Transzendenz als die Endlichkeit des Selbstseins. Wie in der Weltorientierung die Bewußtseinserhellung, so geht hier die Erhellung im Symbol den Weg über die Objektivität: in der Weltorientierung über das Dasein in seinem unendlich gegliederten Bestand, in der Symbolvertiefung über die Sprache als bestandlosen Durchgang. Helligkeit der Erscheinung und Tiefe der Kommunikation einer möglichen Existenz drückt sich in der entschieden entwickelten, gegliederten und stets verschwindenden Symbolwelt aus.

2. **Logischer Einsturz.** — Was aufzeigbar oder zu beweisen ist, ist endliche Einsicht in ein Besonderes. Existenz und Transzendenz sind im Sinne dieses Seins nicht da. Werden sie gedacht, so nimmt der Gedanke logische Formen an, welche ihn als Einsicht ruinieren. Die Relevanz des Gedankens ist durch andere als logische Merkmale zu prüfen, nämlich durch seine Macht der Existenzerhellung im Appell an Freiheit, oder der Beschwörung der Transzendenz im spielenden Zusammenbruch seiner als Gegenstand. Wenn Argumentieren als Ausdruck des Transzendierens die Verkleidung des Beweisens annimmt, so scheitert dieses als eigentlich Gemeintes. Solches uneigentliches Beweisen bewährt sich durch Mitteilbarkeit dessen, worauf es, obgleich es unerkennbar ist, im Transzendieren ankommt.

Sofern Philosophieren Ergrübeln der Transzendenz ist, zeigt es im Entscheidenden einen *Zirkel*, der, obgleich er den Gedanken als bewiesene Einsicht vernichtet, ihn als philosophisch erweist durch seine Ausdruckskraft und Weite. Der Zirkel kann sich reduzieren auf *Tautologie*, wenn er, im Grunde erfaßt, seinen Gehalt in objektiv nichtssagenden, jedoch mögliche Existenz ergreifenden Sätzen verkürzt ausspricht.

Zirkel und Tautologie wird der *Widerspruch* entgegengesetzt, der nicht nur den Beweis, sondern auch den Bestand vernichtet; er ist die eigentliche Zerstörung der Gegenständlichkeit metaphysischer Gedanken. Jeder tiefe Ausdruck der Transzendenz, da er als Gegenstand nicht bestehen darf, ohne die Transzendenz zu verlieren, muß sich durch einen Widerspruch zum Verschwinden bringen. War Zirkel und Tautologie Ausdruck des Insichberuhens, das nichts anderes außer sich hat, sondern aus sich selbst ist, so ist der Widerspruch der Ausdruck der Daseinsunbeständigkeit dessen, was eigentlich ist.

3. **Wechsel von Sein und Nichtsein.** — Die Erscheinung der Transzendenz steht an der Grenze zweier Welten, die sich wie Sein und Nichtsein zueinander verhalten. Die Form ihrer Gegenständlich-

keit entspricht dieser Situation. Für mich als Bewußtsein überhaupt ist der empirische Gegenstand wirklich, alle anderen Gegenstände sind unwirklich; für mich als Existenz wird das Empirische unwirklich gegenüber der eigentlichen Wirklichkeit der Transzendenz. Es ist ein je nach der Weise des auffassenden Selbstseins umkehrbares Verhältnis: der Gegenstand ist in seinem Wesen verwandelt, wenn ich existiere und wenn ich zurückgleite in bloßes Dasein.

Daher ist durch keine Erfahrung, welche für ein Bewußtsein überhaupt stattfindet, mit ihrem empirischen und logischen Zwang die objektive Gewißheit, daß Transzendenz sei, zu schaffen. Umgekehrt: je wahrer die Transzendenz in ihrem Sein erfaßt wird, desto entschiedener wird der bloß objektive Halt zerstört.

Doch sind die zwei Welten nicht trennbar. Zwar ist das nur empirische Dasein wie der Abfall vom Sein zum bloßen Gewußtsein, aber die Transzendenz ist für uns nicht losgelöst von der zeitlichen Wirklichkeit, in der sie erscheint. Das endliche, empirisch Wirkliche wird zu absolut Wirklichem, ohne es als Endlichkeit zu sein: das Endliche als solches kann verschwinden ohne Ruin der Transzendenz.

Im Symbolbewußtsein ist ein außerordentliches *Wirklichkeitsbewußtsein*, das vom Wissen empirisch gegenwärtigen Daseins wesensverschieden ist. Zwar kann ein Beobachter objektiv nicht unterscheiden die sinnliche Gebundenheit an Dasein von der Teilnahme an übersinnlicher Wirklichkeit in ihm; das Erfassen der Transzendenz in immanenter Erscheinung kann augenblicksweise so aussehen wie ihre Materialisierung. In Konfliktsfällen aber und an Wendepunkten des zeitlichen Daseinsprozesses erweist sich, was wahrhaft war; im Schmerz des Verschwindens empirischer Wirklichkeit ist der Aufschwung zur Transzendenz die gewisseste Offenbarkeit ihrer Nichtmaterialisierung.

Geschichtlichkeit der Metaphysik.

1. **Verschwinden als Wesen der Geschichtlichkeit.** — Das Gemeinsame der drei Weisen der Form metaphysischer Gegenständlichkeit war, daß sie den Gegenstand als besonderen nicht bestehen lassen, sondern wieder aufheben; sie sind nicht Formen eines Bestandes, sondern Formen des Verschwindens. Es ist zu fragen, warum dies sein muß.

An den Grenzen der Weltorientierung transzendierte mögliche Existenz zu sich als bezogen auf ihre Transzendenz, welche in Gestalt metaphysischer Gegenständlichkeit ihr zur Erscheinung im Bewußtsein wird. Sie transzendiert, weil eine immanente Befriedigung des Daseins in sich unmöglich, die Befriedigung möglicher Existenz im Dasein aber mehr ist als eine immanente. Diese Befriedigung jedoch geht nicht auf ein künftiges Sein, das als Endziel im Zeitdasein das Wesen wäre, nicht auf ein jenseitiges Sein, welches losgelöst von unserer Welt nur eine andere Welt wäre, sondern sie ist im Sein, das sich gegenwärtig erscheint: Transzendenz ist uns nur wirklich als *Gegenwart in der Zeit.*

In der Transzendenz als Wirklichkeit geschichtlicher Gestalt genügt das Seinsbewußtsein jeweils sich selbst, unwiederholbar und unnachahmbar. Wenn Existenz in ihrer Erscheinung geschichtlich, nicht allgemein ist, und wenn sie erst wird, nicht ist, jedoch nicht wie das passive Werden von Dasein, sondern als freies Sichergreifen im Medium des Bestehenden, so muß auch die Erscheinung der Transzendenz für sie geschichtlich werden. In der geschichtlichen Erscheinung wird Gewißheit, nicht Gewußtheit ergriffen. Daß Transzendenz ihre Erscheinung mit der Existenz wandelt, ist so wenig ein Einwand gegen ihre Wirklichkeit und Wahrheit, daß der Wandel vielmehr notwendig ihr Aspekt sein muß, wenn sie im Zeitdasein für Existenz zur Sprache werden soll.

Diese geschichtliche Wandlung wäre nicht möglich, wenn die Wahrheit der Transzendenz in bestehender Gegenständlichkeit fixiert werden könnte. Die Notwendigkeit des Verschwindens aller metaphysischen Gegenständlichkeit gehört daher zur Geschichtlichkeit der Existenz im Zeitdasein. Weil der metaphysische Gegenstand Bestand nur gewinnen kann um den Preis der Unwahrheit, so muß Existenz im Suchen der Wahrheit der Transzendenz diesen geschichtlichen Wandel erfahren, den sie selbst vollzieht. Die Erscheinung der Transzendenz für die sich im Dasein erscheinende Existenz, jeder wahre Augenblick in ruhiger Selbstgenügsamkeit, bleibt als Gestalt in der Unruhe geschichtlich sich hervorbringender Bewegung.

2. Die Substanz des Verschwundenen. — Das Verschwundene bleibt als Substanz. Nur die Gegenständlichkeit versank, um ihren Gehalt in neuer Gestalt wiedererstehen zu lassen. Was auch Existenz als ihre Transzendenz erfährt, erhellt sich ihr in eigener Gegenwart durch das, was sie aus *ihrer* Vergangenheit hört. So wenig ich meine Sprache erfinde und mache, so wenig die metaphysische Symbolik als die Sprache der Erfahrung der Transzendenz.

Nenne ich die ursprüngliche Erfahrung der Transzendenz in der absolut geschichtlichen Konkretheit das Hören ihrer selbst in der *ersten Sprache*, so ist metaphysische Gegenständlichkeit in Gedanken, Bildern, Symbolen eine *zweite Sprache*, die die erste ursprüngliche zur möglichen Mitteilung bringt.

Mit der Sprache der Transzendenz schon erwache ich als Kind zum Bewußtsein: ich höre sie aus der Vergangenheit, noch bevor ich selbst sie erfahre und nach ihr frage. Zu vollem Bewußtsein gekommen, erweitere ich für mich die Vergangenheit über die mir gewordene unbewußte Tradition hinaus willentlich zu einer universalen. Die Geschichte liegt als unerschöpfliche Möglichkeit, aus ihr angesprochen zu werden, vor mir. Ich trete in Kommunikation mit Vergessenem und Verschüttetem, mit fremden Welten und der dort erfahrenen Transzendenz.

Auf zwei Wegen nähere ich mich dieser Vergangenheit.

Für meine Weltorientierung lerne ich die Historie der Religionen und Philosophien, der Mythen, Offenbarungen und Dogmen, der Theologien und Metaphysiken kennen. Es sind die capita mortua dessen, was einmal für Freiheit der Existenz Erscheinung des eigentlichen Seins war. Ich verfolge ihre Verwandlungen in der Zeitfolge, die neuen sprunghaften Ansätze, die Mannigfaltigkeit voneinander unabhängiger Welten. Ich suche logisch, typologisch, psychologisch, soziologisch Zusammenhänge und Abhängigkeiten zu erkennen. Aber ich gehe auf diese Weise mit einem Stoff um, den ich so nicht eigentlich verstehe.

Die Kenntnis der Dokumente und Monumente, der Berichte und der wiederhergestellten Anschauung des einmal geschehenen Handelns und Sichverhaltens und des darin vollzogenen Denkens ist nur Voraussetzung für den zweiten Weg: Aus eigener Betroffenheit von Transzendenz suche ich mich dem Vergangenen zu nähern, um es zu verstehen dadurch, daß ich mich von ihm erwecken lasse, sei es, daß ich angezogen oder abgestoßen werde. Erfuhr ich auf dem ersten Wege nur von erloschenen Objektivitäten, so auf dem zweiten Wege die gegenwärtige Geschichtlichkeit meiner selbst, aus der das Andere sich mir anverwandelt oder begleitende Möglichkeit bleibt.

3. **Dreifacher Sinn des Allgemeinen im metaphysischen Denken.** — Soll die Sprache der Transzendenz aus der Vergangenheit und in der faktischen Gegenwart mir hörbar werden, muß sie *in irgendeinem Sinne eine allgemeine* sein. Denn ohne jede Allgemeinheit wäre die Erfahrung eines Seinsbewußtseins in seiner absoluten

Dunkelheit ratlos ohne Kommunikation mit sich selbst. Der Sinn des Allgemeinen in der Metaphysik aber ist heterogen. Ihn zu unterscheiden ist Bedingung, um die endlosen Selbsttäuschungen im Transzendieren mit ihren praktisch wirksamen Folgen zu vermeiden.

In der Erforschung der Geschichte der Metaphysik ist ein *objektiv Allgemeines* zu suchen, die *„religiösen Urformen"*, welche als „Völkergedanken" überall ursprünglich und doch identisch auftauchen; psychologisch sind, auf das allgemein menschliche Unbewußte blickend, die *universalen Bilder* zu finden, die jederzeit unter geeigneten Bedingungen bei jedermann auftauchen können in Phantasie, Traum, Wahnsinn, wie in den mythischen Vorstellungen der Völker. — Aber grade dieses Allgemeine, dessen Abstraktion die Erkenntnis des objektiven Bestandes fördert und dieser Erkenntnis gemäß ist, erweist sich als nichtig für das Transzendieren; es ist metaphysisch das Wesenlose, weil bloß formales Netzwerk oder materialer Stoff. So wenig ich Sprachen verstehe, wenn ich die überall vorkommenden Laute, Wortbildungen und grammatischen Beziehungen studiere, so wenig ich den Menschen verstehe, wenn ich nur das Allgemeinmenschliche, die menschlichen Grundsituationen, das vermeintlich natürliche Bewußtsein des Menschen ins Auge fasse, so wenig ist dies metaphysisch Allgemeine der Gehalt.

Daher ist die Geschichte der Metaphysik für sie selbst nicht wie für die Forschung das Feld, das Allgemeine ihres Daseins kennenzulernen, sondern um in die jeweils eine und einzige geschichtliche Existenz aus eigener Möglichkeit einzudringen. Das geschichtlich Bestimmte und in dem eben erörterten Sinne gar nicht Allgemeine ist hier das Wahre nicht als Fall universaler Möglichkeit, sondern als einmalige Offenbarung nun mich ansprechender, fordernder und infragestellender Existenz. Neue Gestalt der Wahrheit ist auf diese in verwandelnder Umsetzung bezogen.

Aber dieses Eindringen in den Gehalt aus eigener Möglichkeit sucht ihn wieder in einem anderen Sinne als einen *relativ Allgemeinen*. Ist auch das im Transzendieren Getroffene unaussagbar, so ist die Gegenständlichkeit doch das im Aussagbaren die Transzendenz *Widerscheinende*. Daß Transzendenz in der Erscheinung gegenständlich wird, bringt durch die Gegenständlichkeit als solche eine *Seite des Allgemeinen* in die ursprüngliche, noch dunkle existentielle Haltung zur Transzendenz.

Da ohne die Form eines Allgemeinen keine Mitteilung möglich ist, wird dieses Allgemeine Sprache, ohne jedoch darum selbst schon der Gehalt zu sein. Wie in der Existenzerhellung das Denken eines Allgemeinen seine Wahrheit nur hat in Erfüllung durch einen je Einzelnen, so die metaphysische Gegenständlichkeit in der Wirklichkeit einer in ihr vollzogenen Beziehung auf Transzendenz. Das Allgemeine bedarf der Ergänzung durch wieder neu gegenwärtige Existenz, wie es ursprünglich durch Existenz getragen war. Hat Metaphysik als ausgesagte die Form des Allgemeinen angenommen, so muß ich, sie zu verstehen, hindurchblicken, um zu dem Ursprung zu dringen, aus dem gesprochen wurde. Eine nur objektiv ausgesagte Sache ist in der Metaphysik nichtige Vorstellung. Die Annäherung an ihre Wurzeln und die Umsetzung in der Aneignung offenbaren erst ihre Wahrheit für eine jeweils selbst geschichtliche Existenz. Dieses Hindurchblicken gelingt keinem bloßen Verstande und ist einer direkten Mitteilung unfähig.

Der Sinn ist, daß in der geschichtlichen Erscheinung der Transzendenz durch ihre Mitteilbarkeit zwischen den durch sie Verbundenen diese relativ allgemeine Seite liegt. Wenn sie ihre Erfüllung auch nur in den je Einzelnen hat, so scheint sie doch als die zweite Sprache wie der Ausdruck eines für mehrere identischen Seins der Transzendenz. Dieser Ausdruck selbst gründet sich auf Ursprünge, welche entweder zeitlich bestimmbar in einzelnen Menschen oder unbestimmbar in der Tradition einer Gemeinschaft aus unvordenklichen Zeiten liegen.

Daher kann in dieser Seite des Allgemeinen der metaphysische Gehalt nicht als ein an sich zeitloser Bestand ergriffen werden, der in der Zeit hier und dort durchbräche und sichtbar würde; er ist nicht als die eine allgemeine Transzendenz zu wissen, auch nicht etwa durch Zusammentragen aller besonderen Wahrheit aus der Geschichte der Metaphysik zu einem Ganzen.

Trotzdem ist in jeder wahren Haltung zur Transzendenz das Bewußtsein ihres Seins, das *unabhängig von mir* ist. Meine Geschichtlichkeit bringt nicht *sie* hervor, sondern mich selbst, *wie* ich ihrer inne werde. Wie vor aller Aussagbarkeit im Gegenständlichen die Unaussagbarkeit liegt, so vor der Sprache die Wirklichkeit der Transzendenz.

Denn ich ergreife existierend zwar meine Transzendenz, aber *nicht als nur die meine;* Transzendenz ist mehr als sie mir ist. Obgleich sie nur für Existenz offen wird, kann sich Existenz zu ihr nicht als zu einem nur für sie eigentlichen Sein verhalten.

Wenn Transzendenz daher auch nicht als das Allgemeine und Eine objektiv denkbar oder gar wißbar wird, so muß sie doch sein. Die Paradoxie der Transzendenz liegt darin, daß sie *nur geschichtlich ergriffen, nicht* aber adäquat *als selbst geschichtlich* gedacht werden kann.

Da Transzendenz weder wie Gegenstände allgemein für ein Bewußtsein überhaupt, noch wie Existenz in Geschichtlichkeit sie selbst ist, so bleibt sie in ihrer Wirklichkeit für Existenz das *Einzigallgemeine*, wovon es keinen Fall eines Besonderen mehr gibt, die *undenkbare Einheit des Allgemeinen und Besonderen*, welche nichts außer sich und in sich an Unterscheidbarkeit hat. Wo sie unterscheidend gedacht oder Bild wird, ist sie schon geschichtliche Erscheinung und nicht universal. —

Das Allgemeine war also erstens die objektive Form, unter die das Besondere als Fall *subsumiert* wird, zweitens das Gegenständliche, das durch die Gegenwart der darin Transzendenz ergreifenden Existenz *erfüllt* wird, drittens das unaussagbar und unbildbar Einzige, das als das allein Wirkliche *getroffen* wird.

Das *erste Allgemeine* als Form des Daseins und Gegenständlichseins der Metaphysik im Menschen ist wißbar, aber im Wissen von ihm liegt die Tendenz, es zugleich als das Dasein einer radikalen Täuschung zu denken.

Das *zweite Allgemeine* ist das mir im vergewissernden Glauben Gegenüberstehende als die Sphäre der Mitteilung im Selbstverständnis und unter gemeinschaftlich Glaubenden.

Das *dritte Allgemeine* ist das Sein der Transzendenz, das im Denken eines Allgemeinen schlechthin nicht zugänglich ist, sondern im Transzendieren durch die Paradoxie der Einheit des Allgemeinen und Besonderen im Nichtdenkenkönnen gedacht wird als das, was es selbst ist und so nicht für mich wird.

Der dreifache Sinn des Allgemeinen in der Metaphysik hat eine dreifache Weise des *Anspruchs auf Geltung* im Gefolge:

Die Allgemeinheit im Dasein der Metaphysik ist nicht selbst eine metaphysische Gültigkeit. Das Argumentieren: weil nach aller Erfahrung etwas zum Menschen als Menschen gehöre, müsse nun auch der Einzelne dem folgen, hat keine Wirkung. Die Frage nach dem Dasein der Gestalten des metaphysischen Bedürfnisses liegt als solche auf einer Ebene, auf der für und wider nichts entschieden werden kann.

Das Allgemeine als Sprache der Transzendenz hat in der geschichtlichen Gestalt zwar *Übertragbarkeit*, aber *nicht universale Geltung*. Die Sprache ist nur die Objektivität als das relativ Allgemeine der Mitteilung der Unbedingtheit als glaubenden Seinsbewußtseins dieser Existenz.

Das Allgemeine als das unzugängliche Einzige der Transzendenz ist deren *Wirklichkeit*, die in der geschichtlichen Erscheinung zu treffen die *Wahrheit* der Metaphysik ist, ohne daß dies Einzig-allgemeine je selbst Gegenstand würde. Eine ontologisch konzipierte *Allgemeinheit* des Seins der Transzendenz, gültig für jedermann, ist unmöglich.

Dasein als Gestalt geschichtlicher Erscheinung der Transzendenz.

1. **Gemeinschaft und Kampf in transzendenter Bezogenheit.** — Die im gegenständlich gewordenen Symbol geschichtlich erscheinende Transzendenz stiftet eine einzigartige Gemeinschaft. Nicht nur meine Geschichtlichkeit ist eine kommunikative, sondern in erweiterter Geschichtlichkeit folgt Existenz der Substanz der Tradition, aus der sie erwuchs. Die Geschichtlichkeit des metaphysischen Gehalts bedeutet, daß Existenz der ihr gewordenen Offenbarung der Transzendenz in dieser ihr begegneten Gestalt und der von ihr gehörten Sprache anhängt, nicht weil sie eine Gestalt unter anderen, also auch eine Wahrheit wäre, sondern weil diese für sie selbst die Wahrheit schlechthin ist, mit der ihr Selbstsein steht und fällt.

Weil die Wahrheit der Transzendenz für Existenz im Dasein nicht als zeitlose bestehende Wahrheit ist, die zu ergreifen wäre wie Einsichten der Vernunft, darum muß sie diese geschichtliche Gestalt haben. Solange aber durch sie eine Gemeinschaft freier Existenzen in Bewegung bleibt, wird Existenz, da sie den Sinn des Allgemeinen nicht verwechselt, sich für die fremde Wahrheit offenhalten: in der Unbedingtheit, mit der sie ihrer Wahrheit anhängt, würde sie im Bewußtsein ihrer Geschichtlichkeit die *Ausschließlichkeit* gegenüber anderen und den *Anspruch auf Universalität* meiden, den in ihrer Gestalt geschichtlichen Wahrheiten nicht den Charakter zeitlos gültiger Vernunftwahrheiten vindizieren. Die Frage aber, ob denn das Sein des Selbst in seiner transzendenten Bezogenheit gegründet werden könnte auf ein historisch Zufälliges, würde sie bejahen. Die Geschichtlichkeit wird Ursprung der Gesinnung, *nicht alles* zu sein und sich nicht für den Typus des Seins zu halten, das *allein* sein soll.

Die historische Wirklichkeit zeigt ein anderes Bild. Symbole werden die gemeinschaftstiftenden Mächte, welche sich, das Andere ausschließend oder vernichtend, für das allein Wahre halten. Das Dunkel der Transzendenz geht ineinander mit dem Dunkel der vitalen Leidenschaften. Wer der Helligkeit widerstrebt und bei Unberührbarkeit des blinden Eigendaseins in leidenschaftlicher Berauschtheit leben will, geht diesen Weg. Nun gilt das Fraglose. Während der Kampf um die Transzendenz den Schein des ungeheuersten Rechtes gibt, kann man sich den wilden Instinkten der Gewaltsamkeit überlassen. Das Symbol stiftet Gemeinschaft ohne Kommunikation.

Diese Fanatisierung ist möglich durch *Verwechslung* und Ineinsnehmen des heterogenen Sinnes des Allgemeinen. Eigentliche Wahrheit der Transzendenz aber erfaßt sich bewußt als geschichtliche und darum nicht universale, als unbedingte und darum nicht allgemeingültige.

Doch hat die Geschichtlichkeit der Erscheinung der Transzendenz den Kampf zur unvermeidlichen Folge, wenn das *Dasein* der einen mit der anderen durch die Weltsituation, in der beide sind, *kollidiert*. Es ist, als wolle die Transzendenz ihre Erscheinung als jeweils besondere Geschichtlichkeit nicht kampflos preisgeben. Daß Menschen dieser Artung mit dieser geschichtlichen Seinssubstanz auf Erden leben sollen, ist für sie wie ein unbedingtes Gebot aus verborgenem Ursprung fühlbar. Nicht nur der Selbsterhaltungswille des blinden Daseins kämpft, sondern das Ziel ist, daß die Zukunft des Menschenlebens so sei, daß diese Geschichtlichkeit transzendierenden Bewußtseins von Menschen als ihre Vergangenheit gewußt und angeeignet werde, ein Ziel, das nicht nur im Sieg, sondern auch im echten Scheitern erreicht werden kann.

Im Dasein bleibt dieser tiefste Kampf der Gehalte, welche existentiell verwurzelt sind, unaufhebbar. Die Geschichte von den drei Ringen zeigt nicht unsere Situation; denn in den verschiedenen Aspekten ist nicht die eine Wahrheit nur in verschiedener Gestalt gewußt, sondern das Einzig-allgemeine der Transzendenz läßt unvereinbare Wahrheit in der Gestalt jeweils geschichtlicher Allgemeinheit im Weltdasein kämpfen. Die Leidenschaft dieses Kampfes ist größer gewesen als die Leidenschaft durch vitale Daseinsinteressen. Hier im Glauben an die Transzendenz scheint es sich um alles zu handeln, nicht nur um den Glaubenden, sondern um das Sein selbst.

2. Die Spannung der drei Gestaltungssphären metaphysischer Gegenständlichkeit. — Mythologie, Theologie und Philo-

sophie versuchen das Sein der Transzendenz explizite und objektiv auszusprechen und zur Darstellung zu bringen: *Mythologie* als überströmende, sich stets verwandelnde Fülle von Geschichten, Gestalten und Deutungen, als Entfaltung eines das Weltwissen durchdringenden und neben ihm einhergehenden Wissens von der Transzendenz; *Theologie* auf dem Grunde einer historisch fixierten Offenbarung als rational begründete systematische Vollendung zum Wissen des Wahren; *philosophische Metaphysik* als das Erdenken der Transzendenz im Dasein durch Gedanken, die an dessen letzte Ursprünge und Grenzen dringen, sich überschlagen und sich erfüllen nur in der Gegenwart einer jeweils geschichtlichen Existenz. Sie eignet sich an, was überall als mythische Wirklichkeit ist, und sucht das ihr Fremde der Mythologie und der Offenbarung zu verstehen.

Die drei Gestaltungssphären nähern und durchdringen sich, um sich desto entschiedener abzustoßen. Aber selbst in der Feindschaft bleiben sie aneinander gebunden. Die ungeschichtliche, immer wiederkehrende Typik ihrer Gestaltungen läßt zwischen ihnen den *Kampf* nicht zur Ruhe kommen, ohne daß eine klare Frontstellung sich bildete; denn der Kampf liegt in der Seele des Einzelnen als unaufhebbare Bewegung verborgen.

Philosophie stößt den *Mythus* ab, aus dem sie entsprungen ist. Sie setzt rationale, begründete Einsicht gegen Erzählung von Geschichten, welche ihr Täuschung und Traum sind. Aber eines Tages wendet sie, selbständig geworden, ihren Blick zurück und versucht, den Mythus als Wahrheit zu fassen. Dann nimmt sie ihn entweder *als Verkleidung* philosophischer Einsicht für Menschen, die sie in der Form des Gedankens noch nicht verstehen, und für sich selbst in Augenblicken, in denen der Philosophierende nicht denkend, sondern in dieser angeschauten Gestalt der Seinsgewißheit inne wird; oder sie sieht in ihm sogar den *Ausdruck einer Wahrheit*, welche allem Denken unzugänglich bleibt; das philosophische Denken kann nur noch bemerken, daß es gibt, was ihm unzugänglich scheint, was im Mythus rein zu erfassen aber den Weg des Denkens zu ihm hin voraussetzt. Während philosophische Wahrheit, wo sie den Anspruch macht, rational den Kern des Mythus zu begreifen, eigentümlich leer wird oder sich als ein bloßes Denken über etwas erweist, ohne darin zu sein, kehrt Philosophie, durch diese Erfahrung betroffen, zum Sein zurück, wenn sie wahr wird als Denken *im* Mythus, wie sie wahr ist als Denken *im* Leben, *in* der Weltorientierung.

26

Philosophie stößt auch die *Theologie* ab wegen deren Gebundenheit an Offenbarung. Aber sie nähert sich wieder, wo sich ihr die Offenbarung verwandelt in geschichtliche Gestalt der Erscheinung der Transzendenz; so wird Theologie eine sie ansprechende Wahrheit, wenn diese auch die Universalität verloren hat. Weil Philosophie die Erfahrung macht, daß sie verblasen wird, wo sie in bloßer Allgemeingültigkeit des Rationalen sich festigen und schließen will, ergreift sie bewußt ihre jeweilige geschichtliche Substanz auch in der theologischen Überlieferung, die sie verwandelt, aber nicht verneint.

Theologie umgekehrt verwirft die *Mythen* als Heidentum, aber eignet sich deren eine Menge an, sie einbauend und damit umgestaltend zu Gliedern ihrer Ganzheit. Sie verwirft die *Philosophie* als eigenmächtige Gestalt der absoluten Wahrheit, aber eignet sie an, sei es als Vorstufe ihrer eigenen Wahrheit, sei es zum Mittel des Ausdrucks für den Gehalt ihrer Offenbarung.

Der Kampf zwischen den Gestaltungssphären der Wahrheit der Transzendenz wird als Kampf im Zeitdasein der Seele fortdauern, weil er das Medium der Bewegung der transzendenten Gegenständlichkeit ist, die nirgends als Gegenstand endgültig festen Halt gewinnen kann, wo Existenz in ihrer Freiheit bleibt. Der Kampf hört auf und hinterläßt die Grabesruhe der Unfreiheit, wo der Mensch zurücksinkt in das nun abergläubisch gewordene Heidentum theosophischer Materialisierungen, oder in die dogmatisch fixierte Theologie einer Kirche, oder in die rein rationale Philosophie, welche sich durch Wissen eine Vergewisserung des eigentlichen Seins zu verschaffen vorgibt. Erst mit dieser Kampflosigkeit des Erstorbenseins in der Bewegungslosigkeit einer der Gestalten kann dann für Philosophie der Mythus zu der poetischen Beliebigkeit träumender Unterhaltung werden, und die Theologie zu einem überwundenen Irrwahn fanatischer Priester; für das Urteil der Theologie aber kann dann der Mythus zu heidnischer Teufelei werden, und die Philosophie zur Selbstvergötterung des Menschen in seiner Subjektivität und Relativität.

3. Die Sprache der Transzendenz in den Stufen metaphysischen Bewußtseins. — Geschichtlichkeit der Metaphysik bedeutete erstens deren *Vielfachheit*, welche aber nur als toter Bestand von außen betrachtet und erforscht werden kann. Sie bedeutet zweitens, daß jeweils Existenz *ihre Vergangenheit als zu sich in Beziehung* erblickt.

Die zweite Weise der Geschichtlichkeit ist die Bindung möglicher

Existenz an die Tradition der drei Gestaltungssphären gegenständlicher Symbole. Diese Bindung schließt in sich eine Bewegung zwischen der überlieferten metaphysischen Substanz und der *Freiheit ihrer Aneignung*. Die in der Erstarrung zu allgemeiner Geltung durch die Geschichte gehenden Symbole bedürfen der Beseelung durch den je Einzelnen in der ihm gehörenden Geschichtlichkeit seines Schicksals, um wieder ursprünglich sprechend zu werden. Zwar nur durch Übermittlung nach festen Ordnungen im Gehorsam der Nachwachsenden sind sie vor der Vergessenheit zu bewahren, aber auch nur in der Emanzipation von dem verlangten Gehorsam kommt der Einzelne zu sich selbst, so daß er seine Transzendenz wahrhaft als er selbst ohne Vermittlung ergreifen kann. Existentielle Verbindlichkeit gibt es nur durch Befreiung von der Tradition in der Übersetzung ihrer Substanz zur Gegenwart des Seins für mich selbst in der Gefahr, es auch ohne die feste Gestalt der Tradition wagen zu können. Aber die Objektivität der Tradition ist Bedingung der Freiheit. Denn Freiheit als solche ist nicht als Tradition fortzupflanzen; sie ist nur vom Einzelnen zu erwerben. Als überkommene ist sie nicht mehr Freiheit, als kampfloser Besitz ist sie verloren. Die Tradition der Freiheit ist nur indirekt, im Appell von den Einzelnen, die es gewagt haben, an die Späteren, die deren Stimme hören. Sie ist die geheime Gemeinschaft der Selbstseienden, welche von allen, welche der objektiven Tradition dienen, möglichst ausgeschlossen und zum Stummbleiben verurteilt wird, von den Kirchen, den Parteien, den Schulen rational fixierter Philosophie, der jeweiligen communis opinio als der Selbstverständlichkeit dessen, worin sich alle verstehen.

Die Geschichtlichkeit metaphysischen Bewußtseins ist sich erwachsen durch Stufen und Sprünge ihres Wissens. Bewußtseinsstufen sieht sie, sich selbst verstehend, als sich vorhergehend. In ihnen vergegenwärtigt sie sich, was sie war, und begreift es, weil sie es in sich selbst trägt. Im Wissen entwirft sie diese Stufen als den Weg zu ihrer Gegenwart, der zugleich Erziehungsweg der Aneignung ist. Der Entwurf kann jedoch nicht die Geltung eines objektiven Wissens von dem einen universalen Gang des Bewußtseins beanspruchen, sondern nur die Bedeutung einer Erhellung der Geschichte des eigentlichen Seinsbewußtseins des Menschen für sich selbst haben, der jeweils seine Geschichte in seiner Zeit erfährt.

Während das zwingende Denken auf einer Ebene liegt und das dadurch Einsehbare nur der Verstandesschulung bedarf, um gleichsam quer zur Verschiedenheit der Bewußtseinsstufen von jedermann eingesehen werden zu können, sind *metaphysische Inhalte* nicht nur *zerspalten* in *heterogene* Möglichkeiten, die sich gegenüberstehen, sondern auch in *zueinander gehörende* Möglichkeiten, welche sich *in Stufen einander folgen.* Ihre *Wahrheit* ist *mit der Bewußtseinsstufe verknüpft,* auf der sie in dieser Sprache vernommen wird. Was auf einer späteren Stufe liegt, kann noch nicht verstanden, was auf früherer liegt, nicht mehr adäquat gegenwärtig erfüllt werden. Die Verwirklichung metaphysischen Denkens ist an eine jeweilige Bewußtseinsstufe gebunden, während der bloß äußere Gedanke universal übertragbar scheint.

Die *Stufen* zu wissen, wird jedoch *nie Resultat,* sondern *bleibt Idee.* Hegel hat den großartigsten Entwurf in seiner Phänomenologie gemacht. Stufenschemata sind zahllos seitdem entworfen worden. Sie sehen einen Augenblick aus, als ob eine allgemeine gesetzlich notwendige Folge in ihnen begriffen sei. Psychologische und logisch dialektische Evidenzen und ihre teilweise Bestätigung in der historischen Wissenschaft suggerieren eine tiefere Einsicht, als sie wirklich geben. Denn die Stufen sind im Ganzen unabsehbar geschichtlich, ohne sichtbaren Anfang, sichtbares Ziel und ohne einen als notwendig eingesehenen Fortgang. Sie sind weder nur eine lineare Folge, noch universal.

Metaphysische Gegenständlichkeit geschichtlich aneignen, heißt also *sie in Stufen zu sich selbst hin als Wahrheit begreifen.* Aber dieses Begreifen, das im Medium historischer Orientierung selbst Metaphysik ist, bleibt nur wahr, wenn es die eigene Schematik durchschaut, und nicht im universalen Bilde fixiert, was allein existentiell wirklich ist.

Die Wahrheit, daß metaphysische Gegenständlichkeit nicht auf einer Ebene liegt, ist von entscheidender Bedeutung. Daß ich zu dem Fremden in mögliche Kommunikation komme, und daß ich das Eigene ohne Verwechslung verstehen kann, ist durch diese Einsicht bedingt.

Aus dieser folgt weiter eine Einstellung zum Anderen, die *die Möglichkeit falscher Zumutungen* kennt. Die Bereitschaft, alles fragend anzugreifen und für jede Offenbarkeit sprachlichen Ausdruck zu suchen, ist zwar für mögliche Existenz grenzenlos. Trotzdem ist eine Scheu, wo der Gedanke in die Transzendenz dringen möchte. Er kann nicht Gott erkennen, sondern nur zum Bewußtsein bringen, wie in *unserer Situation* Transzendenz in unsere Seele tritt. Hier zu sagen, was ich erfahre, Abgrund und Antinomie nicht zu verhüllen, die Transzendenz selbst im Scheine der Fragwürdigkeit zu sehen, das ist verlangt, weil das Bewußtsein meiner Freiheit die Wahrhaftigkeit fordert als Ausdruck des Grundes, durch den ich bin, ohne es zu wissen. Die Gottheit selbst scheint zu wollen, daß jede Weise des Wahrheitssuchens auch auf die Gefahr des Irrtums hin gewagt werde. Wir brauchen nicht zu fürchten, daß wir enthüllen, was sie verdecken möchte, sondern daß wir der Unwahrheit verfallen. Alles zu wagen und alles zu sagen, findet seine Grenze an meiner Bewußtseinsstufe. Es ist nicht jeder bereit, jeden Gedanken zu fassen und wahrhaft zu denken, von jeder Tatsache sich betreffen zu lassen und in ihr die Chiffre zu ahnen. Gegenüber Kindern ist es Sache des Erziehers, verantwortlich zu entscheiden, was für sie jeweils sagbar wird, doch bleibt darin das Wagnis. Für Erwachsene ist noch weniger eine Kunde der Bewußtseinsstufen möglich. Es kann Sache der Menschlichkeit, weil Wahrhaftigkeit sein, zu schweigen und dies nicht fühlen zu lassen; denn es ist zuletzt Sache jedes Einzelnen, was er sich fragen will. Weder ist jedem jeder Gedanke zuzumuten, noch ist irgendein Gedanke irgend jemand zu verbieten. In Büchern wendet sich der Redende an seine eigene Bewußtseinsstufe und setzt sich keine Grenze. Das Wissen um die Bewußtseinsstufen, ohne sie im besonderen und ohne die eigene objektiv zu kennen, verstärkt jedoch die Scheu in konkreter Situation. Alles will seine Zeit haben. Die großen Krisen und Sprünge verwandeln den ganzen Menschen. Es ist als ob Organe des Sehens sich bilden und andere versinken. Zwischen Menschen, die eigentlich zueinander gehören, kann noch die Diskrepanz ihrer Bewußtseinsstufe stehen. Der Eine hat eine radikale Grunderfahrung im Dasein, an der der Andere nicht teilgenommen hat. In ihrem Gefolge ist jedes metaphysische Symbol in seiner Sprache verschoben. Das Symbol, das mir in seiner Helligkeit Kraft und Klarheit gibt, ist selbst so wenig objektiv eindeutig, daß ich es sehe durch das, was ich jeweils selbst bin, aber mit dem Bewußtsein, in ihm den Blick in die eigentliche Substanz des Seins zu tun.

Methoden der Metaphysik.

Auf dem gewonnenen Standpunkt Metaphysik zu treiben, bedeutet, daß bestimmte Methoden auf ihm *zu verwerfen* sind, daß eine positive Haltung zu vergangener Metaphysik in der *Aneignung* vollzogen wird, daß die *gegenwärtigen Methoden* eine Beschränkung auf bestimmbare Wege erfahren und zugleich der Schlüssel für jene Aneignung werden.

1. V e r w o r f e n e   M e t h o d e n. — *Prophetische Metaphysik* kann ihren Gehalt aus ursprünglicher Gewißheit verkünden. Sie glaubt den Schritt getan zu haben zum Wissen dessen, was eigentlich ist. Was so im Anfang menschlichen Philosophierens wahrhaftig getan werden kann, gelingt jedoch in der Helligkeit der Reflexion, des Weltwissens und der Freiheitsvergewisserung nur um den Preis einer Blindheit, welche kommunikationslos Gemeinschaft suggerieren, aber nicht als Selbst zum Selbst sprechen kann. Daher steht gegen prophetische Metaphysik ein Mißtrauen: Was im existentiellen Augenblick geschichtlich einem Einzelnen in gegenständlicher Sprache die absolute Gewißheit der Transzendenz ist, will sie als Sprache wie allgemeingültige Wahrheit aufzwingen. Schon während ihres Tuns in der Ausbildung ihrer Gedankengebilde verliert sie ihren eigenen Grund. Ohne Fähigkeit zur Ironie gegen diese ihre Gebilde legt sie in ihnen den ursprünglichen, aber durch Besitzergreifung schon vergehenden Gehalt in die Breite auseinander. Prophetische Metaphysik war in anderen geschichtlichen Situationen schöpferisches Hervorbringen und Ausdruck der Erfahrung der Transzendenz. Sie kann heute nur die äußere Form des Kündens ohne die Substanz des Ursprungs unwahrhaftig wiederholen im Dienste geistiger Vergewaltigung durch Aberglauben.

Nicht weniger unmöglich ist uns eine *forschende* Untersuchung des Seins der Transzendenz. Wie die Wissenschaften in der Weltorientierung die Gegenstände als gewußte und erkannte zu ihrem Inhalt haben, so soll hier Metaphysik Sache eines gültigen Wissens von der Transzendenz werden. In Analogie zu naturwissenschaftlichen Theorien mit den Methoden der Erfahrung und des Schließens möchte man die Transzendenz durch eine *Welthypothese* für das Bewußtsein überhaupt zur Erkenntnis bringen. Die Transzendenz wird an der Grenze des Gegebenen als ein Sein gedacht, das *zugrunde liegt.* Aus den Tatsachen der Weltorientierung und aus den Erfahrungen der Befriedigung und der Unzufriedenheit im Dasein wird auf dem Wege möglichst vollständiger Beachtung alles Vorkommenden eine Hypothese von diesem Zugrundeliegenden entworfen. Die Ausdrucksweise wahrer Philosophie, welche Erscheinung von Sein unterscheidet, legt, wörtlich genommen, diese Beziehung nahe. Aber diese unvermeidliche Aus-

drucksweise darf nicht im Sinne der bestimmten einzelnen Kategorien
„Erscheinung“ und „Sein“ zu einem Verhältnis in der Welt fixiert
werden; nur wenn in ihnen, über sie selbst in ihrer Bestimmtheit
transzendierend, das Sein gedacht wird, das positiv sich offenbart für
die Entschiedenheit der Existenz, aber nicht als Wissen zu erobern ist,
sind sie Ausdrucksmittel metaphysischen Denkens. Als Welthypothese
würde das Sein, statt Transzendenz zu sein, als ein Zugrundeliegendes
nur mehr oder weniger wahrscheinlich und verlöre alle eigentliche
Gewißheit. Es würde objektiv und bedürfte nicht mehr der Freiheit
als Organ der Vergewisserung. Wenn die Hypothese nicht zufällig eine
Bedeutung gewinnt für empirische Forschung und dadurch zugleich
ihre Wesensfremdheit aller Transzendenz gegenüber erweist, ist sie
nichtig, weil weder in ihr erkannt noch durch sie Transzendenz offenbar wird. Die Welthypothese behandelt Transzendenz als ein vermeintlich bestehendes Sein, hinter das durch Geschicklichkeit des Erkennens zu kommen wäre. Mit dem Maßstab der Widerspruchslosig-
keit will sie beweisen, was nur aus Freiheit des Selbstseins gefragt
und ergriffen werden kann. Mit solchem Tun geht eine Verständnis-
losigkeit für alle existentielle Metaphysik der Jahrtausende notwendig
einher. Die historisch vorliegenden metaphysischen Lehrstücke werden
äußerlich aufgenommen, an den eigenen rationalen Maßstäben auf ihre
Richtigkeit und Falschheit untersucht, korrigiert, modifiziert und in das
eigene Gebäude aufgenommen. Diese Versuche gefallen vermeintlicher
Wissenschaftlichkeit, während erfüllte Metaphysik ihr mißfällt, weil
sie ohne Bedingung eigener Freiheit und Gefahr durch reine Theorie
nicht zu haben ist; heimlich schleicht sich vielleicht auch eine Mythik
ein, welche echte Abkunft hat. Was daher nicht entweder weltorientierende Forschung oder wirkliche Metaphysik ist, ist in jedem Sinne
gehaltlos.

2. Aneignung und Gegenwart. — Anders verfährt eine aneignende Metaphysik, welche aus Freiheit Transzendenz sucht. Sie
kann nicht darauf verfallen, solche sich neu auszudenken, sondern
muß versuchen, die in Jahrtausenden erworbene Sprache der Transzendenz aus der Verschüttung zurückzugewinnen. Diese aber ist anzueignen in der Weise, wie die eigene Gegenwart zu eigentlicher
Gegenwärtigkeit angeeignet wird. Metaphysik ist jeweils aus eigener
Gegenwart angeeignete Geschichte der Metaphysik, und sie ist ebenso
aus der Geschichte der Metaphysik offenbar gewordene Gegenwart.
Sie erfüllt sich aus der Überlieferung durch die selbst werdende Exi-

stenz des Einzelnen, wenn er die Sprache der unermeßlich reichen und tiefen Welt hört, in die alles Sein tritt, das ihm wesentlich wird.

Wahrhaftigkeitskriterium der aneignenden Metaphysik ist die Weite, in der das empirisch Wirkliche und existentiell Mögliche wahrgenommen war, aus der heraus die geschichtliche Überlieferung zu eigen gemacht wird. Während prophetische Metaphysik sich auf wenige Linien zu beschränken pflegt, ist die aneignende grade im Bewußtsein ihrer Begrenztheit offen für jede Möglichkeit. Während die prophetische die Welt liegen läßt zugunsten einer bloßen Weltschematik, und die Existenzen liegen läßt zugunsten ihres eigenen kommunikationslosen, gewaltsamen Ganges, wird die aneignende stets neu hervorgebracht aus Weltwissen und existentieller Kommunikation.

3. Gegenwärtige Methoden. — Transzendenz ist, was uns täglich umfängt, wenn wir entgegenkommen. Philosophie kann Metaphysik nicht geben, doch sie erwecken und zur Helligkeit bringen.

Wenn in dem Versuch, metaphysischen Gehalt in methodischer Systematik auszusprechen, aus dem Ursprung geschichtlicher Gegenwart herausgetreten wird in eine *Sphäre relativer Allgemeinheit,* so behält dieses Denken nur Sinn durch Verbundenheit mit dem Ursprung und durch die Antriebe, die aus ihm kommen; Maß und Kritik sind ihm entscheidend nur von daher möglich.

Philosophie als dieses metaphysische Denken ohne wirkliche Gegenwart des Ursprungs ist *Spiel.* Es entwickelt Möglichkeiten für Existenz, stellt bereit, bleibt aber, weil nur möglich, auch in der Frage. Die in diesem Spiel noch unverbindlich gegenwärtige Ergriffenheit darf daher nicht mit der Wirklichkeit entscheidender Existenz verwechselt werden. Das Spiel der Metaphysik ist ernst, sofern es seinen Grund in dem Suchen der Existenz hat und seine Inhalte als Möglichkeit auf sie treffen. Es erwächst aus dem im Dasein zur Erscheinung gelangenden Ernst der Unbedingtheit der Existenz. Der bloße Daseinsernst, der sich zweckhaft auf die empirischen Dinge wirft, hat es allein mit dem Kausalen, Juristischen, Handgreiflichen zu tun. Er ist wohl gegenständlich zwingend, aber sein Grund ist ephemer und jeweils ganz verschwindend; der befreiende existentielle Ernst ist gegenständlich denkend im Spiel, sein Grund aber ist unbedingt und im Verschwinden ein Absolutes. Dieser Ernst bringt seinerseits alle Objektivität im materiellen Ernst des Daseins und im Gedachten des Philosophierens in die Schwebe.

Das Spiel hat es mit *Möglichkeit* zu tun. Zwar ist die Transzendenz das Sein, das nicht in Möglichkeit verwandelt werden kann. Aber wenn es sich darum handelt, den über alle Möglichkeit hinaus liegenden Grund zu treffen, ist die Weise, wie er gedacht wird, Möglichkeit. Die Möglichkeit als das Medium des Weltwissens ist eine einsichtige im Denken dessen, was auch anders sein könnte; die Möglichkeit in der Existenzerhellung ist Appell an die Freiheit des Selbst; die Möglichkeit in der philosophischen Metaphysik ist das Spiel, in gegenständlicher Gestalt zu versuchen, zu erinnern, vorwegzunehmen, was allein im geschichtlich konkreten Seinsbewußtsein als möglichkeitslose Wirklichkeit der Transzendenz gegenwärtig werden kann.

Das Spiel wäre Spielerei als beliebige Willkür, wenn es nicht eine Verbindlichkeit hätte durch seine Beziehung auf mögliche Existenz. Daß einmal ein Augenblick war, in dem es wirklich gegenwärtige Sprache war, oder daß ein solcher Augenblick kommen könnte, macht die Wahrhaftigkeit dieses Spiels aus. Daß das Spiel als ausgesagte Sprache der Transzendenz ohne Aufdringlichkeit sich als bloße Möglichkeit anbietet, ist Bedingung der Echtheit der aus ihrer Freiheit sich ergreifenden einzelnen Existenz, welche wohl spielend antizipieren, aber nur wirklich im geschichtlichen Augenblick als Sein erblicken kann, was bis dahin nur als mögliche Sprache sich kundtat.

Eine Systematik der spielenden Metaphysik ergibt sich auf drei Wegen des Transzendierens:

1. Über das in Kategorien bestimmte Sein hinaus transzendiert der Gedanke vom Bestimmten zum Unbestimmbaren. Während das Denken der Kategorien alles Sein mit dem kategorial Bestimmbaren erschöpft sein lassen möchte, ein Verabsolutieren einzelner Kategorien oder aller zu einem Bestimmen der Transzendenz — d. h. einer Ontologie — führen würde, wird in diesem *formalen Transzendieren* der Weg zur Transzendenz offengehalten. Die Erfahrung kategorialen Transzendierens ist eine ursprünglich philosophische. Sie ist noch leer, aber im Denken als solchen gegenwärtig. In ihr fällt das Denken und die metaphysische Vergewisserung zusammen.

2. Dem Sein der Existenz, statt sich selbst genug zu sein, macht sich in eins mit seinem Selbstsein Transzendenz fühlbar. In der Existenzerhellung war daher Transzendenz nicht auszuscheiden; metaphysische Gegenständlichkeiten kamen vor, um Existenzmöglichkeiten zu entwickeln. Daß Transzendenz ist und was sie ist, muß von der Existenz als solcher gefragt werden. Metaphysik macht die *existentiellen Bezüge zur Transzendenz* ausdrücklich zum Thema. Nicht die

Transzendenz selbst, sondern wie sie möglicher Existenz in deren Selbstsein tritt, wird gedacht.

3. Über die in der Weltorientierung erfaßte empirische Wirklichkeit und die in der Existenzerhellung appellierende Wirklichkeit der Freiheit hinaus transzendiert der Gedanke, indem er dem *Lesen* allen Seins *als einer Chiffreschrift der Transzendenz* nachgeht, wie sie sich für Existenz entziffern mag. Das Lesen der Chiffreschrift ist entweder das denkende Begreifen des Lesens, wie es in Kunst und Dichtung vollzogen wird; oder es ist das Schaffen einer philosophischen Sprache, die ihrerseits im Gedanken das Sein als Chiffre entziffern möchte. Die philosophische Metaphysik, welche in Gestalt von Weltbildern nicht eigentlich diese meint, sondern darin die Transzendenz aussagt, hat hier ihren Sinn.

Das *Suchen* der Transzendenz ist in den existentiellen Bezügen zu ihr, die *Gegenwart* der Transzendenz in der Chiffreschrift; den *Raum* für beide hält das formale Transzendieren frei. Aber erst von der Existenzerhellung aus erhalten im Philosophieren sowohl die formalen Denkerfahrungen wie das Lesen der Chiffreschrift ihr Gewicht. Ohne Verwurzelung in der Existenz würden sie in beliebige Endlosigkeiten geraten.

Zweites Kapitel.

Das formale Transzendieren.

Der Weltorientierung schien das Sein das Selbstverständlichste. Erst die Frage, was es als Sein sei, hob die Selbstverständlichkeit auf.

Das erste Ergebnis war, daß das Sein nicht dasselbe ist in allem Daseienden und Denkbaren. *Das Seiende einzuteilen nach den Seinsweisen*, dienen die *Kategorientafeln*. Jede Kategorie charakterisiert eine Weise oder Gattung des Seins, z. B. Wirklichsein, Gültigsein, Substanz, Eigenschaft, Quantität, Qualität, Materie, Form, Leben, Bewußtsein usw. Die Aussage, daß etwas sei, hat nicht überall identische Bedeutung.

Das zweite Ergebnis war, daß *das Sein*, durch die Frage nach ihm *zerrissen*, als Ein Sein nicht wiederhergestellt werden kann. Der Versuch, nach dem Sein überhaupt zu fragen, von dem alle Seinsweisen Arten und Gestaltungen seien, gewinnt keine Antwort mehr. Das Sein ist aufgelöst und die Zerrissenheit des Seins das bleibende Ergebnis immanenten Denkens.

Nachdem in allem Gedachten und Denkbaren nur eine je besondere

36

Weise des Seins ergriffen wurde, kann die Antwort auf die Frage nach dem Sein, durch Erkenntnis in der Welt nicht gegeben, nur noch auf dem Wege transzendierender Seinserhellung, doch ohne neue Gegenstandserkenntnis gesucht werden.

Darum ist jetzt, aus der Immanenz als der Vielfachheit des Seins heraus, das Transzendieren der Versuch einer Vergewisserung eigentlichen als *des einen und einzigen Seins*. Dieses Sein aber steht in keiner Kategorie. Aus allem Sein, das in den Kategorien jeweils spezifisch ist, weil ohne eine gemeinsame immanente Seinskategorie, führt der Weg des Scheiterns im Denken zur Transzendenz als dem einen Sein. Ich kann dieses das Überseiende nennen, wenn ich ausdrücken will, daß jede Seinskategorie ihm inadäquat ist und dadurch es herabzieht in eine partikulare Immanenz. Ich kann es das Nichtseiende nennen, wenn ich ausdrücken will, daß in keiner Kategorie, die ein Sein bedeutet, dieses Sein ist.

Das formale Transzendieren ist auf das Sein selbst gerichtet. Die Frage nach ihm, auf jeder Stufe des Philosophierens gestellt, erreicht hier ihr Ende, aber nicht ihre Antwort. Statt rationaler Adäquatheit zwischen Frage und Antwort, die hier schlechthin unmöglich ist, bleibt im Philosophieren nur die existentielle Adäquatheit möglich in der je gegenwärtigen Erfüllung gegenständlich noch leerer Gedanken.

Prinzipien des formalen Transzendierens.

1. Transzendieren vom Denkbaren zum Undenkbaren. — Die allgemeinen Formen des Denkbaren sind Kategorien. Auch das Sein als das an sich seiende Absolute denke ich durch das Denken als solches unvermeidlich in Kategorien. Damit aber habe ich es als einen bestimmten Gegenstand in der Welt, unterschieden von anderen, nicht mehr als das, als was ich es meinte.

Versuche ich nach dieser Erfahrung, das Absolute gar nicht zu denken, so gelingt auch das nicht. Wenn ich einmal gedacht habe, was das Sein nicht ist, so kann ich nicht unterlassen, an das Sein selbst zu denken; im Denken des Nichtabsoluten berühre ich indirekt das Sein des Absoluten. Im Denken ist gleichsam überall ein Ort, wo etwas auch gradezu als absolut gesetzt wird, weil ich nicht denkend da sein kann, ohne daß mir Absolutes zur Erscheinung kommt, sei es in der Verabsolutierung eines Besonderen, ohne daß ich will, sei es in bewußter Unbedingtheit aus eigener Freiheit des Selbstseins. In dem endlosen Fließen des Seienden suche ich unentrinnbar das Sein und ergreife es entweder in wahrer oder täuschender Gestalt.

Ich kann also dieses absolute Sein weder denken noch kann ich aufgeben, es denken zu wollen. Dieses Sein ist Transzendenz, weil ich es nicht erfassen kann, sondern zu ihm transzendieren muß in einem Denken, das sich im Nichtdenkenkönnen vollendet.

Das Denken, das darum die Transzendenz als gedachte nicht festhalten kann, muß vielmehr im Denken das Gedachte wieder aufheben. Das geschieht im Transzendieren vom Denkbaren zum Undenkbaren.

In der räumlichen Welt wird vergeblich nach einem Platz gesucht, wo die Gottheit sein könne, in der denkbaren Welt vergeblich ein Gedachtes gesucht, das nicht ein besonderer Gegenstand in der Welt wäre.

In der Welt des Sichtbaren und Denkbaren ist kein Abschluß, und in ihr läßt das Denken sich nicht binden. Es schreitet von Gegenstand zu Gegenstand; aber darin begreift es als aus sich bestehend weder sich noch die Welt. Sondern es fragt: woher bin ich selbst? Diese transzendierende Frage findet jedoch keinen sinngemäßen Gedanken als Antwort, da ja alles Denkbare sofort wieder der Welt angehört, über die transzendiert werden soll. Das Denken kann seinen letzten transzendierenden Schritt nur in einem Sichselbstaufheben vollziehen. Es faßt den Gedanken: *Es ist denkbar, daß es gibt, was nicht denkbar ist.* Er ist der Ausdruck für den Schritt eines Denkens, das, wenn es ihn tut, sogleich kein Denken mehr ist. Das Denken setzt sich eine Grenze, die es nicht überschreiten kann, und die es dadurch, daß es sie denkt, zu überschreiten doch appelliert.

Wird es angesichts der Transzendenz zur Leidenschaft des Denkens, sich selbst aufzuheben, so hält diese Leidenschaft doch unerbittlich fest, was wirklich denkbar ist, um auf dem Wege des Denkens nur wahrhaft und notwendig zu scheitern. Denn Existenz drängt zur Klarheit des Gedankens, in dem sie sich versteht; sie verfällt nicht der Gedankenlosigkeit in der Trägheit bloßen Gefühls, die niemals wahr transzendieren kann, noch dem sacrificio dell intelletto, in welchem das Denken sich nicht durch Transzendieren aufhebt, sondern überhaupt aufgibt.

Das Resultat solchen Transzendierens als aussprechbarer Satz besteht in Negation. Alles Denkbare wird zurückgewiesen als nicht gültig von der Transzendenz. Transzendenz darf durch kein Prädikat bestimmt, in keiner Vorstellung zum Gegenstand, in keinem Schluß erdacht werden, doch sind alle Kategorien verwendbar, um zu sagen, das Transzendente sei nicht Quantität noch Qualität, nicht Beziehung noch Grund, nicht Eines, nicht Vieles, nicht Sein, nicht Nichts usw.

Dieses Überschreiten jeder, auch der sublimsten Immanenz ist keineswegs selbstverständlich. Es ist eine außerordentliche Anstrengung, die Festsetzung der Transzendenz in irgendeiner Gestalt innerhalb der Welt zu verhindern, zumal Gestalt als vorübergehende Form für die Erscheinung der Transzendenz unausweichlich ist. Die Verweltlichung der Transzendenz in jeden Schlupfwinkel zu verfolgen, ist eine nie zu vollendende und eine immer zu wiederholende Aufgabe. Das denkende Transzendieren hat hier seine Tiefe durch Verneinungen.

Transzendenz ist über jede Gestalt hinaus. Der philosophische Gottesgedanke, der sich im Scheitern des Denkens vergewissert, erfaßt darin das „daß", nicht das „was" der Gottheit. Das scheiternde Denken schafft Raum, der aus der geschichtlichen Existenz und im Lesen der Chiffren des Daseins eine selbst immer geschichtliche Erfüllung finden kann. Es erhellt die nicht erst aus dem Denken als solchen wirklich gewordene Gewißheit der Transzendenz, gibt aber keine Erfüllung ihres Wesens. Daher die Mattigkeit dieses Gottesgedankens für Sinn und Vernunft, seine Kraft für Existenz. Hier ist kein persönlicher Gott zu finden in seinem Zorn und seiner Gnade; Gebetsleben als religiöses Handeln hat hier keine Relevanz; keine sinnliche Anschaulichkeit der Gottheit in geglaubten Symbolen hat hier Bestand. —

2. Dialektik des transzendierenden Denkens. — Das transzendierende Denken, das sich des Seins der Transzendenz vergewissern möchte, will als Denken ein Nichtdenken vollziehen. Es hält sich in dieser Dialektik, solange es wahr bleibt und weder das Sein der Transzendenz zu einem Gedachten in die Immanenz zieht, noch gedankenlos im bloßen Gefühl eines Seins sich verliert. Es ist ein immer zu erneuerndes Sichüberschlagen des Denkens zum Nichtdenkenkönnen, nicht nur das Transzendieren eines Gedachten zum Undenkbaren, sondern darin das sich aufhebende Denken selbst: ein Nichtdenken, das dadurch erhellt, daß es nicht Etwas denkt und nicht Nichts denkt. Diese sich selbst vernichtende Dialektik ist ein spezifisches Denken, nichtssagend für mich, solange mir Gegenständlichkeit und Anschauung allein Bedingung eines Sinnes bleiben, wesentlich aber für die Erhellung meines philosophischen Bewußtseins vom Sein.

Diese Dialektik, methodisch in reine Formen gebracht, könnte versuchen, ein Analogon der Kategorien aufzustellen: sich in sich selbst widersprechende, darum sich aufhebende Kategorien. Aber es gibt keine anderen Kategorien als die der Immanenz. Man wird mit ihnen jene transzendierenden Gedanken denken müssen oder gar nicht. Die *Methoden,* mit Kategorien über sie selbst zu transzendieren, sind folgende:

Es wird eine einzelne Kategorie *verabsolutiert,* jeweils einen Augenblick in ihr die Transzendenz gegenständlich gedacht (z. B. Notwendigkeit des Seins). Dieses Denken versteht sich als *analogisches* und nimmt der Kategorie damit die Eigentümlichkeit (z. B. die Notwendigkeit ist weder kausal noch logisch). Es ist kein bloß formales Gedankenspiel, sondern hat Gehalt durch einen *Widerhall* aus der Existenz, welche die einzelne Kategorie zu einem ihr rein gegenständlich nicht zukommenden Sinn vertieft (z. B. der Ruhe der Notwendigkeit). So wird in einem anderen Beispiel die Kategorie des Grundes zu dem dunklen Grunde meiner in mir selbst und transzendierend zum Grund des Seins im Sein. Alle Kategorien lassen sich auf diesem Wege als Momente in die Form des Existenzbewußtseins aufnehmen. Die Versuche einer systematischen Konstruktion der Kategorien aus dem *Ich* in der Philosophie des deutschen Idealismus sind ein Widerschein dieses Zusammenhangs. Aber sowohl die Analogie wie der Widerhall der in der Kategorie nach der Transzendenz greifenden Existenz verwandeln den Sinn der Kategorie. Ihre qualitative Bestimmtheit, Einzelnheit, von der ausgegangen wurde, wird wie zu einer Wirklichkeit in der Existenz und Transzendenz, so daß das formale Transzendieren die logische Form überschreitet; dann aber wird die bestimmte Kategorie aufgehoben durch Umsetzung zu einer unbestimmten Bedeutung als letztem Grund und Wurzel von allem, welche jede gedankliche Verwirklichung rückgängig zu machen zwingt. Damit läßt sich die erste Dialektik dieses Denkens formulieren: Welche Kategorie auch im Denken der Transzendenz zur Anwendung kommt, sie ist *als bestimmte Kategorie unanwendbar, als unbestimmt werdende schließlich nicht mehr denkbar.*

Eine zweite Dialektik ist diese: Da die Kategorie als objektiv gedacht die bestimmte Kategorie bleibt, und sie als solche nur eine unwahre Verabsolutierung ist, so muß sie eine Gestalt annehmen, in der entweder ein innerer *Widerspruch* das Gesagte wieder aufhebt (z. B. das Nichts ist das Sein), oder *Tautologie* es zunichte macht (z. B. das Wahre ist das Wahre). Der Widerspruch wird dadurch gewonnen, daß entgegengesetzte Kategorien als identisch gesetzt werden (coincidentia oppositorum). Tautologie bestimmt die in einer Kategorie ausgesagte Transzendenz durch die gleiche Kategorie, so daß die Besonderheit der Kategorie nur zur Erscheinung wird und die Identität des Seins mit sich übrigbleibt.

Eine dritte Dialektik läßt die *Kategorien*, welche sämtlich relativ auf andere ihre Bestimmtheit haben, *unbedingt* sein in der Form, daß sie durch sich selbst bestimmt *werden*. Sie beziehen sich statt auf andere auf sich selbst, werden damit eigentlich sinnlos, aber für das transzendierende Denken sprechend, weil sie Ausdruck für das Denken eines Nichtdenkens sind (z. B. die Ursache ihrer selbst [causa sui], das Sein des Seins).

3. Transzendieren über Subjekt und Objekt. — Sein, das ich fasse, ist ein bestimmtes Sein. Frage ich nach seinem Grunde, finde ich ein anderes Sein. Frage ich nach seinem Was-sein, steht neben ihm zum Vergleich ein anderes Sein. Es ist immer ein Sein unter anderem in der Welt.

Versuche ich jedoch das Weltall als das Sein überhaupt, das nichts außer sich hat, in meinen Gedanken zu bekommen, so scheitere ich. Wohl nehme ich das Sein zusammen, indem ich sage: „alles Sein". Aber das ist nur das Sagen des Seins als der Summe des Daseins und Gedachtseins, die unabschließbar ins Endlose zerfließt, die ich daher nie im Durchschreiten vollenden, und nicht als vollendet vor Augen haben kann. Selbst wenn dies möglich wäre, bliebe es Sein, das ich als ein Ansichsein nicht denken kann, weil es als ein *Objektsein für ein Subjekt* ist. Wie es an sich ist, bleibt undurchdringlich.

Setzt gedachtes Sein ein Subjekt-Sein voraus, so setzt das Subjekt, als Subjekt überhaupt, *sich selbst voraus*. Während ein Objekt sich selbst nicht voraussetzen kann, würde das Subjekt, dem etwas anderes vorausgesetzt würde, damit zum Objekt. Oder umgekehrt: mache ich das Subjekt zum Objekt, so kann ich nach seinen Gründen fragen, d. h. ihm etwas voraussetzen. Aber dann bleibt ein Subjekt als das so fragende, das sich selbst voraussetzt.

Als eigentlich unbedingtes ist das Subjekt *Sein als Freiheit*, wahrhaft gegenwärtig als Existenz im Selbstbewußtsein, das sich handelnd in seiner Objektivität findet, aber nicht ableitbar ist vom Sein als Objektsein, sowenig wie dieses von ihm.

Will ich zum Sein vordringen, so bin ich daher bei ihm weder wenn ich alles Sein im Sinne von Objektsein, noch wenn ich das Subjektsein meine, noch wenn ich auf das existentielle Subjekt als Sein

der Freiheit gerichtet bin, noch wenn ich Sein als Bestand und Sein
als Freiheit äußerlich zusammennehme (denn sie haben kein wirklich
Gemeinsames, das ich als identisch denken kann). *Sein, das alles Sein
umfassen soll, ist transzendent.*

Wollte ich zum Sein nicht nur transzendieren, sondern versuchen,
es erfüllt zu denken, so müßte ich es als ein Sein denken, dem kein
anderes Sein gegenübersteht, das sich selbst voraussetzt, das als Subjekt frei ist, und das doch Objekt wird. Aber ich kann keinen dieser
Gedanken wirklich vollziehen. Denn was nichts anderes außer sich hat,
wird für mich kein Gegenstand; was sich selbst voraussetzt, kann für
mich nichts Bestimmtes und Bestimmbares sein; was frei ist, ist nicht
da; was Objekt wird, ist als Objekt nicht mehr das, was es als Objekt-
werden-können war.

4. Transzendieren am Leitfaden der Kategorien in drei
Sphären. — Will ich das transzendente Sein denken, so fasse ich es
unvermeidlich in bestimmte Formen, denn das Transzendieren zum
Undenkbaren ist in seinen Aussagen gebunden an jeweils einzelne Kategorien. Die Aussagen sind von so großer Mannigfaltigkeit wie die
Kategorien, die ich, in ihnen dieselbe Dialektik in jeweils besonderer
Gestalt wiederholend, durchgehen muß, um mein Denken an den Abgrund des Seins als des Nichtdenkbaren zu führen. Eine Ordnung
solcher Gedanken wird sich daher an eine Ordnung der Kategorien
anschließen können. Wir unterscheiden drei Gebiete von Kategorien:
der Gegenständlichkeit überhaupt, der Wirklichkeit, der Freiheit.

Stehe ich in der Welt der *Gegenständlichkeit*, kann ich fragen:
warum sind überhaupt Gegenstände für Subjekte? woher die Spaltung? warum diese Weisen der Gegenständlichkeit und nur diese?
Versuche einer metaphysischen Logik mit einer notwendigen Ableitung
aller Kategorien aus einem Prinzip wollten diese Fragen transzendierend beantworten.

Stehe ich vor der *Wirklichkeit* und denke sie als Weltall, so kann
ich fragen: warum ist überhaupt etwas? warum ist nicht nichts?
Mythische Erzählungen von Ereignissen in der Transzendenz vor aller
Zeit wollen im Gleichnis diese Fragen, die eigentlich zu denken ohne
schon zu transzendieren unmöglich ist, beantworten.

Stehe ich im Bewußtsein meiner *Freiheit*, so kann ich, wenn ich
deren Objektivierung meide, doch zu dem Punkte kommen, wo das
Bewußtsein wirklich ist: ich habe mich nicht selbst geschaffen; wo ich
eigentlich ich selbst bin, bin ich nicht nur ich selbst. Die Frage, woher

42

ich bin, führt in den Grund, wo ich gleichsam bei der Schöpfung hätte dabei sein müssen, um erinnernd Antwort zu geben.

Transzendiere ich über die Gegenständlichkeit, über die Wirklichkeit und über die Freiheit zu dem Sein, an dem solche Fragen stranden, so muß ich durch einen erfüllenden Denkakt aufhören zu denken, oder wenn ich das Sein der Transzendenz doch wieder denke in einem vergegenständlichten Gottsein, so kehrt in ihm nur in gesteigerter Form derselbe Abgrund wieder, von dem Kant spricht: „Man kann sich des Gedankens nicht erwehren, man kann ihn aber auch nicht ertragen, daß ein Wesen, welches wir uns auch als das höchste unter allen möglichen vorstellen, gleichsam zu sich sage: ich bin von Ewigkeit zu Ewigkeit, außer mir ist nichts, ohne das, was bloß durch meinen Willen etwas ist; aber woher bin ich denn? Hier sinkt alles unter uns …“

In dem zum Sein transzendierenden Gedanken muß ich wirklich scheitern, oder ich stelle ins Endlose jene Reihe her, bei der ich in nur scheinbarer Transzendenz fortsetze, was ich bei Dingen in der Welt mit Recht tue: wohin ich auch komme, wieder nach der Bestimmtheit des Seins und dem Grunde zu fragen. —

Die Gegensätze von Sein als Subjekt und als Objekt, von Sein als Gedachtsein und Sein als Wirklichsein, von Sein als Freiheit und Sein als Bestand usw., in der Welt unüberbrückbar, für mein Denken auch in einem Gedanken als mögliche Einheit nicht zu fassen, müssen überwunden gedacht werden, um zu dem Sein zu kommen, bei dem alle Frage aufhört, und können doch nicht wirklich überwunden werden. Diese Grenze des Denkens ist als Scheitern des Denkens das formale Transzendieren. Die Notwendigkeit, diese Gedanken zu suchen, ist ebenso unausweichlich wie die Unmöglichkeit, mit ihnen im Denkbaren zu bleiben.

Das Spezifische des formalen Transzendierens in den Kategorien zeigt sich in einer unabschließbaren Fülle möglicher ineinanderklingender Variationen als das gedankliche Scheitern, dessen Beseelung allein dadurch entsteht, daß das existentielle Interesse am Sein sich seiner bemächtigt.

Transzendieren in Kategorien des Gegenständlichen überhaupt.

1. Sein und Nichts. — Ich denke das Sein, das nicht schon als ein bestimmtes Sein in einer Kategorie steht. Dann denke ich in dieser Unbestimmtheit in der Tat nichts.

Will ich etwas denken, so muß ich etwas Bestimmtes denken. Sein als bestimmtes Sein ist Gedachtsein. Sein als transzendentes ist als undenkbar und unbestimmbar nichts.

Das Nichts könnte ich nur denken durch Nichtdenken. Denke ich es, so dadurch, daß ich *etwas* denke als das Korrelat zum Nichts.

Dann ist das Nichts zunächst bestimmtes Nichts als das Nichts eines bestimmten Etwas, dessen Nichtsein es bedeuten soll. Weiter aber ist es dasjenige Nichts, dessen Korrelat das *Sein schlechthin* wäre. Aber dieses Sein ist, gemessen am Denken des Etwas als eines bestimmten, selbst ein Nichtgedachtes und insofern nichts; doch es selbst formell als Sein gedacht, wenn auch gänzlich unbestimmt, hat erst sich gegenüber dasjenige Nichts, das *absolut nichts* wäre.

Im Vollzug dieser Gedanken erfahre ich, wie ich das Nichts denke. Wenn ich das Nichtsein eines Etwas durch das Denken dieses Etwas denke, so kann ich das Nichtsein im absoluten Sinne nicht einmal in dieser indirekten Weise denken, weil ich das Sein als Sein schlechthin nicht positiv zu denken vermag. —

Transzendiere ich im Denken des absoluten Nichts, so nimmt also dieses Nichts entgegengesetzte Bedeutung an:

Das Nichts ist einmal *in der Tat nichts.* Ich trete aus der Welt, verliere gleichsam die Luft des Daseins, falle ins Nichts.

Das Nichts ist dann *das eigentliche Sein als das Nichtsein jedes bestimmten Etwas.* Denn wenn ich vom Dasein zum Sein transzendiere, so ist dieses nur gegen das Dasein, das es nicht ist, auszusagen. Das Sein schlechthin ist stets wieder ein Nichtsein von etwas Bestimmtem. War das Nichts des Seins absolut nichts, so ist das Nichtsein alles Bestimmten grade Alles als eigentliches Sein.

Auf dieses wird transzendierend in zwei Schritten zugegangen:

Im *ersten Schritt* ist das Nichts als das Nichtsein alles Bestimmten die Überschwenglichkeit eigentlichen Seins. Sein und Nichts werden identisch. Das Nichts ist die unbestimmte Fülle.

Im *zweiten Schritt* trete ich an den Abgrund des Nichts als absoluten Nichtseins. Ich versuche zu denken, daß überhaupt kein Sein wäre, weder Dasein noch eigentliches Sein; und erfahre, daß dies nicht nur zu denken nicht möglich ist, sondern daß im Versuche, es zu denken, die Gewißheit der Unmöglichkeit absoluten Nichtseins entspringt: Das absolute Nichts kann nur sein durch die Möglichkeit des Seins, und schon diese Möglichkeit ist das Sein, vor dem ich auf Grund scheiternder Versuche, das absolute Nichts zu denken, ver-

44

stumme. Ich kann wohl alles Dasein fortdenken, aber damit nicht auch das Sein. Es ist das noch ganz unbestimmte Sein, das zwar nichts ist, aber als die unendliche Fülle der Möglichkeit. Im Schweigen bleibe ich mir auf einzige Weise der Unmöglichkeit des absoluten Nichtseins gewiß. —

Die zweifache Bedeutung des Nichts — als Identität von Sein und Nichts, als absolutes Nichts — kann konstrastierend ausgesagt werden als *Übersein* und als *Nichtsein*.

Beides wird durch Denken erreicht, das im Sichüberschlagen zum *Nichtdenkenkönnen* als Denken transzendiert, indem es sich aufhebt. Es wird nicht erreicht in der Passivität eines bloßen Gestimmtseins, das gar nicht den Anlauf des Denkens macht und daher auch sein Scheitern nicht erfährt, sondern in unklar fixierendem Denken am Nichts haftet, als ob es dieses gebe. Im Denken des Seins als Nichts entfaltet sich die Dialektik des Denkens zum *Nichtdenkenkönnen*, das doch erhellend ist und das, indem es nicht Etwas denkt, auch nicht nichts denkt, sondern das Nichts, das entweder schlechthin nicht seiend oder überseiend ist.

Die zweifache Bedeutung des Nichts läßt uns in der Daseinssituation *auf entgegengesetzte Weise angesprochen* werden:

Wird mir im Transzendieren das Nichts zum *Nichts alles bestimmten und einzelnen Seins*, so wird es mir zugleich als das überschwengliche Übersein zum Signum unendlicher Erfüllung. Das Nichts wird zur Transzendenz, die Leidenschaft zum Nichts Wille zum eigentlichen Sein. In der Verkörperung durch Dasein und Handeln in der Weltwirklichkeit ist sie Ausdruck des Dranges, aufgehoben zu sein zur Ruhe der Ewigkeit. Da aber im Dasein die Erscheinung dieser Transzendenz nur als Nichts von Etwas ergriffen wird, so ist die Fülle des transzendenten Nichts gebunden an die Fülle des in ihm aufgehobenen existentiellen Weltdaseins. Das Nichts ist, aber auf einzige Weise. Es ist nicht als ausgesagtes Wort, nicht als vorkommend in der Welt, nicht als Weltganzheit, — sondern es ist, weil Sein als Transzendenz die Erfüllung ist in der Rückkehr aus der Welt, aber in Bewahrung des Weltdaseins als negierten.

Wird mir transzendierend das Nichts dagegen zum *absoluten Nichtsein*, so ist es erst eigentlich nichts. Kann ich das Nichts als Sein des Überseins nicht denken wegen seiner Überschwenglichkeit, so dieses Nichtsein nicht, weil es schlechthin nichts ist. Gegenüber dem Nichts als Übersein wird dieses Nichtdenken der Aufschwung meines tran-

szendierenden Wesens; gegenüber dem Nichts als absoluten Nichtsein
wird es das Grauen vor dem möglichen transzendenten Abgrund. Trat
ich dort ins Nichts, um zu verschwinden als Endlichkeit zur Eigent-
lichkeit, so falle ich hier ins Nichts und vergehe schlechthin. „Nichts"
ist das eigentliche Sein oder das schaurige Nichtsein.

Zwischen Nichts als Übersein und Nichts als Nichtsein liegt das Dasein des in Kategorien bestimmten Seins. In ihm ist alles zweideutig.
Aus ihm blickt als seine Transzendenz das Auge eigentlichen Seins; aus
ihm aber gähnt auch der transzendente Abgrund des eigentlichen Nichts.

2. Einheit und Dualität. — Es ist logisch unmöglich, etwas
als Eines zu denken ohne zugleich ein Anderes mitzudenken. Es
macht das unaufhebbare Wesen des Denkbaren aus, in Dualitäten sich
entgegenzutreten. Auch was ich als das Eine absolut setzen möchte, ist
als Gedachtes sogleich mit einem Anderen verbunden: Sein schlechthin
führt zur Frage, warum es ist und nicht nicht ist; es setzt voraus das
Seinkönnen. — Der Anfang bewußten Daseins kann nicht als absoluter Anfang gedacht werden, denn als Bewußtsein setzt es sogleich
in irgendeiner Gestalt eine Vergangenheit, aus der es kommt. —
Offenbarung erhellt ein vorher bestehendes Dunkel. Auch die Gottheit
würde als gedacht zugleich mit dem Grund ihrer Existenz sein, sie
setzt, wie Schelling sich ausdrückt, die Natur in sich voraus. — Also
Sein ist als einfaches und unvermitteltes nicht zu denken, ebensowenig
anfangendes Bewußtsein, auch nicht absolut anfangende Offenbarung,
auch nicht die einfache Gottheit.

Sein als reines Eines ist also zugleich nicht. Sein ist für Anderes
und im Anderen. Es ist daher für uns als Sein im Dasein durch Erhellung in Gegensätzlichkeiten zu denken. In abstraktester Gestalt hat
dies Plato im Parmenides am Einen und Vielen dargestellt; weder das
Eine sei, noch das Viele; vielmehr sei alles durch seinen Gegensatz,
das Eine, sofern es das Viele binde, das Viele, sofern es Eines sei;
dann hat in reichen Abwandlungen die Philosophie Schellings und
Hegels gezeigt, daß nichts einfach für sich sein kann. Etwas, das bloß
es selbst wäre, wäre ohne Offenbarkeit. Es wäre nicht eigentlich.
Selbst ist es nur durch etwas, das nicht es selbst ist. Ob diese Gegen-
sätzlichkeit erfaßt wird als logische Form des Denkbaren, oder als
Schmerz des Negativen in allem Dasein, das die Einheit nicht zustande
kommen läßt, oder als die Notwendigkeit der Verdoppelung im Offenbarwerden, — es sind nur verschiedene Gestalten des gleichen Nichtseins der Einheit schlechthin.

Die wirkliche Gestalt der Einheit ist im Selbstwerden. Ich erfahre
mich als Einen, und zugleich nicht als Einen; denn ich stehe mir im
formalen Ichbewußtsein selbst gegenüber. Aber als eigentliches Selbst
habe ich mich als meinen dunklen Grund wie in heller Gegenwart, der
ich in mir selbst den Grund überwinde. Diese Doppelheit in der Einheit ist eine unvergleichliche. Es ist ein Insichsein, wie alle andere
Spaltung ein Auseinandersein ist, wie ja auch, wenn ich selbst dieses
Band in mir sich lockern lasse und entweder bloßer Grund des So-
seins oder bloße Helle eines leeren Ich werde, von Außersichsein gesprochen wird. Die Einheit des Selbst, die nur ist in Dualität, ist das
Verstehbare, das das Unverstehbare nicht als Grenze, sondern als
eigenen Ursprung hat. Sinnfremdes wird, durch Übersetzung in Sinn
verwandelt, aufgenommen in einen geistigen Zusammenhang; mein
Sein und mein Wollen, die Notwendigkeit, daß ich so bin, und die
Freiheit, die dieses Sein verantwortet, werden in eins genommen ohne
Aufhebung der Dualität. Hier ist nicht Polarität auf einer Ebene, son-
dern Unlösbarkeit des Heterogenen auf jene einzige Weise, die das
Wesen des Selbstwerdens ausmacht. —

Die *reine Einheit*, an sich undenkbar, trotzdem formal, ohne den
Gedanken zu erfüllen, gedacht, wäre das schlechthin Ungewußte und
nicht sich selbst Wissende, ein Sein, das nicht ist, weil es weder für
sich noch für anderes ist.

Aber die Dualität hebt die Einheit nicht auf, sie wäre selbst für
sich als *reine Dualität* ohne jede Einheit wiederum undenkbar. Wirklich gedacht, wäre sie die absolute Zerstörung.

Im Gegensatz zum Zerfall in unbezogener Gespaltenheit drängt
alles, was Selbst ist, zur Einheit als Werden und Sinn. Im Gegensatz
zum Tod in der Vollendung des nur Einen drängt es zur Dualität,
durch die es sich offenbar wird, als zu der schmerzvollen Erfahrung,
durch die es erst Sein im Dasein wird. —

Transzendiere ich über Einheit und Dualität, so gerate ich in
die undenkbare *Identität* beider, ob ich über die Einheit oder über
die Dualität die Transzendenz suche.

Einheit ist Sein ohne das Andere, das absolut Eine, das weder
die Kategorie der Einheit ist, noch das Eine gegenüber dem Anderen
der Materie, noch Zahl, sondern das nicht Denkbare (daher von Plotin
ebenso μὴ ὄν genannt wie auf der anderen Seite die Materie), das vor
allem Denken und Denkbaren, weil über ihm, steht und sein Grund
ist. Diese Einheit der Transzendenz ist nicht die schlichte Einheit, die

gar nicht ist, sondern in der Denkform dieses Nichtseienden das im Nichtdenken ergriffene Sein, das im Dasein gesucht wird. Die Einheit des Selbstseins und das Eine, das ausschließend als die Gestalt des Wahren in der Erscheinung ergriffen wird, sind seine nächsten Symbole im Dasein, nicht es selbst. Was im Dasein zerspalten und zerstreut, für den Verstand nur in der Trennung faßbar ist, wird im philosophischen Transzendieren durch Scheitern des Denkens im Bewußtsein seiner Einheit gegenwärtig.

Dualität ist Sein, wenn ich zu ihm transzendiere im Kampfe. Das Sein der Transzendenz ist nicht *nur* Sein, sondern Sein und sein Anderes; das Andere ist das Dunkel, der Grund, die Materie, das Nichts. Wo der Schmerz der Dualität der Ausgang ist, und ich im Kampfe zwischen gut und böse gleichsam auf die eine Seite trete, sehe ich das wahre Sein als im Kampf, der entschieden werden muß. Versinnlichendes Transzendieren spricht von einem Kampf der Götter, von Gott und Teufel. Bleibt jedoch der Einheit ein Vorrang, so ist entweder die Dualität kein eigentliches Sein als ewiges, so daß der Kampf mit der Vernichtung und Wiederherstellung zum Reich der Gottheit aufhört, oder die Dualität ist als Kampf selbst nur ein Wille und Zulassen der Gottheit, die als eigentliche Einheit alles beherrscht.

Einheit und Dualität als Denkbarkeiten festgehalten sind nicht die Transzendenz. Als Transzendenz sind sie nicht mehr denkbar als nur durch ihre Symbole, welche relative Einheit und Dualität in der Erscheinung sind. In der Transzendenz wird *Einheit und Dualität dasselbe:* „Und alles Drängen, alles Ringen ist ew'ge Ruh in Gott dem Herrn."

3. Form und Material. — Diese Beziehung ist von der der Form der Statue auf das Material des Marmors bis zu der der kategorialen Form auf das Material der sie erfüllenden Anschauung in vielfacher Modifikation ausgebreitet.

Sie wird über ihren logischen Charakter hinaus belastet mit einem *Widerhall möglicher Existenz,* die dem Material gegenübersteht mit dem Bewußtsein seiner Tiefe und Unergründlichkeit, dann seiner Gestaltlosigkeit, dann seines Chaos und seiner Formwidrigkeit; die der Form gegenübersteht mit dem Bewußtsein ihrer Helle und Klarheit, der Schönheit ihrer Gestalt, ihrer Ordnung und Vernünftigkeit, dann ihrer Starrheit, dann ihrer hintergrundlosen Flachheit. Dem Material gegenüber hält sich ein Bewußtsein des Beschenkt- und des Verführtwerdens, dann der Hingabe, aber sowohl an das unbegreifliche Göttliche im Gesetzlosen wie an das Zerfließende und Erniedrigende des Stoffes.

Sein geht über den Gegensatz von Form und Material hinaus. Während ihre Einheit als Aneinandergebundensein in jedem Denkbaren als Dasein für uns vorliegt, geht der Weg des Transzendierens zunächst über die radikale Spaltung *zur reinen Form und zum reinen Material* — beide nicht erreichend —, um dann die Transzendenz nicht mehr als bloße Zusammengehörigkeit, sondern als *Identität beider* im Nichtdenkenkönnen zu denken.

Wird die *Zweideutigkeit* des existentiellen Widerhalls *aufgehoben,* wird die Materie das Schlechte, die Form das Gute, so sucht ein Transzendieren in dieser Spaltung zwar in den Verabsolutierungen der Seiten das Nichtseiende und das Überseiende, den Fall ins Nichts und den Aufstieg zum eigentlichen Sein. Die Materie wird das wesenlose Nichts, die Formen erfüllen als reine die überhimmlischen Regionen; das Dasein ist das komplexe Gebilde ihrer Mischung. Aber diese Eindeutigkeit ist erkauft mit einer Degradierung der Materie, der ihre Tiefe und Möglichkeit geraubt ist. Welt und Leben werden harmonischer und durchsichtiger als in der Zweideutigkeit, aber auch matter und unheroisch. Dieses Wissen, das das Wagnis aufhebt, wird eine Philosophie der Beruhigung, welche den einen wahren Weg für alle, hinauf zu den Formen, zeigt.

Wird jedoch Form und Material so festgehalten, daß *beide sowohl negativ wie positiv* wertbar bleiben, beide Weg und Irrweg weisen, so sucht ein Transzendieren über beide Wege hinaus jene *undenkbare Identität* der Transzendenz, in der, was gespalten war und noch im Zusammengehören gespalten bleibt, Eines wird, so daß, was eigentlich Form ist, selbst Materie, und was eigentlich Materie ist, Form wird, Form und Material dasselbe sind.

4. Möglichkeit, Wirklichkeit, Notwendigkeit, Zufall. — In der Welt ist das Denkbare als das *Mögliche* von dem Wahrgenommenen als dem *Wirklichen* unterschieden. Empirische Wirklichkeit wird als erkannt zur Möglichkeit, als bloße Wahrgenommenheit ist sie noch nicht als möglich begriffen, aber auch unbestimmt. Alles Sein als bestimmtes Sein fordert die Frage nach seiner Möglichkeit. Möglichkeit und Wirklichkeit sind aufeinander bezogen.

Die Kategorie der Möglichkeit hat in der *Unterscheidung vom Unmöglichen* drei Modifikationen: Das Mögliche ist entweder das *logisch* Mögliche im Gegensatz zum Unmöglichen, weil sich Widersprechenden. Oder es ist das *real Mögliche* nach den *Kategorien* gegenständlichen Wirklichseins im Gegensatz zum Unmöglichen, weil in Wirklichkeitskategorien nicht gegenständlich Werdenden. Oder es ist das *real Mögliche* im Sinne des Daseins von *Kräften* und von *Bedingungen* für es, im Gegensatz zum Unmöglichen wegen des Nichtdaseins solcher Kräfte und Bedingungen. Was wirklich ist, ist auch möglich, aber nicht alles Mögliche ist auch wirklich.

Während eine Kategorie immanenten Sinn nur hat in bezug auf einen bestimmten Seinsinhalt, transzendiere ich mit ihr, wenn ich sie auf das Ganze oder das All des Seins beziehe, im Falle der Kategorie der Möglichkeit auf folgende Weise:

a) Ich frage nach der *Möglichkeit des Seins* in dem von *Kant* gefundenen Sinn: Wie ist Erfahrung vom Gegenständlichen überhaupt möglich? Wie ist systematische Einheit dieser Erfahrung möglich? Wie ist autonomes Handeln möglich? Wie ist Wahrnehmung des Schönen möglich? Wie sind lebendige Wesen möglich? — Diese Fragen sind transzendierend, weil sie nicht ein bestimmtes Sein aus anderem Sein begreifen wollen, sondern jeweils an der Grenze des Daseins dieses selbst aus Prinzipien begreifen möchten, welche dem Dasein als Gegenstände der Erkenntnis nicht angehören. Die jeweilige *transzendentale Möglichkeit* ist weder logisch noch eine der beiden realen Möglichkeiten. Sie ist als Möglichkeit nicht mehr Kategorie der Möglichkeit. Vielmehr wird in der Kategorie der Möglichkeit transzendierend ein Zusammenhang im Ganzen des Daseins in Analogie zu einem Gegenständlichen in der Welt gedacht. Durch diesen Gedanken wird in der Möglichkeit kein absolutes Sein erfaßt, sondern ein Moment unseres Daseins überhaupt klar und damit jeweils auf spezifische Weise die Erscheinungshaftigkeit des Daseins erhellt. Jede Möglichkeitsfrage stößt daher in ihrer Antwort bei Kant an das Übersinnliche als das Ding an sich, als die Objektivität der Idee, als den intelligiblen Charakter, als das übersinnliche Substrat der Menschheit, als die Einheit des Ursprungs von mechanischer und teleologischer Gesetzlichkeit im Dasein des Lebens. Aber in Kants Transzendieren, das auf der Grenze stehenbleibt, wird nicht das Übersinnliche selbst ergriffen, sondern durch das Transzendieren in Möglichkeitsgedanken die Erscheinungshaftigkeit des Daseins als Ausdruck der Gewißheit eigentlichen Seins zugleich mit der Weise unseres Daseins deutlich.

In diesem Transzendieren ist ein Zirkel dadurch gegeben, daß ich *mit einer Kategorie* (Möglichkeit) *die Bedingung aller Kategorien denken will.* Ich muß die Möglichkeit aufhören lassen, bestimmte Kategorie zu sein, — und dann hört mein bestimmtes Denken auf. Oder ich muß die Möglichkeit wieder zu der bestimmten Kategorie werden lassen, — dann bin ich nicht mehr transzendierend an der Grenze allen Daseins, sondern wieder im Dasein.

b) Die Frage nach der *Möglichkeit des Seins* kann zweitens *transzendent vom Sein selbst* gestellt werden: Wie ist das Sein möglich? Aber das Sein als absolutes Sein kann nichts außer sich haben. Es kann darum keine Möglichkeit sich vorhergehen lassen. Daher lege ich transzendierend die Möglichkeit in es selbst. Aber mit dieser Denkbarkeit spalte ich es nicht nur, sondern bin auch damit sogleich wieder im Dasein und habe das Sein verloren. Oder ich fasse transzendierend das Mögliche und das Wirkliche im Sein als identisch; denn das absolute Sein kann nicht getrennt lassen, was wir denkend in der Welt trennen müssen: was im absoluten Sein möglich ist, ist an sich auch wirklich. Daß, was wirklich ist, auch möglich ist, dieses „auch" macht uns in der Denkbarkeit keine Schwierigkeit, aber daß, was möglich ist, immer auch wirklich sei, ist für uns im Dasein ausgeschlossen. Wollen wir also diesen Gedanken transzendierend vollziehen, so können wir nicht beim „auch" bleiben, nicht etwa denken, alles, was möglich sei, habe im unendlichen Raum auch irgendwo Platz, alles Mögliche müsse darum, weil unendlicher Raum zur Verfügung stehe, irgendwo wirklich sein. Damit behalten wir die Spaltung bei, sprechen vom einzelnen, wenn auch endlos zu häufenden Sein, sind gar nicht in die Transzendenz gelangt, sondern faktisch im Dasein geblieben. In Transzendenz treten wir nur durch den unvollziehbaren Gedanken der *Identität von Möglichkeit und Wirklichkeit,* welche das Entgegengesetzte so aneinander bindet, daß eine Spaltung ausgeschlossen ist. Ich denke im Nichtdenkenkönnen dieser Identität das Sein als den Ursprung, in dem möglich und wirklich nicht trennbar, sondern eins das andere ist. Möglichkeit und Wirklichkeit sind dann nicht mehr, was sie als Kategorien im Dasein sind, sondern Symbole, durch deren Identität das Sein leuchtet. Ist solches Transzendieren gegenwärtig, dann ist hinfällig eine Reflexion über die Wahl zwischen mehreren möglichen Seinsgestalten als Welten. Dann gilt nicht, daß auch anderes möglich wäre. Denn das Sein ist Wirklichkeit, welche für die Erkenntnis nicht in Möglichkeit zurückverwandelt werden kann wie empirische Wirklichkeit. —

Ob im Dasein das Mögliche wirklich wird, liegt an *Zufällen,* sei es, daß ich diese auffasse als sich im Raume treffende Kausalketten, sei es, daß ich sie verstehe als Akte einer Willkür. Beiden gegenüber ist *notwendig*, was nicht anders sein kann. Jenes transzendente Sein, in dem Möglich- und Wirklichsein identisch ist, ist darum auch notwendiges Sein genannt. Der Gedanke des schlechthin notwendigen Seins scheint die Antwort auf das Verwundern, daß überhaupt Sein ist. Aber dieser transzendierende Gedanke benutzt die Kategorie der Notwendigkeit wieder so, daß er sie verwandelt und aufhebt:

Notwendig ist im kategorial bestimmten Denken, was durch ein Anderes nach Regeln des Grundes (Kausalgrund oder Erkenntnisgrund) sein muß. Zufälliges Sein des Wirklichen ist an sich nur möglich, aber durch die Kausalität eines Anderen unter den gegebenen Bedingungen notwendig. Was durch ein Anderes ist, ist aber nicht notwendig im absoluten Sinn.

Transzendiere ich zum absoluten Sein als dem notwendigen, so ist dieses *nicht durch ein anderes notwendig, sondern durch sich selbst.* Das aber heißt: es ist zugleich der *absolute Zufall.* Will ich die Transzendenz als notwendig denken, muß ich sie in der *Identität von Notwendigkeit und Zufall* denken und scheitere wieder an einer unvollziehbaren Identität.

Sage ich: das Mögliche, das wirklich ist, ist notwendig, so ist diese Notwendigkeit im Dasein die bestimmte eines Kausalzusammenhangs von Etwas mit Anderem. Das absolut Wirkliche als Sein aber ist im Unterschied vom Dasein nicht vorher möglich und dann notwendig, sondern seine Notwendigkeit ist das Nichtandersseinkönnen ohne Grund in einem Anderen. Die Notwendigkeit, vom absoluten Sein ausgesagt, soll den Ursprung bezeichnen, bei dem nach einer vorhergehenden Möglichkeit nicht mehr gefragt werden kann. Als solche ist sie nicht mehr die in der Kategorie gedachte Notwendigkeit im Dasein, sondern Notwendigkeit in der Transzendenz, befreit von Möglichkeit in der Identität mit dem, was im Dasein Zufall wäre. Dieses Transzendieren über die Kategorie des Zufalls zur Notwendigkeit läßt diese in ihrer Fraglosigkeit völlig uneinsichtig. Denn könnte ich Notwendigkeit und Zufall als real identisch denken, so hätte ich das transzendente Sein als Gegenstand. Weil ich es nicht kann, ist diese Identität als Scheitern des Gedankens nur die mögliche transzendierende Vergewisserung des Seins im Denken.

5. Grund. — Bei jedem besonderen Dasein frage ich nach dem Grunde, bei der Allheit des Daseins will ich noch einmal nach dem

Grunde fragen. Mit dieser Frage transzendiere ich vom Dasein zum Sein (via causalitatis). Doch ist dieser Weg ergebnislos, wenn ich durch ein Schlußverfahren vom Dasein auf das Sein Antwort in der Kategorie des Grundes erwarte. Ich würde nur zu Hypothesen gelangen, wie sie in den Naturwissenschaften vorkommen und über den rein immanenten Sinn eines Zugrundeliegenden nicht hinausgelangen.

Das Transzendieren in der Kategorie des Grundes ist vielmehr die Frage nach dem Grund des Seins mit der Antwort, *Sein* und *Grund des Seins* seien *dasselbe*, wo ich *am Ursprung* sei. Diesen Gedanken einer causa sui kann ich als Widerspruch in sich nicht vollziehen. Entweder habe ich zwei gedacht, dann ist keins von beiden das Sein und beides zusammen nicht als eins gedacht. Oder ich habe eines gedacht, dann ist kein Grund mehr gedacht. Also ist Grund seiner selbst für den Verstand unmöglich, als Gedanke gegenstandsleer. Er bedeutet das Abschneiden der Frage: woher? und warum? bei einem letzten Sein. Das kann der Verstand nie zugeben. Entweder leugnet er den Gegenstand, oder fragt, wenn dieser da ist, nach seinem Grunde. Das Scheitern des Gedankens in der Gegenstandslosigkeit der Identität von Sein und Grund des Seins ist wiederum die Erscheinung des Seins im Denken eines Nichtdenkbaren.

6. Das Allgemeine und das Individuum. — Wenn das Sein als allgemein und ganz gedacht wird, woher dann die Individualisierung? (principium individuationis). Wenn das Sein als die Pluralität vom individuell Seienden gedacht wird, woher dann das Allgemeine?

Die Individualisierung wird nach dem Sein des Allgemeinen als durch ein zweites Prinzip entstanden gedacht, durch die Materie in Raum und Zeit. Oder das Allgemeine wird als das Unwirkliche gedacht, das gar nicht ist als nur in der Abstraktion denkender Individuen. Aber jene Individualisierung ist aus dem Allgemeinen nicht begriffen, und dieses Allgemeine löst sich als zeitlos geltend von aller Individualität als ein Bestehendes los, das seinerseits aus Individualität nicht begriffen werden kann.

In der Welt bleibt die Zerrissenheit, das Allgemeine und das Individuelle in den besonderen sich gegenseitig abstoßenden Kategorien. Transzendiere ich über dieses immanente Sein, in dem ich Eins nicht aus dem Anderen begreifen kann, so muß ich ein *absolutes Individuum* denken, das *identisch* ist *mit dem Allgemeinen*. Es wäre ein Allgemeines von dem einzigartigen Charakter, zugleich Individualität zu

sein, und ein Individuum von der Art, in jeder Bestimmtheit zugleich
allgemein zu sein.

7. Sinn. — Es scheint ein Sinn im Dasein. Aber dieser ist nur
teilweise da, in Ordnung, Aufbau, in einer sich tradierenden Realisie-
rung, im Dasein, das sich der Mensch schafft, und das er meint. Sinn
als Dasein ist immer relativ und hat ein Ende. Im Gegenspiel stehen
Auflösung, Tod, Gesetzlosigkeit — Verbrechen, Irrsinn, Selbstmord,
Gleichgültigkeit, Beliebigkeit —, steht nicht nur das Sinnwidrige,
sondern das Sinnfremde.

Schließe ich, daß also der Sinn des Ganzen nicht von der Art
sein könne, wie der von uns gedachte Sinn, der immer als ein nur einzelner sich erweise, so scheint die hypothetische Frage möglich: Wie
muß die Welt gedacht werden, wenn sie einen Sinn hat? Alles Sinnwidrige und Sinnfremde in der Welt ist dann als ein Faktum zu
nehmen mit dem Anspruch: der Sinn des Ganzen muß ein solcher
sein, daß jedes Faktum Sinn bekommt.

In dieser Frage wird Sinn, eine partikulare Kategorie, absolut gesetzt. Jedoch ist immer nur in der Welt aus bestimmtem Weltdasein
zu verstehen, was als Besonderes da ist. Die Sinnfrage an das Weltall,
so daß in ihr Transzendenz getroffen würde, ist als hypothetische unmöglich. Denn schon in der Frage, deren Antwort als Sinn erwartet
wird, ist Transzendenz in eine besondere Kategorie hineingezwungen,
also faktisch verfehlt. Alles, was Sinn ist, ist gegenüber der Transzendenz Begrenzung und Enge.

Statt auf Sinn zu schließen und das Sein wie ein Dasein in der
Welt zu erforschen, kann ich transzendierend nur die *Identität von
Sinn und Sinnwidrigem* als das undenkbare Sein der Transzendenz
suchen. Diese dem Denken unzugängliche Einheit kann nur im Scheitern des absurden Gedankens zugänglich werden, wenn die geschichtlich existentielle Erfüllung ihn beseelt.

Statt fälschlich rationalistischer Antworten auf jene Frage nach
dem Sinn des Seins bleibt das Lesen der Chiffren: das Sein ist so, daß
dieses Dasein möglich ist.

Transzendieren in Kategorien der Wirklichkeit.

Wirklichkeit ist zeitlich und räumlich das Dasein als Materie,
Leben, Seele.

Den Wirklichkeitskategorien ist eigentümlich, daß das in ihnen gegebene Dasein uns als Bewußtsein überhaupt und als nur vital interessierte Sinnenwesen verführt, es als das Sein schlechthin zu nehmen. Verabsolutierung der Wirklichkeit aber hebt die Transzendenz auf.

Wird Transzendenz zwar als das Andere, aber in Wirklichkeitskategorien gedacht, so bleibt sie bei bloßer Übertragung der Kategorien auf sie in der Tat nur eine andere Wirklichkeit als ein zweites Dasein. Diese Weltverdoppelung wäre für die Einsicht unhaltbar, weil sie ohne empirische Bestätigung bleibt, überflüssig, weil sie kein eigentliches Sein offenbart, täuschend, weil sie die Transzendenz für uns verdeckt.

Wird umgekehrt die Wirklichkeit im Transzendieren ignoriert, als ob sie nichts wäre und nur die Transzendenz Sein hätte, so geraten wir ins Leere.

Das Transzendieren in den Wirklichkeitskategorien hat darum dieselbe Form wie alles kategoriale Transzendieren: es muß, wenn es als Denken echt scheitern will, als identisch fassen, was als identisch zu denken zugleich unmöglich ist. Die Härte des Daseins kann nicht umgangen, nur in ihr die Transzendenz ergriffen werden.

1. Zeit. — Zeit ist nichts für sich. Sie ist Form des Daseins aller Wirklichkeit in nicht auseinander ableitbaren Modifikationen:

Zeit ist als *physikalische Zeit* eine Objektivität, welche in der Bestimmung zur Zeiteinheit des Messens wurzelt und das Gerüst jeder anderen wirklichen Zeit bleibt.

Sie ist als *psychologische Zeit* zu untersuchen in der Phänomenologie des Zeitbewußtseins durch eine Beschreibung der ursprünglichen Eigenschaften des Zeiterlebens, sowie in der Psychologie der Zeitschätzungen und Zeittäuschungen durch Vergleich einer subjektiven Zeitauffassung mit einer objektiven Zeit.

Sie ist als *existentielle Zeit* zu erhellen in Entscheidung und Augenblick, im Bewußtsein des Nichtmehrrückgängigmachenkönnens, im Ergreifen von Anfang und Ende.

Sie ist *historische Zeit* als Chronologie am Gerüst der objektiv meßbaren Zeit. Als solche ist sie die Möglichkeit existentiellen Ansprechens durch Entscheidung, Epoche, Krise, Erfüllung: die Zeit, welche jeweils in sich nach Anfang, Mitte und Ende gegliedert nicht nur eine quantitative Reihe ist.

Diese Modifikationen der Zeit, durch Sprünge geschieden, gehören zueinander, weil sie nur durcheinander sind; sie werden uns aneinander deutlich; aber sie sind nicht beschlossen in einer Zeit überhaupt, die bestimmbar wäre und die jede von ihnen ist. Alle zusammen wiederum — die Zeit in ihren Modifikationen als Wirklichkeitsform und Existenzform — umschließen nicht alles Sein. Schon in immanenter Erfahrung *hat Zeit ihre Grenze.* Zwar lebe ich, objektiv betrachtet, nur und ausschließend zeitlich, doch kann ich subjektiv zeitlos leben in der Kontemplation, wenn ich „*die Zeit vergesse*", gerichtet auf eine Welt des Zeitlosen und darin selbst wie zeitlos werdend. Aber im Handeln aus ursprünglicher Freiheit, in jeder Gestalt absoluten Bewußtseins, in jedem Akt der Liebe wird die darin nicht vergessene, vielmehr *akzentuierte Zeitlichkeit,* als Entscheidung und Wahl, zugleich *durchbrochen zur Ewigkeit:* die existentielle Zeit wird als Erscheinung eigentlichen Seins in einem die unerbittliche Zeit schlechthin und die Transzendenz dieser Zeit in der Ewigkeit.

Das gedankliche *Transzendieren über die Zeit sucht diese Ewigkeit als eigentliches Sein.* Es geht aus von der empirischen Zeit und endet in *paradoxen Sätzen,* welche für den Verstand *Unvereinbares identisch* nennen:

Zeit ist das Jetzt. Will ich sie darin ergreifen, ist ein anderes Jetzt. Ich blicke in das nicht mehr Seiende als Vergangenheit und das noch nicht Seiende als Zukunft, und habe währenddessen den Ort, von dem ich blicke, verändert. Unablässig ohne Halten vorangleitend habe ich eine Vorstellung der Zeit als eines nach Anfang und Ende endlosen Progresses. Ich schreite in der Vorstellung nach beiden Richtungen zu einer wieder und wieder anderen Zeit. Jeder Anfang ist nur ein Anfang in der Reihe, und hat anderes sich vorhergehend, jedes Ende anderes Ende hinter sich liegend, so daß ich das Ende des Zukünftigen nicht zu denken vermag. In diesem Fortschreiten durch die Zeiten, das in eintöniger Wiederholung nur negativ erfährt, daß kein Ende und kein Anfang ist, und Anfang und Ende doch gesucht werden, überzeugt sich der Verstand, daß er die Endlosigkeit der Zeit nicht vollziehen, Zeit nicht in Ewigkeit verwandeln kann. Dem Verstand mich anvertrauend, sinke ich ins Bodenlose.

Das Scheitern des Verstandes wird Erweckung der Existenz. Die Ausbreitung in der Zeit hat quer zu ihrer Endlosigkeit das Sein. Wenn Existenz durch die Immanenz des Bewußtseins hindurchbricht, überwindet sie die Zeit. Im Augenblick stehend offenbart sich ihr die Fülle des Seins als Transzendenz an Stelle des nur gleitenden Jetzt als Zeitatoms.

Diese Transzendenz ist ihr das eigentliche Sein, durch das sie selbst ist. Sie ist ihr das Jetzt, das kein Vor und Nach hat, sondern seine Vergangenheit und Zukunft in sich schließt, und das doch wirklich ist, und darum nicht zeitlos, sondern zugleich zeitlich gedacht werden muß. Ihre Gegenwart ist nicht am Ende der Zeit. Sie war nicht einmal in der Vergangenheit und wird nicht erst in der Zukunft sein, sondern sie ist jetzt als das Jetzt, das keine Folge hat, weil nichts mehr fließt, sondern alles ewig ist.

Die Ewigkeit metaphysischer Zeit wäre unwahr ausgesagt als bloße Dauer. Zeit ist als Dasein das sich endlos wiederholende Werden und Vergehen, Gebären und Verschlingen, in dem kein Sein ist. Alles nur Zeitliche ist unvollendet und muß als zeitlich vergehen. Fortbestehend ist es nicht mehr, als was es in der Zeit es selbst war. Was ein Ende hatte als ein Bestimmtes, ist als sein Ende überdauerndes Dasein lemurenhaft. Endlose Dauer des Gewesenen muß gleichgültig werden. In ihr ist keine Vergangenheit mehr noch Zukunft, nicht Ereignis und Entscheidung. Sie ist keine wirkliche Zeit, sondern die stete Nichtgegenwart, das bloße Zerrinnen ohne Sein, die Zeit, die nie eigentlich gegenwärtig werden kann, da sie immer schon fort oder noch nicht ist. Es ist, als wäre die Zeit an sich selbst gestorben, weil sie nicht mehr wirklich ist in ihrer Überwindung durch den Augenblick.

Von der ewigen Gegenwart als dem Sein der Transzendenz in der undenkbaren Einheit von Zeit und Zeitlosigkeit unterscheidet sich ferner die Abgleitung des Gedankens zum irrenden Suchen der Ewigkeit in Gestalt der Zeitlosigkeit. Denn diese ist immanent gegeben in dem bestehenden Gelten des Richtigen, dann als das Immerseiende, Jederzeitige, welches als ein Bestand unter Naturgesetzen mit der Zeit als nur einer quantitativen Dimension das leblose Objekt der Naturwissenschaften ist. Die Ewigkeit metaphysischer Zeit ist daher unwahr ausgesagt als Zeitlosigkeit. Die Ausschließung der Zeit würde zu einem Begriffe ohne Wirklichkeit, einem Sein ohne Gegenwart führen. Während der Existenz das Zeitlose nur Mittel der Orientierung und Maßstab der Prüfung ist, kann die Verblasenheit einer nur möglichen Existenz, welche sich an geltende Objekte klammert, das zeitlos Gewußte mit einer Weihe umkleiden. An der Ruhe des zeitlosen Seins mich einen Augenblick haltend, werde ich aber alsbald selbst leer, weil ich die Wirklichkeit verlassen habe, und suche von neuem den wahren Weg des Transzendierens. Das gedankliche Transzendieren über die Zeit sucht nicht die Zeitlosigkeit, sondern in der geschichtlichen Zeitlichkeit der Existenz, diese überschreitend, die Ewigkeit.

Ewigkeit als Transzendenz erscheint in der Zeit, als ewige alle Zeit umgreifend. Ich werde ihrer inne, wenn ich nicht mehr nur das endlose Werden und Vergehen, sondern selbst seiend in allem das Sein sehe. Im transzendierenden Aufschwung sehe ich nicht durch eine unwirkliche Vision eine andere Welt, sondern die Ewigkeit als die zeitliche Wirklichkeit und die Zeit selbst als die Ewigkeit. Ich sehe die Ewigkeit im Augenblick, wenn er nicht das leere Zeitatom ist, sondern existentielle Gegenwart; aber ich sehe nichts, wenn ich nicht im existierenden Aufschwung dabei bin. Nur von ihm her hat der transzendierende Gedanke Sinn, in welchem Zeit und Zeitlosigkeit identisch werden als Ewigkeit.

In Gedanken, welche einen Augenblick fälschlich die *Transzendenz zu einem anderen* machen, das als zweite Welt für sich bestünde, und auf sie die Kategorien der Zeit *übertragen*, läßt sich Ewigkeit indirekt aussprechen:

a) Als objektive Wirklichkeit ist alles durch seine ebenfalls objektive Vergangenheit bestimmt. Es gibt die eine universale Zeit. Der Mensch aber, der mögliche Existenz ist, hat *seine eigene Zeit*, seinen Anfang, den er nicht fassen kann, da er in jedem Anfang gleich eine neue Vergangenheit als die seine setzt, sein Ende, das nicht ist als Grenze, hinter der ein Anderes wäre, sondern der Horizont, der immer bleibt, wenn er sich ihm nähert. Wenn er von sich als biologischem Wesen Geburt und Tod weiß, so extrapoliert er die Vergangenheit als seine eigene vor seine Geburt und alle Zukunft als die ihn angehende, und nimmt so, was als Vergangenheit und Zukunft ihm sichtbar wird, in seine eigene Zeit hinein. Seine biologischen Grenzen sind als objektive und äußerliche die seines Daseins, aber Vergangenheit und Zukunft sind objektiv unabsehbar sein wirklicher Zeitraum, der ihn als Bewußtsein erfüllt. Als die eigene Zeit des Einzelnen ist Zeit verbunden mit der Transzendenz als der Ewigkeit, der sie angehört. So kann Ewigkeit *analogisch* gedacht werden als ein intelligibler Raum, in dem jedes Zeitsein eines existentiell wirklichen Wesens steht. In diesem *Raum* als einem *All der Zeiten* hat jede Zeit ihren ewigen Ort, dem sie zugehört.

b) Nenne ich die Ewigkeit eine Zeit, und die bloße endlose Dauer des Werdens und Vergehens eine Zeit, so kann ich denken: es gibt *eine Zeit vor der Zeit* und *nach der Zeit*, somit eine umgreifende Zeit, der die empirische Zeit der endlosen Dauer als eine Periode angehört.

Dann wird dieser ewigen Gegenwart eine ewige Vergangenheit

zugrunde liegend gedacht, aber eine Vergangenheit, die nie war, um in die Gegenwart überzugehen, und die mit dem Gegenwärtigen zugleich ist, weil sie ewig ist. Ich übertrage so die Form meines Bewußtseins auf die Ewigkeit der Transzendenz: diese kann sich für meine Vorstellung ihrer selbst nur bewußt werden, wenn sie in sich als Ewigkeit Vergangenheit und Zukunft setzt.

c) Die empirische Zeit als Gegenwart kann das *Scheinbild der Ewigkeit* heißen; ihre Endlosigkeit ist der *Schein der Unendlichkeit des Ewigen.* Indem ich die umgreifende Zeit als erfüllte Zeit denke, hat in ihr die endlose Zeit einen Anfang, nicht als in der Zeit, wie die wirklichen Dinge, sondern als in der Ewigkeit, wie das Weltall. Es ist der undenkbare Anfang, mit dem die Endlosigkeit des anfangslosen Zeitstromes beginnt. —

Diese transzendierenden Gedanken operieren mit zwei Welten. Sie trennen, was in der wahren Transzendenz nie zu trennen wäre, um es in widersprechenden Gedanken wieder als eins zu setzen. Sie nehmen ihr kategoriales Material aus der Immanenz und würden, wenn sie, statt sich im Gedachtwerden aufzulösen, als Denkbarkeiten sich zu Gegenständen verfestigten, keine Transzendenz mehr treffen. Sie sind ein Ausdruck für die Gewißheit der Existenz von ihrem eigenen Sein, das weder zeitlich nur verschwindet noch zeitlos gar nicht ist, sondern in zeitlicher Erscheinung und ihrem Verschwinden einem ewigen Sein der Transzendenz gehört. Deren Reich berührt, was in zeitlicher Wirklichkeit mehr als Zeitlichkeit ist.

2. Raum. Raum ist *phänomenologisch* der qualitativ gegliederte geschlossene *Sehraum* lebendiger Wesen. Er ist in *abstrahierender* Anschauung, welche den Raum homogen, rein quantitativ und endlos denkt, aber so, daß jeder Schritt dieser denkenden Vergegenwärtigung mit faktischer innerer Anschauung einhergeht, der dreidimensionale rational beherrschbare Raum, der der *euklidische* heißt. Raum heißen ferner die in der Mannigfaltigkeit *unanschaulicher mathematischer Raumbegriffe* gedachten Gebilde, von denen nur eines den euklidischen trifft. Raum heißt schließlich der *wirkliche Raum* der Physik und Astronomie, über dessen Artung wohl in dem engen Umkreis unseres technischen Handelns entschieden ist (hier ist er der euklidische), während die Wirklichkeit des Weltraumes vielleicht eine andere (gekrümmter Raum) ist, deren Art nur wegen der unendlich kleinen Fehler in den Größenverhältnissen unseres Daseins nicht bemerkt würde. Darüber hat die *messende Erfahrung* zu entscheiden.

Nähme ich das *Dasein* in seiner *Räumlichkeit als das absolute Sein*, so würde mir die Frage störend, welcher Raum denn dieses sei, der anschaulich-wirkliche, in dem ich lebe, oder der euklidische, oder der einmal zu findende astronomische. Was Raum sei, ist nicht so auf einen Nenner zu bringen, daß daraus alle Raumweisen abzuleiten wären. Die Schwierigkeit, daß, um zu denken, eine bestimmte Modifikation des Raumes gewählt werden muß, der eine Raum schlechthin jedoch nicht ist, bringt in alle Verabsolutierung des Raumes die Unklarheit dessen, was unter Raum gemeint ist; so wenn der Raum als das Leere und Nichtseiende, die Räumlichkeit des Daseins aber als eigentliches Sein gefaßt wird; oder wenn man den Raum umgekehrt als das Immaterielle für spiritueller hält als die darin seienden Körper, und ihn das sensorium Gottes nennt; oder wenn im Raum Räume unterschieden werden als irdische, in denen die Menschen, und himmlische, in denen die Gottheit wohnt.

Suche ich dann umgekehrt die *Transzendenz als raumlos* zu erfassen, so sage ich nur negativ, was sie nicht sei. Der Raum als Form allen Daseins für uns ist aber sowenig zu überspringen wie die Zeit. Insdaseintreten des Seins ist sein Räumlichwerden. Transzendiere ich über den Raum, so muß ich ihn selbst im Transzendieren bewahren.

Formales Transzendieren, das in der Bewegung des Scheiterns zum Sein dringt, ist *noch nicht das Lesen der Chiffre des Raumes* als Ausdruck der Transzendenz. Dieses vollzieht sich vielmehr auf folgende Weise. Schon im Dasein steht dem Räumlichen das Raumlose gegenüber (dem Körper die Seele, dem Auseinandersein das Insichsein). Aber schon im Dasein sind beide eins im Ausdruck der Seele: wo Seele empirisch wirklich ist, ist sie räumlich geworden als Körperlichkeit sichtbar. In Analogie zu dieser Einheit der Räumlichkeit und des Raumlosen im Ausdruck der Seele wäre die Transzendenz das Sein, für das der Raum Daseinserscheinung, und zwar als Symbol ist. Der Raum als endloser ist Gleichnis der Unendlichkeit, ist einer, hat nichts außer sich und ist von nichts abhängig. Das Gleichnis als Symbol ist ohne Widerspruch, weil außerhalb der Sphäre des exakt Gedachten. Es ist zwar kein formales Transzendieren mehr in ihm, aber die Möglichkeit eines geschichtlich zu erfüllenden Lesens der Chiffre der Räumlichkeit.

Während die *Verabsolutierung des Raumdaseins* die Transzendenz negiert, sein *Chiffrewerden* die Ruhe kontemplativen Sehens sich entfalten läßt, sucht ein *formales Transzendieren* die Einheit des Raumes und des Raumlosen in der *Bewegung*, welche im Raum den Raum nicht verläßt, aber überwindet. Wenn die Räumlichkeit des Daseins das Fernste und Tote gegenüber dem Sein ist, das mir raumlos existentiell als ich selbst ist, so ist doch das Äußere das nie zu Leugnende, stets Gegenwärtige. Die Spannung der Räumlichkeit und des Raumlosen hört im Dasein nicht auf. Setze ich beide *identisch* — ohne sie in die lösende, weil zur Ruhe bringende Beziehung des Ausdrucks des Einen für das Andere zu bringen —, so transzendiere ich im Undenkbaren: der *Allgegenwart der Transzendenz.*

Wird in der Zeit zur undenkbaren Ewigkeit transzendiert, welche in der Zeit die Zeit tilgt, weil sie die Zeitlichkeit der Zeitlosigkeit ist, so im Raume zur *verschwindenden Räumlichkeit*, welche, als die undenkbare *Einheit von Raum und Raumlosigkeit* ergriffen, nicht mehr der Raum in seiner Starre ist, der in seinem toten Dasein nur durch seine Unermeßlichkeit zum Transzendieren auffordert, sondern die Räumlichkeit, welche nicht mehr nur Raum ist. Sie ist eingeschmolzen in das Raumübergreifende, das nur als Räumlichkeit Dasein hat.

Während ich die Zeit ergreife durch *Entscheidung*, so den Raum dadurch, daß die Entscheidung im Augenblick nicht ein in sich zusammengesunkener Punkt ist, sondern *eine Welt*, die ich erfülle, weil sie nicht nur Welt, sondern Gegenwart des Seins der Transzendenz ist.

3. S u b s t a n z , L e b e n , S e e l e . — Toter Stoff in seinen Gestaltungen, lebendige Organismen, bewußte Individuen sind die drei Stufen empirischen Daseins, welche in den Kategorien Materie, Leben, Seele ihre abstrakte und allgemeine Form haben.

Materie wird als endlos dauerndes Sein und in allem Daseienden als das bleibende Substrat für alle Gestaltungen im Raumdasein gedacht. Wird das dauernde Sein jedoch das Zugrundeliegende überhaupt, das alles Dasein trägt, so in der Kategorie der *Substanz*, deren Modifikationen die Erscheinungen sind. Diese hat das Massive des Wirklichen, dann die Solidität des auf sich selbst ruhenden nicht nur nicht Entstehenden und Vergehenden, sondern in jeder Hinsicht Beständigen, und daher den Gehalt des Gediegenen, sie hat aber auch die Unlebendigkeit des nur Seienden, ohne für sich und für anderes zu sein.

Leben ist das in sich geschlossene Einzeldasein eines Organismus als ein Prozeß mit Anfang und Ende, in welchem Dasein zu einem

Äußeren als seiner Welt in Beziehung steht und in ihr nach Regeln bestimmte Metamorphosen seiner Gestalt und Funktion durchmacht. Leben als Kategorie faßt dies in sich Gegliederte, das unendlich in sich bezogen vom Verstand undurchdrungen bleibt, sich zielhaft bewegt, ohne Ruhe sich wandelt.

Seele ist Bewußtsein eines solchen Lebens als Individuum, das sein Wohlsein und seinen Mangel fühlt, von Trieben gelenkt, im Streben sich auswirkend, für sich selbst in seiner Welt wird. Seele als Kategorie trifft das Unergründliche des Ichseins, das Geschlossene der Innerlichkeit.

Transzendenz erhält, in diesen verabsolutierten Kategorien gedacht, typische Gestalten: Das Sein ist *Substanz,* alles Dasein ist nur sein Aspekt oder einzelner Modus in gleichgültiger und verschwindender Individualisierung. Bewegung und Gegensätze gibt es nicht eigentlich. Das Sein ist, und das ist alles. — Das Sein ist *Leben.* Alles, was ist, lebt, oder ist als nicht lebendig Abfall des Lebens. Das Sein ist in unendlicher Bewegung in sich selbst als ein ungeheurer Organismus. — Das Sein ist *Seele.* Alles ist Bewußtsein, von dem das einzelne Bewußtsein nur eine besondere, verengte Teilgestalt ist.

Aber jede dieser Verabsolutierungen zerbricht, wenn im echten Transzendieren über diese Kategorien hinaus die Transzendenz ergriffen wird. Denn jetzt ist sie das, worin Substanz, Leben, Seele eins sind, *Substanz* mit ihren *Modifikationen, Leben* mit *Tod, Bewußtes* mit *Unbewußtem* identisch werden.

Würde *Substanz* ohne ihre *Modifikationen* verabsolutiert, wäre sie nicht Transzendenz, sondern der leere Abgrund, in dem alles nur verschwindet; die Erscheinungen sind aber selbst die Substanz, wenn sie transzendierend ergriffen werden. Würden aber umgekehrt die Erscheinungen als solche schon für Sein genommen, so wären sie haltlos nicht seiende. Die undenkbare Identität von Substanz und ihren Modifikationen, deren Trennung für unser Denken endgültig ist, wird für das darin scheiternde Denken die Transzendenz.

Wird das *Leben* ohne Tod verabsolutiert, so ist keine Transzendenz vor Augen, sondern nur ein bis zur Endlosigkeit erweitert gedachtes Dasein. Wird der *Tod* verabsolutiert, so ist Transzendenz verschleiert, weil nur die Vernichtung bleibt. Werden aber Leben und Tod identisch, was für unser Denken unsinnig ist, so vollzieht sich in dem Versuch dieses Gedankens ein Transzendieren: der Tod ist nicht das, was sichtbar wird in der noch nicht lebendigen toten Materie und

62

in dem nicht mehr lebenden Leichnam; das Leben ist nicht, was
sichtbar ist als empirisches Dasein; sondern beide in einem das, was
mehr ist als das Leben ohne Tod und der Tod ohne Leben. In der
Transzendenz ist der Tod Erfüllung des Seins als mit ihm in eins ge-
gangenes Leben.

Wird *Bewußtsein* das Sein, so ist es bodenlos, wird es das *Unbewußte*, so ist es ohne Helligkeit, als ob es gar nicht wäre. Das
Bewußtsein und das Unbewußte, statt wie für uns im Dasein getrennt
gedacht und nur als zusammengehörend erfahren zu sein, werden in
der undenkbaren Identität die Transzendenz, welche als die Fülle des
Unbewußten mit ihrer restlosen Helligkeit zugleich das eine wie das
andere wäre.

Uns sind die Erscheinungen, das Leben, das Bewußte zugänglich;
wir lassen sie verschwinden in der Substanz, dem Tode, dem Unbewußten. Wo für uns aller Reichtum ist, da muß er vergehen, wo
das Sein zu sein scheint, da ist nur das Dunkel, wie nichts. Wenn wir
aber das schlechthin Getrennte in eins zu denken versuchen und damit
scheitern, so transzendieren wir nicht in dieses Dunkel hinein, sondern
über beide Seiten des Gegensatzes hinaus zum Sein selbst.

Transzendieren in Kategorien der Freiheit.

Daß die Gottheit nicht Natur, sondern Bewußtsein, nicht Substanz,
sondern Persönlichkeit, nicht Dasein, sondern Wille sei, so und anders
kontrastiert sich gegen eine Naturalisierung der Transzendenz ein Denken, das in den Kategorien der Freiheit zu ihr gelangen möchte.

Aber Freiheit kann der Transzendenz so wenig zugesprochen werden wie irgendeine andere Kategorie. Auch sie ist nur ein Weg zu
einem Undenkbaren.

Freiheit, das Wesen der Existenz im Dasein, ist deren *Möglichkeit*
in der Wahl, ist in einer Welt zugleich abhängig und auf Zufälle
angewiesen, ist mit einem Anderen. *Transzendenz* aber zeigte sich uns
nicht als die Möglichkeit in dem bestimmten Sinn, der eine Wahl noch
frei ließe, sondern als die Möglichkeit, die mit Wirklichkeit und Notwendigkeit identisch wäre. Denke ich die Transzendenz als frei, so
verendliche ich sie, indem ich sie in Situationen unter Bedingungen denke.

Freiheit bleibt im Dasein als Persönlichkeit *an Natur gebunden*.
In der Persönlichkeit ist nicht Identität von Freiheit und Natur,

sondern eine Unlösbarkeit beider. Eines gründet im Anderen, sofern es Moment der Persönlichkeit ist, und eins stört das Andere und fordert einen in der Zeit unaufhörlichen Kampf. *Transzendiere* ich, so müßte ich die Identität von Freiheit und Natur denken, aber zugleich erfahren, daß ich sie weder denken noch vorstellen kann. Was auf dem Wege der Annäherung an ein Ideal als vollendete Freiheit hervorzugehen scheint, ist durch einen Sprung etwas schlechthin anderes: nicht mehr ein zeitlicher Prozeß, nicht geschichtliche Erscheinung, nicht Beziehung eines freien Ich auf sich selbst als seinen dunklen Grund, der es trägt und motiviert, und den es überwindet und erhellt. Dieses Andere, identisch gedacht mit der Natur, wäre die keinem Denken durchsichtig werdende, vielmehr undenkbare Transzendenz. Durch die Spannung der Freiheit zwischen sich und der Natur, die ich als identisch zu denken versuche und nicht zu denken vermag, kann das Sein nur hindurch scheinen, wenn ich transzendiere.

Freiheit ist als *Verstand*, der gültig unterscheidet und weiß, plant und macht; als *Idee*, welche substantielle unendliche Ganzheit als Kraft des Werdens und als Ziel, gegenständlich als Urbild und als Aufgabe ist; als *Existenz*, welche in geschichtlicher Konkretion im Medium von Verstand und Idee die Entscheidung des je Einzelnen über sein eigenes Sein ist.

Verabsolutiert werden diese Kategorien zu Aussagen über die Transzendenz, um sogleich zu fallen und in der Undenkbarkeit die Transzendenz als eigentliche zur Erscheinung zu bringen.

Freiheit ist als *Verstand*. Die Transzendenz wird der Logos, der alles ordnet und bestimmt, der Weltbaumeister, der die Welt errichtet. Aber die Transzendenz als Logos wäre nur das allgemeingültige Gitterwerk der Artikulation alles Daseienden, wäre zu denken aus der Summe aller Kategorien zu einer kategorialen Totalität als zu dem, was möglich macht, daß das Dasein den Charakter durchgehender Denkbarkeit und Ordnung hat. Die Transzendenz als Weltbaumeister stände wie ein endliches Wesen in der Welt einem Stoff gegenüber, den sie formt. Als solcher ist sie nur eine Vorstellung, der keine Wirklichkeit entspricht. Aber Transzendenz ist über die Wirklichkeit eines Bildens des Stoffes durch endliche Verstandeswesen hinaus als deren Grund zu suchen.

Freiheit ist als *Idee*. Transzendenz wird der Geist der Ganzheit, das Zusammenbringende, durch das alles Sein aus endloser Zerstreutheit unendliche Totalität wird, der kein Plan adäquat ist. Der Geist als Ganzheit, die alle Ideen in eins schlösse, wie der Logos alle Kategorien, wäre undenkbar. Ideen sind in der Wirklichkeit endlicher Wesen, die von ihnen beseelt und gelenkt werden. Sie sind, was im Menschen eigentlich Geist heißt. Dieser aber verabsolutiert zum absoluten Geist, gibt wohl ein großartiges Bild der Transzendenz; doch die Transzendenz ist in ihm, weil immanent gedacht, verloren. Transzendenz ist das Sein, das im Dasein die Ganzheiten der Ideen möglich macht, ohne daß die Idee des einen Ganzen sichtbar oder denkbar bestände.

Freiheit ist als *Existenz*. Aber Transzendenz ist nicht Existenz. Denn Existenz ist nur, sofern Kommunikation ist, Transzendenz aber, was ohne ein anderes es selbst ist. Was im Dasein für Existenz Ausdruck des Bösen ist: ich bin ich selbst allein, das würde einem Sein, das ohne Bezogenheit es selbst ist, gemäß sein. Begrenztheit und Bedingtheit, die der Existenz im Dasein zukommt, kann der Transzendenz nicht eigen sein. Existenz, in der Wurzel sich selbst als nicht nur sie selbst seiend ergreifend, ist bezogen auf Transzendenz, die sich, wenn sie Existenz wäre, nicht nur zu sich selbst verhalten, sondern wieder auf ein Anderes, als ihre Transzendenz gerichtet sein müßte. Die Identifizierung der Transzendenz mit Existenz ist unvollziehbar, da Existenz sich der Gottheit gegenüber und grade nicht als diese weiß.

Transzendenz als das eigentliche Sein ist nicht wie Existenz die Freiheit, sondern Grund dieser Freiheit, das Sein, das diese Freiheit der Existenz wie die des Verstandes und der Idee möglich macht. Da sie mit keinem identisch ist, ist über alle zu transzendieren, um in der Undenkbarkeit zu scheitern. Existenz ist das Verwechselbarste, aber grade sie ist die Wirklichkeit, die am entscheidendsten die Distanz bewahrt und von sich aus nicht nur für sich selbst, sondern rückläufig für Idee und Verstand die Identifizierung mit der Transzendenz verwehrt. Denn Existenz, die im Dasein als Freiheit die letzte Gestalt eigentlichen Seins ist, darf am wenigsten zu einer Übertragung auf Transzendenz verleiten. Hier in größter Nähe ist am deutlichsten die absolute Ferne.

Existenz war für Existenzerhellung im Transzendieren über Dasein und gegenständlich adäquate Verstandesdenkbarkeit als signum der Gewißheit des Seins gedacht, das als es selbst zugleich auf seine Transzendenz bezogen ist. Nach dem Denken der Existenz als eines signums transzendiere ich über dieses signum, welches als Denkbar-

keit schon scheiterte, aber in der Gewißheit des sich gegenwärtigen
Selbstseins blieb, zur Undenkbarkeit des eigentlichen Seins, das mir im
Scheitern als Chiffre zurückkehrt.

Die Gottheit als formale Transzendenz.

Im formalen Transzendieren über die Kategorien wird weder die
Gottheit ein erfüllter Gedanke, noch eine Beziehung zu ihr gewonnen,
wenn nicht existentielle Betroffenheit diese Gedanken erfüllt.

Daß das Undenkbare die Gottheit sei, ist in dem Gedanken, der
im Nichtdenken scheitert, als solchem nicht schon gedacht. Unter
diesen transzendierenden Gedanken sind einige durch die Jahrtausende
fast wie mathematische Gedanken identisch geblieben. Sie haben als
formale diesen zeitlosen Charakter und sind, wo sie als wirklich gedachte vorkommen, angewiesen auf Existenz in ihrer Geschichtlichkeit,
um Gewicht und Gehalt zu gewinnen; dann können jeweils besondere
Kategorien vorgezogen werden zum Ausdruck des als Scheiterns im
Undenkbaren immer ähnlichen Gedankens.

Das formale Transzendieren verhindert, indem es Raum schafft für
die Sprache der Transzendenz in Chiffren, mit systematischem Bewußtsein zugleich deren Materialisierung. Wir möchten die Gottheit
im Bilde und gegenständlichen Gedanken haben und diese nicht als
bloße Symbole verschwinden lassen. Zumal Gott als Persönlichkeit zu
denken in seinem aus vollendeter Weisheit und Güte kommenden
Willen, der plant und lenkt, ist fast unausweichlich. Aber auch dieses
ist als Symbol ein verschwindendes Bild und im transzendierenden
Denken wieder aufzuheben.

Die Transzendenz wird, wenn sie aus der Verabsolutierung in den
drei Kategoriengruppen entspringt, entweder logisiert (im Gegenständlichen überhaupt), oder naturalisiert (in Wirklichkeitskategorien), oder anthropomorphisiert (in Freiheitskategorien). Die Weisen,
die unerkennbare Gottheit als erkannte zu denken, sind hierdurch bestimmt. Theologie lehrt am Leitfaden dieser drei Sphären, daß Gott
Licht unseres Erkennens, Grund der Wirklichkeit, höchstes Gut sei.
Von ihm kommt die helle Artikulation der Einsicht, die Ursache des
Daseins, die rechte Ordnung des Lebens. Er ist die Wahrheit als Erkenntnis, Sein und Handeln; Wissen, Wirklichkeit und Liebe; Logos,
Natur und Persönlichkeit; Weisheit, Allmacht und Güte.

Wenn aber diese Gotteserkenntnis der Theologie auch kein Wissen

66

ist, wirkt in ihr doch die Kraft formalen Transzendierens, das nicht mit der Aussage der Undenkbarkeit schon getan ist, sondern erst in der Fülle der Wege seine eigentliche Undenkbarkeit findet und sich ihrer in allen Weisen vergewissert.

Bewege ich mich, Anfang und Ursprung suchend, im Dasein von Einem zum Anderen, vom Ding auf seinen Grund, so komme ich an kein Ende. Ich müßte willkürlich ein Letztes fixieren und mir die weitere Frage verbieten. Nur wenn ich einen Sprung mache im Transzendieren vom Gegenständlichen zum Ungegenständlichen, vom Denkbaren zum Undenkbaren, kann ich, ohne willkürlich zu fixieren, zwar nicht den Ursprung erkennen, aber mich gleichsam hingrübeln zu ihm. Der Ursprung ist nicht das erste Glied einer Kette des Daseins, auch nicht das Ganze des Daseins, er ist überhaupt nicht da. Ich denke ihn auf dem Wege über die Unvollendbarkeit des Daseins durch das Nichtdenken, das ich durch jeweils bestimmte Kategorien suche, in denen ich den Sprung vollziehe dahin, wo das Denken aufhört.

Die so erscheinende Transzendenz bleibt ohne Bestimmung und ist doch, obgleich ohne Erkennbarkeit und ohne Denkbarkeit, im Denken gegenwärtig in dem Sinn, *daß* sie ist, nicht *was* sie ist. Von diesem Sein ist nichts auszusagen als der formale tautologische in möglicher Erfüllung unergründliche Satz: *es ist, was es ist.* So hat im philosophischen Transzendieren Plotin ausgedrückt, was der alttestamentliche Jude, der sich kein Bildnis und Gleichnis machen wollte, seinen Gott sagen läßt: *ich bin, der ich bin.* Der Unterschied ist der von philosophischer Kühle und religiöser Vehemenz. Er zeigt, daß selbst in diese letzte Tautologie noch wieder die Kategorien sich einschleichen, indem sie entweder in der Seinsweise des Objektseins („es") oder des Freiseins („ich") ausgesprochen wird.

Darum bleibt im formalen Transzendieren die Gottheit schlechthin verborgen. Nur indirekt scheint sie sich zu offenbaren, und auch hier noch verborgen in ihrer Ferne, durch die Geschichtlichkeit, in welcher Existenz ihre Transzendenz im Lesen der Chiffren des Daseins jeweils enthüllt, ohne allgemeingültig und für immer zu erfassen, was sie ist. Sie wird sichtbar in ihren Spuren: nicht als sie selbst, sondern immer zweideutig. Sie wird kein Bestand in der Welt, aber sie kann für Existenz die vollendete Ruhe des Seins bedeuten, das als überschwengliches keinerlei bestimmtes Sein mehr ist.

Drittes Kapitel.
Existentielle Bezüge zur Transzendenz.

Transzendenz, gegenwärtig erst, wo in der Grenzsituation Existenz aus eigenem Ursprung sich auf sie richtet, kann die alles aufsaugende Glut sein, oder die Stille, die noch alles sagt, dann wieder, als ob sie gar nicht wäre.

Verknüpft *mit dem eigenen Seinsbewußtsein* offenbart sich Transzendenz in der Weise, wie ich zu ihr stehe; ihr Sein erfasse ich nur dadurch, wie ich innerlich handelnd ich selbst werde; sie reicht mir die Hand, sofern ich sie ergreife; aber sie ist nicht zu zwingen. Es bleibt die Frage, wo und wie sie mir sich zeigt. Die Aktivität des Ansichhaltens im Bereitsein, welches nicht Passivität ist, kann ebenso

68

entscheidend sein wie das stürmische Ergreifen des Daseins im Schicksal.

Aber niemals ist der Bezug auf Transzendenz einer planenden Veranstaltung zugänglich. Vielmehr heißt, ohne Transzendenz zu leben, aufgehen in dem, was ich machen kann, in der Zweckhaftigkeit des Betriebs, welcher auch das Wesentlichste unterwirft und vernichtet. Leben wäre nicht mehr fragwürdig, wenn es gelingen könnte, es ohne jegliche Transparenz des Seins in eigentlicher Banalität wirklich zu führen.

Wenn aber Existenz über alles Dasein hinaus zum eigentlichen Sein blickt, tritt ihr dieses nur in verschwindenden Chiffren vor Augen, in denen sie es sich nahebringen und aussagen möchte.

Die Erörterung wird also im Blick auf die *Grenzsituation* die *existentiellen Bezüge* vergegenwärtigen, in denen erfahrene *Transzendenz als geschaute und gedachte* gegenständlich wird und wieder einschmilzt.

Wenn ich als mögliche Existenz zum Sein in Beziehung trete, so ist diese Beziehung nirgends eindeutig:

Existenz stellt sich aus dem fragwürdigen Dasein der Transzendenz gegenüber in *Trotz* und *Hingabe*. Aus den Grenzsituationen, welche im Dasein zerstörend offenbar machen, entspringt die Frage, warum das Dasein so sei. Diese Frage führt in den Trotz gegen die Wurzel des Daseins, oder zur Hingabe im Vertrauen zum Unbegreiflichen.

Sich selbst erfaßt Existenz in *Abfall* und *Aufstieg*, darin auf Transzendenz gerichtet oder sie verlassend. Aus dem absoluten Bewußtsein des Selbstseins als Sinken oder Steigen wird das Sein selbst ergriffen.

Was aber Existenz im Aufschwung sei, bleibt im Dasein unbestimmt. In ihrer Möglichkeit ist der Weg nach *dem Gesetz und der Ordnung des Tages* in der Erscheinung des vernünftigen Daseins; aber dagegen steht ein anderer Weg als *Leidenschaft zur Nacht* in der Zerstörung mit dem Anspruch eines tieferen Seins. Es erscheint die furchtbarste Zweideutigkeit. Unmöglich kann Existenz selbstzufrieden werden wie ein blindes, nur vitales Dasein.

Die Möglichkeit des Wahren zeigt sich als *das Eine*, in dem ich selbst werde, wenn es mich als meine Transzendenz anspricht; mit dessen Verrat ich ins Nichts falle. Aber dieses Eine in seiner geschichtlichen Bestimmtheit wird wieder von der *Vielfachheit* der Daseinsmöglichkeiten in Frage gestellt. Es gibt im Dasein nicht den einzigen, festen, objektiv gewiß werdenden Weg der Existenz überhaupt, sondern eine Ungewißheit der Möglichkeit, in der Transzendenz zweideutig und fragwürdig bleibt, wenn man sie wissen will.

Die vier existentiellen Bezüge treiben sich wechselseitig hervor, ohne Existenz im Dasein zur Ruhe kommen zu lassen. *Trotz und Hingabe*, in sich selbst nicht eins werdend, scheinen sich zu lösen im *Aufschwung*, der jedoch erst aus dem *Abfall* und vor dessen Wirklichkeit sich findet, und, selber nicht eindeutig, in den Gegensatz der *Vernunft des Tages* und der *Leidenschaft zum Nichts* auseinanderfällt. Wird das Wahre in beiden als das *Eine* gegenwärtig, so hat dieses das *Viele* zur Bedingung und Gegenmöglichkeit. Ausgesagt steht jeder transzendente Bezug in Alternativen, faktisch in Spannungen, deren jeweiliges Einswerden existentielle Wirklichkeit ist. Sie in ihren Spannungen denkend ineinszunehmen, würde das Unbegreifliche des eigentlichen Seins, wie es in möglicher Existenz bewußt wird, zum Verständnis bringen; aber wir können denkend nur in Bruchstücken erhellen, was als Ganzes dem Gedanken unzugänglich bleibt. —

In jedem der vier existentiellen Bezüge liegt die Möglichkeit, Transzendenz in *Chiffren von Mythen und spekulativen Gedanken* gegenständlich zu vergegenwärtigen:

Aus *Trotz und Hingabe* suche ich spekulativ in Theodizeen eine Rechtfertigung der Transzendenz oder in ihrer Widerlegung den Grund zum Trotz.

In *Abfall und Aufstieg* stehend hört der Einzelne Transzendenz als seinen Genius und seine Unsterblichkeit. Der Prozeß der Freiheit wird mythisch als Möglichkeit im Ursprung eines übersinnlichen Seinsprozesses verankert.

Aus der Spannung des Lebens in der *Gesetzlichkeit* seiner vernünftigen Ordnung zu der *Leidenschaft* der Dämonie zwingt sich der Gedanke zweier transzendenter Ursprünge auf. Dem Gott, bei dem ich im Gehorsam meines guten Willens mich geborgen weiß, stehen dunkle Gewalten wie unterirdische Götter gegenüber, denen zu folgen in den Abgrund der unvernünftigen Schuld reißt, die aber, abgewiesen, Rache heischen.

In der Gewißheit, daß ich in der Erscheinung Sein als Existenz allein durch Identifizierung mit dem jeweils *Einen* meiner geschichtlichen Bestimmtheit habe, ergreife ich den Gedanken vom einen Gott. Aber der *Reichtum* des Daseins in seinen Möglichkeiten macht seine eigene Transzendenz geltend: gegen den einen Gott stehen die vielen Götter auf.

Sowohl die existentiellen Bezüge als auch die in ihnen sich zeigenden
Chiffren der Transzendenz bleiben in *Antinomien*. Das ungegenständliche Sein der Transzendenz kommt zur Daseinsgegenwart in Gestalten,
die als notwendig aneinandergebundene Gegensätze sich im Gegenständlichwerden zerstören; sie bleiben Stachel des Philosophierens, das
statt der Lösung im Wissen vielmehr fragend sie neu hervorbrechen
sieht. Täuschung durch fälschliches Wissen ablehnend, existiert der
Mensch wie in der Grenzsituation, so in den Antinomien seines metaphysischen Blicks. Darin vollzieht er den Sprung hinaus über Mythen
und Offenbarungen. Das Philosophieren vollzieht sich im Sichabheben
von ihnen so, daß es den Gehalt bewahren möchte, dessen Geltungs-
form ihm nicht bestehenbleibt.

Denken wir aber eine Seite der Antinomien verselbständigt, so ist
sie entweder als psychologisches Erlebnis oder als mythisches Objekt
zum Bestand geworden und hat ihr Leben verloren. Nur die Spannung
in den Antinomien ist die wahre Erscheinung der Existenz in bezug
auf ihre Transzendenz. Diese Spannung zu denken, ist der Weg *transzendierender Existenzerhellung als Metaphysik*, der in diesem Kapitel versucht wird.

Trotz und Hingabe.

Bleiben mir die Grenzsituationen verdeckt im dumpfen Weiterleben
aus Gewohnheit, so ist das Leben nur Dasein. Transzendenz tritt nicht
in die blinde Seele. Wenn aber in Grenzsituationen jede Täuschung
aufhört, so ist die Empörung nahe, die sich aufwirft gegen den Ursprung des Daseins. Dann ist die Frage, ob ich zurückfinde zur Hingabe an das Sein.

1. Empörung. — Angesichts der Daseinswirklichkeit, sie prüfend und abschätzend, wird die Frage möglich, ob es gut sei, daß sie
sei, oder ob sie besser nicht sei. Der Lauf der Dinge scheint beliebig,
keine Gerechtigkeit herrscht in der Welt, wahllos geht es dem Gut-
willigen und Böswilligen, dem Edlen und Gemeinen schlecht und gut.
In den Grenzsituationen wird die Vernichtung von allem offenbar.

Das Dasein scheint bodenlos. Es ist alles nichts; solange man sich
etwas vorlügt, kann man es aushalten. Wird aber offenbar, daß nichts
eigentlich ist, man sein Dasein nur eine Weile fristet, so ist das Leben
unerträglich: ich will nicht als nichts da sein. Ich verweigere, das
Glück als Glück zu ergreifen, es ist doch nur ein nichtiger Augen-

blick im Strom des Verderbens. Im Haß gegen das eigene Dasein trotze ich dem Faktum des Daseins; ich will es nicht als das meinige übernehmen, empöre mich gegen den Grund, aus dem ich kam. Ich gebe, was mir ohne meinen Willen zuteil wurde, eigenmächtig zurück in der Möglichkeit des Selbstmords aus Trotz.

2. Suspension der Entscheidung im Wissenwollen. — Wer bin ich, der diesen Trotz verwirklichen kann? Einer, der sein Sein hätte im Nichtwollen dieses Daseins. Aber im Bewußtsein dieses Nichtwollens ist eine Freiheit, die ihre *Voreiligkeit* begreifen kann: von der Grenze radikalen Verzichtens kann sie, sich selbst zur Entfaltung drängend, zurückkehren zum Versuch im Dasein. Dann nimmt *Trotz die Gestalt ursprünglichen Wissenwollens* an, das unerbittlich forscht und fragt und die eigenen Antworten wiederum prüft. Das Dasein wird nicht mehr im Ganzen beurteilt, aber mit dem Einsatz des eigenen Wesens unablässig durchschritten, um es zu erfahren. Ich will mit allen Mitteln zum Wissen kommen, bin als Dasein ein Erkennender. Die Möglichkeit bleibt offen, entweder das Dasein zu verwerfen oder wieder mit ursprünglicher Zustimmung in es einzutreten. Nachdem der Trotz zu schnell die endgültige Antwort zu haben glaubte, ist er jetzt die *ständige Frage* geworden.

Diese Haltung des Wissenwollens wird die unerläßliche Bedingung des Menschseins. Der Fragende ist das Selbstsein, das sich wie losgerissen von einem Ganzen erscheint. Seine Freiheit ist das Forschenkönnen und die Fähigkeit, sich zu entschließen zum Handeln aus eigenem Grunde. Das Ganze ist ihm unzugänglich geworden; nicht einmal eine Möglichkeit des Ganzen vermag er in gegenständlicher Klarheit gültig zu denken. Was mir als mein *Wesen in der Freiheit* meines Wissenwollens und Handelns gegenwärtig ist, erfahre ich *zugleich als einen sich losreißenden Eigenwillen.*

3. Unser Menschsein im Wissenwollen ist schon Trotz. — Prometheus wird schuldig, weil er den verwahrlosten Menschen, die Zeus zugrunde richten will, Bewußtsein, Wissen, Technik brachte. Was den Menschen zum Menschen macht in unbegrenzter Möglichkeit der Entwicklung, ist sein Ursprung durch die Empörung des Prometheus, der an den Felsen geschmiedet er selbst bleibt, fähig zu dem ergreifenden Ton der Anklage in dem unermeßlichen Schmerz der Ohnmacht, die doch der Gewalt nicht weicht, bis die Gottheit sich wandelt und er bereit wird, hingebend sich zu versöhnen.

Es ist der Mythus einer unvordenklichen Schuld des Menschwerdens. Nur in diesem Ursprung ihm vergleichbar ist der Sündenfall. Das Wissen, das erst eigentlich zum Menschen macht und ihm alle Möglichkeit seiner tätigen Zukunft gibt, stößt Adam aus dem Paradies. Auch der Gott des Alten Testaments erschrickt über den gefährlichen Aufstieg Adams: „Adam ist geworden wie unser einer", und macht durch die Vertreibung das einmal Geschehene als ein Fortwirkendes nicht mehr rückgängig. Die Urschuld der werdenden Freiheit ist zugleich die Urschuld gewaltsamer Gottheit.

So wird der Mensch in die göttliche Welt hineingenommen. Sein Freiheitsbewußtsein, das unverlierbar die einzige Wahrheit seiner möglichen Existenz und doch nicht das schlechthin Wahre ist, sondern ihn in unbegreiflicher Weise schuldig macht, hat hier der Mensch in Mythen verstanden. Wert und Größe des Menschen sind ein selbstmächtiger Trotz. Fast überall sonst in der Religion der Völker entscheidet Ohnmacht und Angst vor der Übermacht der Gottheit die Unterwerfung des nach Wohlsein und Rettung verlangenden Menschen. Selten aber ist sein Heroismus ihm in das Sein des Göttlichen als Gleichnis seines Wesens getreten. Nur angedeutet ist es im Sündenfall; in voller Entschiedenheit hat es der Grieche vermocht, aus der Wirklichkeit der Götter fromm zu erfahren und vorzustellen, was er faktisch selbst war. Ihm ist darin eine Menschenwürde aufgegangen, die seitdem Maß wurde für das, was der Mensch von sich verlangte und wessen er fähig war. Zwar ließ der Grieche die Transzendenz jenseits seiner Götter in der Moira an eine neue Grenze sich verschieben, wo er sie kaum noch berührte; aber Trotz und Hingabe hat er in unvergänglichen Zeichen geschrieben.

Diese Schuld eines sich losreißenden *Eigen*willens, des Wissenwollens in die grenzenlose Möglichkeit hinein, entwickelt das freie Selbstsein menschlicher Existenz im Ursprung außergöttlich und gegengöttlich. Der sich losreißende *Wille* aber ist selber göttlich. Er geht nicht einen zufälligen Weg, sondern kehrt zu der sich selbst verwandelnden Gottheit zurück. Denn wenn Sein und Tun des Menschen *gegen* die Gottheit nicht selber göttlich sein könnte, so wäre dieses Tun haltlos, sogar unmöglich, es sei denn, daß in irgendeinem Sinne die Gottheit selbst es ist, die darin wirkt oder es zuläßt. Aber nur in der mythischen Welt sind für die Vorstellung die gehörigen Maße, in denen das Unmögliche des dem Willen der Gottheit widerstrebenden Handelns gedacht werden kann nach dem Prinzip: nemo contra deum nisi deus ipse.

4. Der trotzende Wahrheitswille appelliert an die Gottheit. — Im Wissen wird erkannt, was als Wirklichkeit unerträglich ist. Dann kann die Wahrheit nicht sein, was, wenn es wäre, alles zunichte machte. Daß ich in rückhaltlosem Wahrheitswillen aber nicht anders kann, als Wirklichkeit anerkennen, wie sie ist, treibt mich, da ich sie nie endgültig ganz weiß, voran in unablässiger Frage. Die *unerbittliche Konsequenz der Wahrhaftigkeit* wird selbst die *eigentliche Beziehung auf Transzendenz.*

Wenn aber im Namen einer Gottheit als Wahrheit behauptet wird, was vor der zwingenden empirischen Wirklichkeit und der einsichtigen Vernunft nicht besteht, insbesondere wenn vor der Ungerechtigkeit in allem Dasein eine faktische, wenn auch verborgene Gerechtigkeit positiv behauptet wird, dann hadert, wie in Hiob, der Wahrhaftigkeitswille mit dieser Gestalt der Gottheit; denn Leidenschaft zur Wahrheit weiß sich in ihrer Freiheit im Einverständnis mit ihrem Gotte. Die Gottheit verdoppelt sich in dialektischer Bewegung. Im Vertrauen zur Gottheit, der er sich hingibt im Wahrheitswillen, lebt Hiob mit der Gewißheit, sie werde ihm Recht verschaffen bei der Gottheit, der er trotzt.

5. Der Riß im Sichselbstwollen. — Im Sichselbstwollen der Wahrheit liegt ein Riß. Zwar bleibt der Eigenwille bloßen Daseins ohne Pathos in der Nichtigkeit des Triebhaften und, wenn willentlich ergriffen, des Bösen. Aber der Riß im Selbstsein, den Freiheit wagt, bedingt das Pathos des eigenständigen eigentlichen Seins. Im Riß ist Trotz Ursprung der Existenz als Möglichkeit ihrer Unbedingtheit. In ihm wächst, sich selbst dunkel bleibend, die Spannung, aus der, weil das Sein ernst genommen wurde, einmal Transzendenz wird ergriffen werden können. Der Weg zur Transzendenz ist noch versperrt. Trotz speichert gleichsam in sich auf. Er steht *auf dem Sprunge*, sich in der Transzendenz aufzuheben, aber er *verharrt im Sprunge*. Als Trotz bin ich Möglichkeit.

Trotz ist wie die geballte Faust, die sich nicht öffnen darf und die nicht zuschlagen kann. Denn *öffnet* sie sich, schon bevor Geschichtlichkeit der Kommunikation zur Positivität der Existenz im Dasein wurde, so ist es Verrat im existentiellen Bezug, in welchem als Trotz sich bewahrt, was in Gestalt aktiven Seins und Tuns wirklich werden soll; die Möglichkeit des Trotzes ist nicht wahrhaftig aufzuheben im Verzicht auf ihn, sondern erst in geschichtlicher Verwirklichung der Existenz im Dasein. Doch würde die Faust *zuschlagen*, als wollte sie die Gottheit treffen, so wäre nur die Verzweiflung im Trotz, in der ich aus der Möglichkeit zur negativen Wirklichkeit werde durch den blinden Hieb ins Nichts. Dann verzehrt sich die Schuld des nicht mehr bewahrenden Trotzes im Nein, das im Wissen, welches sich täuschend schließt, ruiniert. Das Nein des bewahrenden Trotzes will das Ja. für das es sich bereit macht, indem es zunächst erfährt, daß im Wachsen der Spannung sich alles Sein verdunkelt.

6. Hingabe. — In der Entschiedenheit des Trotzes ist *Möglichkeit der Umkehr*. Zwar kann nichts sie erzwingen; ihre Notwendigkeit ist nicht einsehbar. Aber *Selbstsein drängt auf Einigung mit dem, wogegen es zu stehen scheint*. Der Gedanke, den die eigenständige Freiheit nicht zu vergessen vermag, daß ich mich nicht selbst geschaffen habe, also nicht das Letzte sein darf, ist die Unruhe im Trotz und seine Bedrohung.

Trotz, durch allgemeine Gründe nicht aufhebbar, kann nur in *seinem* Grunde aufgehoben werden. Nur die Gottheit, die mich zu mir selbst werden läßt aus meiner Freiheit, läßt mich durch Selbstsein den Trotz überwinden; aber nicht vermittels eines wunderbaren übersinnlichen Aktes, sondern dadurch, daß ich im Dasein mich binde an das Eine, welchem ich geschichtlich unbedingt verbunden bleibe. Mit ihm allein werde ich ich selbst, indem ich mich an es hingebe. Hingabe vollzieht sich in der Welt, ohne deren Vermittlung kein Weg zur Transzendenz führt.

Denn Transzendenz will in der Daseinswirklichkeit meine Hingabe. *Verweigerte Trotz das Glück*, da es vergänglich sei und an Täuschung gebunden, so wird in der Hingabe das Bewußtsein: Es soll sich jedem erfüllen zu seiner Zeit, was er nicht verwerfen darf. *Wurde im Trotz das Unglück abgewiesen*, Haß gegen alles Dasein geboren, so fordert Hingabe wieder: dies wurde mir gegeben, ich soll es bestehen; ich muß es tragen und will es tragen, bis ich zugrunde gehe. Wie aber in der Hingabe nicht mehr das blinde Daseinsglück, sondern ein aus überwundenem Trotz ergriffenes Glück erfahren wird, über dem noch der Schleier des möglichen und kommenden Unheils liegt, und das darum eine dem bloßen Dasein fremde Tiefe hat — so auch nicht das nur kümmerliche Leiden, sondern ein Leid solcher Tiefe wie der Trotz war, der überwunden wurde, so daß sich noch dem Leid ein Glanz des im Dasein sonst möglichen Glückes zu zeigen vermag. Alles, was ist, ist Dasein an seinem Ort, ich soll mich dem meinen nicht entziehen. Hingabe ist Bereitschaft zum Leben, wie es auch sei, es auf sich zu nehmen, wie es auch kommt.

7. **Theodizee.** — Hingabe möchte sich begründen. Das Wissen, das im Trotze des Wissenwollens einen Ursprung hat und dem Trotze Nahrung bringt, soll der Hingabe dienen, die alles aus der Gottheit begreiflich machen möchte. Theodizeen sind die Antworten auf die Frage nach den Übeln des Daseins, der unvermeidlichen Schuld, nach dem bösen Willen: wie konnte Gott in seiner Allmacht diese Welt so schaffen, daß er diese Übel und Ungerechtigkeiten zuließ, daß es das Böse gibt? Oder in weitem Sinne: Wie ist im Dasein das Wertnegative begreiflich? Wenn der Ausgleich für gegenwärtige Übel im Glück der Nachkommen (etwa in messianischen Gedanken der Juden, in sozialistischen Utopien) als Selbsttäuschung erscheint, weil jede Hoffnung vereitelt wurde, wenn ferner der Ausgleich in einer jenseitigen Welt (etwa in einem übersinnlichen Gericht, das lohnt und straft) imaginär wird, dann drängt sich jene Frage nach der Notwendigkeit des Ausgleichs stets von neuem auf. In dieser Frage ist nicht die einen Betrachter zufriedenstellende Aufrechnung das Ziel, sondern die Hingabe in möglicher Daseinsüberlegenheit, welche der Einzelne durch die Antwort im Schatten eines Allgemeinen wiedererkennt.

Indien hat in seiner *Karmanlehre* ein unpersönliches Weltgesetz erdacht. In der Seelenwanderung, die die Seele des Menschen in alle Gestalten eines Stufenreichs des Lebendigen bringen kann, wird mit der Weise der Wiedergeburt und des besonderen Schicksals belohnt und gebüßt, was in früherer Existenz Gutes und Böses getan war. Ein lückenloser Mechanismus ethischer Vergeltung beherrscht alles Dasein, obgleich keine bewußte Erinnerung an das frühere Dasein bindet. Jeder hat sich sein Schicksal selbst geschaffen und wird sein kommendes schaffen. Der Sinn ethischen Handelns hat zum Ziel die bessere Wiedergeburt, schließlich die Befreiung aus dem Rad der Seelenwanderung durch Aufhebung der Wiedergeburt.

Diese Lehre legt durch die Vorstellung einer zeitlichen Dehnung den Akzent auf die ewige Bedeutung jedes existentiellen Tuns. Sie spricht als sinnfällige Chiffre den Sinn allen Übels in rationaler Eindeutigkeit aus. Die Frage der Theodizee ist hinfällig geworden, da keine allmächtige Gottheit ist, sondern nur das Gesetz des Daseins und die Unfaßlichkeit des erstrebten Seins des Nichtseins.

Zarathustra, Manichäer und Gnostiker lehrten den *Dualismus:* Gott ist nicht allmächtig, er hat eine böse Macht wider sich. Zwei Prinzipien stehen in Kampf miteinander. Übel und Bosheit sind Folgen des teilweisen Siegs der finsteren Mächte, die das Sein der lichten Gottheit trüben. Die Welt ist der Kampfplatz, oder sie selbst ist das Produkt eines bösen Weltschöpfers, der gegen die reine Gottheit aufstehend dieses Frevelwerk vollbrachte. Wenn der schließliche Sieg der guten Götter auch feststeht, so ist doch der Weltprozeß voller Leid und Sinnlosigkeit. In diesem Weltprozeß werden die zerstreuten Lichtträger Schritt für Schritt aus ihrer Verhüllung befreit werden und zurückkehren bis zur endgültigen Trennung der guten und bösen Mächte. Der Zwiespalt des Guten und Bösen wird im Reinen und Unreinen, Lichten und Dunklen, in allen Wertgegensätzen wiedererkannt.

Der Dualismus ist die verstandesmäßig einfache Lösung durch eine Verdoppelung im Urgrund des Daseins. In seiner Fixiertheit und undialektischen Roheit erlaubt er kein weiteres Durchdenken des Daseins mit ihm, außer in der immer wiederholten Subsumtion der Dinge vermöge aller nur möglichen Wertungen. Aber in seiner dialektischen Entwicklung wird er eine durch seine Einfachheit eindringliche Chiffre für den Kampf allen Daseins als eines transzendent begründeten. Trotz und Hingabe können sich nach zwei Seiten kehren und die Zweideutigkeit beider in den Umkehrungen ihrer Möglichkeit als Gesetz des Tages und Leidenschaft zur Nacht erfahren.

In der *Prädestinationslehre* steht der verborgene Gott (deus absconditus) jenseits aller ethischen Ansprüche und aller Begreifbarkeit des Menschen. Seine Ratschlüsse sind ebenso feststehend wie unerforschlich. Sie haben über das Schicksal auf Erden und in der Ewigkeit für jeden Einzelnen entschieden. Der Maßstab irdischer Gerechtigkeit kann auf sie, weil sie jeden solchen begrenzten Sinn unendlich übersteigen, nicht angewendet werden. Sein und Tun auf Erden hat für den Einzelnen nicht den Sinn, daß er durch irgendein eigenes Verdienst Gottes Ratschluß und damit sein Schicksal ändern könnte, wohl aber den, darin Zeichen seiner Erwähltheit oder Verworfenheit zu erblicken.

Die Prädestinationslehre ist in ihrem Ursprung das Aussprechen der Unlösbarkeit des Theodizeeproblems. Sie ist dann aber sofort mehr durch ihr bestimmtes Wissen und durch ihre rationalen Formeln argumentierender, Konsequenzen ziehender Art, die aus dem Nichtbegreifen ein positives Begreifen in einer umfangreichen Theologie machen. Die Aufhebung der Entscheidung in der Zeit vernichtet die Möglichkeit der Wahl: Freiheit gibt es nicht mehr in einer Formel, sondern nur im faktischen Handeln aus diesen Gedanken.

Die Spekulationen dieser drei Lehren zeigen, daß es für die Vernunft auf die Theodizeefrage ebensowenig eine zwingende Antwort gibt wie auf die Frage nach dem Sein Gottes. Es ist vergebliche Mühe, eine Formel allgemeingültig zu machen. Nachdem diese rationalen Formen für große Völker von lebenprägender Bedeutung waren, auch uns vielleicht noch augenblicksweise Ausdrucksform zu sein vermögen, suchen wir in gegenwärtiger geschichtlicher Lage tiefer zu dringen durch Wissen des Nichtwissens. Die existentielle Wucht der Menschen, die unter dem Glauben an diese Inhalte lebten, gibt Kunde von ihrer geschichtlichen Wahrheit, beweist aber nicht die Wahrheit der Lehren für uns. Nach dem Scheitern dieser Lehren ist vielmehr zu versuchen, *die Unbegreiflichkeit zu begreifen.* Unser Bewußtsein, das nicht mehr fraglos einer geschichtlichen Substanz mit ihren mythischen Glaubensinhalten angehört, nicht mehr aus ungewußter Tiefe eines Ganzen gegenwärtig sicher lebt, kennt im Aufwerfen der Fragen keine Grenzen. Die Freiheit, die als mögliche Existenz in ihm ist, wird mit ihrer Transzendenz von sich selbst befragt, um in dem dialektischen Taumel von Trotz und Hingabe die völlige *Unmöglichkeit der Lösung durch ein Wissen* reflektierend zu erfahren, während in mythischer Theodizee die Lösung ungewußt geglaubt wurde.

Würde uns eine einsichtige Lösung der Frage, woher Schuld, Kampf und alle Übel seien, so wäre die Grenzsituation aufgehoben, die Möglichkeit der Existenz um ihre ursprüngliche Erfahrung gebracht. Daß es keine Lösung für das bloße Wissen gibt, ist gerade der Grund, daß wir, von unseren Situationen als Grenzsituationen ausgehend, den jeweils geschichtlichen Aufschwung des Einzelnen in Kommunikation ergreifen müssen. Das Mißlingen jeder Theodizee wird Appell an die Aktivität unserer Freiheit, die zu Trotz und Hingabe die Möglichkeit behält.

Hingabe verzichtet daher auf Wissen: in ihr vertraue ich dem Grunde des Seins. Sie ist *wahr nur im Nichtwissen,* ist das Aufgehobensein des Daseins im Sein, ohne daß es gewußt werden kann. Wo Hingabe sich wissend rechtfertigen will, wird sie unwahrhaftig. Aber das Sichfügen als aktives Vertrauen blickt im Nichtwissen auf Transzendenz.

Wenn ein sich im Negativen verratender Trotz forschend den Weg sucht, auf dem er sich überzeugt, daß kein Gott ist, sondern nur etwa das blinde Naturgesetz, nur die Summe endlicher Dinge, so sagt er wohl aus seinem Wissen verächtlich: Hilf dir selbst, so wird auch Gott

78

dir helfen. Aber die Hingabe erwidert: sie wisse nicht; wenn jedoch
die Gottheit gebe, so gebe sie allerdings nur dem, der selbst tätig sei;
nichts werde geschenkt als nur auf dem Wege über die Freiheit; in
der Tat solle ich mir selbst helfen, aber wenn ich es tue, dürfe ich
in der Hingabe vertrauen. Dies Vertrauen, auf kein Wissen gegründet,
sei das Wagnis des Lebens.

Wenn nun die Hingabe weiter spräche von der Harmonie des Ganzen, das Übel und das Böse rechtfertigte, so verlöre sie sich in Illusionen, mit denen sie verdeckte, woraus der Trotz entsprang, vor dem allein Hingabe echte Hingabe bleiben kann, die sich keinem Wissen entzieht.

8. Die Spannung im Zeitdasein wegen der Verborgenheit der Gottheit. — Würde die Transzendenz der Gottheit sichtbar sprechen, so bliebe nur Unterwerfung im Vergehen vor ihr. Die Frage hörte auf. Hingeschmettert vor die *aus der Verborgenheit in die Erscheinung tretende Allmacht* wäre ich meiner Freiheit verlustig. Weder Trotz noch Hingabe wäre möglich. Denn beide gehen auf die verborgene Gottheit in der Frage, deren Antwort das Wagnis der möglichen Existenz ist.

Wir sind noch im Zeitdasein. Solange die Gottheit verborgen bleibt und nicht antwortet und alle Chiffren zweideutig läßt, wirft sie den Menschen auf seine Freiheit zurück. Sein Schicksal ist die Spannung, aus der heraus er wagen muß, woraufhin er leben will; ihm bleibt im Suchen der Wahrheit nur, sie auf diesem Wege zu finden. Die Gottheit will nicht blinde Hingabe, sondern Freiheit, die trotzen und erst aus dem Trotz wahre Hingabe erreichen kann.

Darum *löst sich die Spannung nicht*. Hingabe bewahrt ihren Ursprung im Trotz; Vertrauen hebt die Frage nicht auf. Ein endgültiges Einswerden ist im Zeitdasein unmöglich; es wäre unwahre Antizipation. Existenz kann nur in geschichtlicher Erscheinung ihre Wahrheit aus dieser Spannung für sich finden. Dann hat sie ihr Seinsvertrauen auf dem Wege über ihr Selbstvertrauen, d. h. sie findet ihre Hingabe über ihren Trotz. Aber nicht weniger hat sie ihr Selbstvertrauen auf dem Wege über ihr Seinsvertrauen, d. h. sie findet ihre trotzige Eigenständigkeit über die Hingabe.

Weil Trotz in seiner Negativität von Anfang an auf Gott gerichtet ist, wird das *Leugnen* Gottes nicht zur Gleichgültigkeit, sondern ist der negative Ausdruck der Bezogenheit auf Transzendenz. Trotz — ob Gott leugnend oder fluchend — ist selbst Ergriffenheit von der Transzendenz. Er vermag tiefer zu sein als der fraglose Glaube. *Hadern* mit Gott ist ein Suchen Gottes. Alles nein möchte ein ja, aber in Wahrheit und Redlichkeit. Alle Hingabe ist als wahre nur möglich durch überwundenen Trotz.

9. **Vernichtende Übersteigerung in der Isolierung der Pole.** — Im Weltdasein wird die Übersteigerung des einen Pols der Spannung zu einer wenn auch großartigen Vollendung, welche jedoch für eine in der Zeit bleibende Existenz unmöglich ist:

Existenz stellt sich *titanisch* auf sich selbst, um im Trotz aus eigener Freiheit gegen Gott oder ohne Gott ihren Sinn in der Welt als einen selbstgeschaffenen zu verwirklichen. Ihr ist keine sinnvolle Frage mehr, ob die Welt etwas taugt oder nicht taugt. Es kommt darauf an, daß ich etwas tauge, indem ich Sinn schaffe: ich bin, was ist, oder es ist nichts.

Der Heroismus der Hingabe hat seine Wahrheit in der Selbstvernichtung des *Märtyrers*. Eine Würde liegt in dem Willen zu dieser Vernichtung. Er verwirklicht die unbedingte Hingabe eines weltindifferenten Lebens an die darin ergriffene Wahrheit der Transzendenz.

Aber der selbstmächtige Titan und der hingegebene Heilige treten aus dem Weltdasein in eine Vollendung, die sie *kommunikativ unzugänglich* macht. Sie werden möglicher Gegenstand der Bewunderung oder Orientierung des Möglichen.

10. **Nichtige Abgleitung in der Isolierung der Pole.** — Isoliere ich mich an einem Pol, indem ich unter Verwerfen der Möglichkeiten des Selbstseins zu bloßem Dasein werden möchte, so muß ich zur Nichtigkeit abgleiten.

Dann setzt sich der *Trotz* um in eine Weise, wie ich mein Dasein als das meine will. Ich will genießen ohne Skrupel, solange das Leben dauert. Ich will die Macht im Genuß am Zerstören und Herrschen, aus Haß und Rachgier gegen das Dasein, das mein Dasein beeinträchtigt. Diese Empörung ist nicht mehr die Freiheit trotzenden Selbstseins, sondern die Willkür der entschlossenen Subjektivität. — In matteren Gestalten kann der Trotz sich gleichsam *festrennen*, statt in der Schwebe zu bleiben. Er wird der Endzustand eines leeren Nihilismus statt des Ringens um die Gottheit als um das reine Bild der Transzendenz. Er wird wie Schadenfreude: da sieht man, wie die Welt ist. Man ergibt sich dem Gemeinen, um der Gottheit am eigenen Dasein zu zeigen, wie es überhaupt sei. Diese Empörung ist Ressentiment. Sie bleibt ohne Tiefe.

80

Hingabe gleitet ab in Passivität. Die Möglichkeit des Haderns ist aufgehoben, in der zeitlichen Erscheinung der Existenz ist keine Kraft mehr. Existenz hat eine bestehende Harmonie in die Zeit genommen, die in der Zeit als Dasein unmöglich ist. Diese Passivität hat die Freiheit aufgegeben; sie findet sich in frommer Unterwerfung unter irdische Autoritäten.

11. Vertrauenslose Hingabe, Gottverlassenheit, Gottlosigkeit. — Trotz und Hingabe verbinden sich unter Verlust des Selbstseins im Bewußtsein der Verworfenheit, das sich vor der Transzendenz vernichtet weiß. Es ist die *Verzweiflung der Hingabe ohne Vertrauen*. In seiner Beziehung zur Transzendenz fühlt sich der Mensch nicht nur erzittern, sondern ist ohne Hoffnung. Er fühlt sich in der Ewigkeit ohne Hilfe zerschmettert. Er ist nichts als Angst angesichts der verzehrenden Gewalt. Die Hingabe, die doch Vertrauen einschloß, hat sich verloren in einer restlosen Abhängigkeit. Ein sich bejahendes Selbstsein hingegen steht mit *Grauen* vor dem Unheimlichen der ihm feindlichen übermächtigen Transzendenz.

Trotz ist nicht in der *Gottverlassenheit*. In ihr ist das Bewußtsein der Ferne als Glaubenslosigkeit, die weder trotzen noch sich hingeben kann. Nicht der unbewußte Zustand vor der Erweckung in den Grenzsituationen, ist sie vielmehr der bewußte Zustand, der Trotz und Hingabe kannte, aber verloren hat. Wenn er nicht die Gleichgültigkeit ist, in der ich nichts eigentlich mehr will, mich nicht freuen und nicht leiden kann, weil es nichts Ernstes mehr für mich gibt, ist er die Leere, die wartet, daß die Transzendenz zu ihr komme. Gottverlassenheit kann sich steigern zu dem Bewußtsein: Gott ist tot. Das ist kein Trotz mehr, sondern *Entsetzen*, das wie der Trotz Möglichkeit in sich hat — während nur ein dumpfes, gleichgültiges Weiterleben, das nicht fragt und nicht verzweifelt, alle Möglichkeit zerrinnen läßt.

Der Trotz hört auf, wenn der Mensch *wirklich und fraglos ohne Gott* sein könnte. Es wird berichtet: „Man traf in Skandinavien bei der Christianisierung Leute, die an nichts glaubten, sondern sich auf ihre Stärke verließen." Sofern das wörtlich richtig wäre, würde dadurch ein unbewußtes Dasein charakterisiert, das ohne Voraussicht und Reflexion ganz nur im Augenblick lebt, noch ohne Trotz, weil ohne Grenzsituation und dennoch ein Dasein in einer wilden Unabhängigkeit, das wie kein anderes die Möglichkeit zum Trotz, d. h. zum leidenschaftlichen Suchen Gottes, in sich birgt.

12. Am Ende die Frage. — Die Objektivierung eines Wissens

zur Lösung der Spannung von Trotz und Hingabe nimmt der Existenz den Atem ihrer geschichtlichen Freiheit. Es bleibt die Existenz im Zeitdasein.

Der *Trotz* ist das eigentlich Menschliche. Wer offenen Blickes Tatsachen sieht und fragt, wird den Weg zum Nein finden. Das Vertrauen der Hingabe kann nicht wahr sein als unstörbares Vorurteil, in dem ich schon Ruhe habe, sondern nur als Erwerb im Angesicht der hoffnungslosen Furchtbarkeit des wirklichen Daseins. Es muß den erstarrenden Blick der Gorgo ertragen haben.

Wer nicht wirklich eintritt in das Grauen und die Probe besteht, kennt nicht *Vertrauen*. Es ist niemandem aufzudrängen. Es geht mit dem Bewußtsein einher, kein Verdienst an sich zu haben. Es zu haben, ist kein höherer Wert dessen, der es hat. Es bleibt verknüpft mit der Sorge um das Recht zu ihm.

Der nicht Vertrauende entzieht sich entweder nur, oder er steht als der ernstlich nicht Vertrauende dem Vertrauenden am nächsten, der er selbst ist und die existentielle Gemeinschaft des Daseinsschicksals mit ihm erfährt.

Frage ich gleichsam die Transzendenz, indem ich die Welt befrage, ob Vorsehung sei und welche, so werde ich, je wahrhaftiger ich bleibe, *desto ratloser:*

Da ich nicht weiß, was dauern und leben soll, und was untergehen — und da für mein Wissen nie ein Vorzug des einen besteht — und da ich allgemein weiß, daß das Dauernde nicht schon das Bessere und sogar das bloß Dauernde oft das Schlechteste ist —, so *weiß ich nie die Antwort der Gottheit im Ausgang des Geschehens und Erfolg des Handelns.* Untergang kann Verwerfen und kann Weihe bedeuten, Sieg Aufgabe sein oder Fluch.

Der geringste Ansatz einer Meinung, daß ich erwarten könne, die Gottheit werde die Dinge in einer bestimmten Richtung gehen lassen, denn nur so und nicht anders sei Sinn — oder daß es unmöglich sei, dieses edle Leben, dieser gute Wille, dieser Einsatz des Besten scheitere — oder daß ich etwas verdiene oder nicht verdiene, und darum erwarten dürfe oder nicht zu fürchten brauche —, das alles bringt mich in eine verwirrende Haltung: entweder dränge ich mich zum Unzugänglichen, um in das eigentliche Sein zu blicken, aus dem die Vorsehung entspringt; oder ich möchte, wenn auch durch noch so gerechte Gedanken, im geheimen die Vorsehung beeinflussen, ja zwingen. Es ist in solchem Denken eine sublimierte Magie, die nicht mit Zaubertechnik, doch mit dem Sein und Handeln des Menschen die Gottheit lenken will.

Nicht nur Existenz und Idee, auch die ganze ungeheure, übermächtige Welt und das andere, durch das mögliche Existenz innerlich verkümmern kann oder äußerlich vernichtet wird, faßt das Dasein. Da schlechthin *alles möglich* ist, was, gemessen an Vorstellungen von Sinn, Recht, Güte, unmöglich wäre, so bleiben die Spannungen in Trotz und Hingabe. Existentielles Versagen ist daher sowohl in der Verzweiflung über die Sinnlosigkeit des Scheiterns, wie in dem Stolz und der Zufriedenheit des Gelingens. Aber beim Glücklichen und beim Scheiternden, in der Sinnlosigkeit und im Sinnvollen, kann das Vertrauen in die Transzendenz wahrhaft sein, wenn beides in der Frage bleibt.

Frage ich, ob die Gottheit auch beim Selbstzufriedenen, Übermütigen, Intoleranten, bei der Enge, der Blindheit sei, so wage ich nicht das Nein. Es ist nicht meine Gottheit darin. Ich weiß, daß nach meinen Kräften von mir der Kampf gegen jene verlangt ist, aber ich kann nicht erwarten, daß ich gegen sie siege. Die verborgene Gottheit, wenn sie indirekt zu mir spricht, spricht nie ganz zu mir. Sie tritt mir entgegen in dem, was nicht sie selbst für mich ist. Sie läßt es da sein und sich behaupten — und verlangt vielleicht von mir, den Sieg und Bestand dessen zu sehen, wogegen ich als das Schlechte und Böse kämpfte.

Abfall und Aufstieg.

Transzendenz ergreife ich nicht, indem ich sie denke oder mit ihr durch irgendein nach Regeln wiederholbares Tun umgehe. Ich stehe im Aufschwung zu ihr oder im Abfall von ihr. Ich erfahre existentiell den einen nur durch den anderen: Aufstieg ist an möglichen und wirklichen Abfall gebunden und umgekehrt. Urgedanken haben seit Jahrtausenden Fallen und Steigen des Menschen transzendent bezogen.

1. *Ich selbst in Abfall und Aufstieg.* — Im absoluten Bewußtsein bin ich zwar des Seins gewiß, aber nicht in der Ruhe einer zeitlich dauernden Vollendung. Vielmehr finde ich mich stets in der Möglichkeit des Selbstwerdens oder seines Verlustes, zerstreut in das Vielerlei oder zusammengefaßt in das Wesentliche, hingezerrt in Sorgen und Ängste und selbstvergessen in der Lust oder selbstgegen-

wärtig. Ich kenne die Öde des Nichtseins eigentlichen Selbsts und den Aufschwung aus diesem Dasein des Nichtseins.

Die Gefahr, in der ich mich ständig erfahre, wird in ihrem Sinn getroffen durch alle Formulierungen existentieller Abgleitung:

a) Der Ursprung im absoluten Bewußtsein ist aktive Bewegung im Selbstwerden. Der Abfall geht in das nur *Objektive als das Fixierte*, sei es als zeitlosen Bestand, sei es als geregelte passive Bewegung.

Der Ursprung ist erfüllter Gehalt. Der Abfall geht zum Festhalten der leeren Form in der *Formalisierung* und *Mechanisierung*.

Der Ursprung ist als geschichtliche Kontinuität der Existenz. Der Abfall geht zum *Willkürlichen, Gemachten* und *Zweckhaften*, soweit dieses nicht mehr seinen Grund hat in etwas, das es übergreift und beseelt.

In jedem Falle wurde durch den Abfall ein nur Objektives für das Sein genommen, während es Wahrheit erst als Funktion der Existenz hat. Fixierung, Formalisierung, Gemachtsein sind dasselbe.

b) Der Ursprung im absoluten Bewußtsein ist *Entschiedenheit in der Rangordnung* des Gehalts. Der Abfall ist die *Verkehrung*, in der das Unbedingte zum Bedingten, das Bedingte zum Unbedingten gemacht wird.

c) Der Ursprung im absoluten Bewußtsein ist *echt* in der Identität von Wesen und Erscheinung, offenbart sich in der Folge als Treue im Festhalten mit einer dem begründenden Augenblick adäquaten Nachhaltigkeit. Der Abfall geht ins *Unechte* von Erlebnissen und Gebärden als der bloßen Subjektivität, die zwar im Augenblick wirklich, aber doch unwahr ist, weil ihr Sinn Schein bleibt; oder zum Unechten als dem Geltenlassen, Anerkennen, Aussprechen von Inhalten, die ich nicht mehr in mir wirken lasse.

d) Der Ursprung im absoluten Bewußtsein ist als gegenwärtige *Unendlichkeit* in sich bezogen und dadurch erfüllt. Der Abfall geht zur *Endlosigkeit* des bloßen Wiederholens, das nicht mehr die Treue des stets neuen gegenwärtigen Sichhervorbringens ist.

2. Ich werde, wie ich werte. — Im Prozeß meines Fallens und Steigens ist nichts einfach für mich da, sondern alles untersteht möglicher Abschätzung. Ich beurteile mein Tun, meine innere Haltung, das Dasein, aus dem mir in Kommunikation der Andere begegnet, und alles, was mir vorkommt. Wie ich werte, so bin ich, und so werde ich. Im Aufstieg bleibe ich, wenn ich meine Wertungen fest-

84

halte, prüfe, überwinde; wenn ich aber den Anschluß verliere an das Werten, das mir noch eben wahr gewesen ist, so sinke ich.

Abschätzungen gewinnen eine *klare Bestimmtheit* nur aus definierbaren *Normbegriffen*, die als endliche Maßstäbe aus einem jeweiligen Gesichtspunkt die Dinge bewerten lassen. Leistungsminderungen in ungünstigen Begabungen und Krankheiten, alle Dysteleologien des Lebendigen werden verstandesmäßig klar gedacht und unterschieden. Gegenüber solchen an bestimmten Zweck- und Normbegriffen gewinnbaren zwingenden Bewertungen ist die Abschätzung, in der wir geschichtlich erfahren, ein *unbestimmtes*, nicht zwingendes, doch evidentes *Sehen des Ranges* im physiognomischen Wesen aller Dinge. Dieses Sehen ist prozeßhaft und nicht endgültig; es subsumiert nicht, sondern erhellt ursprünglich; es ist ohne Wissen, aber von intuitiver Nähe; es ist nicht zu beweisen, aber zu verdeutlichen. Aus bestimmten Normbegriffen ergibt sich eine mannigfaltige Hierarchie des Daseienden unter vielen Gesichtspunkten, die nur relativ auf sich jeweils bestimmte Rangverhältnisse allgemeingültig fixieren. Aus der Existenz aber entspringt der Blick für die unbedingten, sich nie abschließenden Rangordnungen je einziger Physiognomie.

Sind diese existentiellen Bewertungen nur als Werden in der Zeit, so drängen sie doch zur Objektivierung. Die Rationalisierung des in geschichtlichen Situationen und Wahlakten gesehenen Ranges zu allgemeinen Werten ist für uns der einzige Weg zum erhellenden Wissen dessen, was wir eigentlich tun. Diese Rationalisierung, grenzenlos zu erstreben, legt jeweils den Grund für das zukünftig Geschichtliche der Existenz, aber bleibt doch relativ, sofern sie nie bis zur Existenz selbst in ihrem absoluten geschichtlichen Bewußtsein vordringt. Denn die objektivierte Rangordnung ist sowenig wie die Bewertung aus definierbarem Zweck mit den ursprünglich ergreifbaren Rangordnungen identifizierbar.

Ist also Bewerten als zwingendes nur relativ bei vorausgesetzten Normbegriffen möglich, so wird das andere unbestimmte aber in die Tiefe dringende, weil das eigentliche Wesen meinende Rangerkennen täuschend, wenn es sich in einer bestimmten Objektivierung als für jedermann objektiv gültig gibt. Es steht in innigstem Zusammenhang mit dem Bewußtsein eigenen Steigens und Fallens, das in der Aktivität dieses Abschätzens einen Ausdruck gewinnt. Wie ich wertend überall Fall und Aufstieg sehe, nehme ich schon daran teil. Die Rangordnungen werden unwahr ohne *Einsatz eigenen Wesens*. Der

Abfall in der Gestalt des *Wertens* vollzieht sich auf folgenden Wegen:

a) Was ich *wahrhaft bewerte, das liebe ich oder ich hasse es, weil ich es lieben möchte;* denn ich stehe zu ihm in möglicher Kommunikation, weil ich es nicht als nur bestehendes Sein, sondern erst gemeinsam mit seiner werdenden Möglichkeit bewerte. Ich bin beteiligt, weil wahres Werten der Potenz nach liebendes Kämpfen und niemals nur Feststellen ist. Ich werde dagegen unwahr, wenn ich, mich isolierend, vermeintlich gültige Wertungen über ein Bestehendes wie ein mich nicht Angehendes fälle. Diese *unwahren* Bewertungen im Absinken des eigenen Wesens zu einem *starren Betrachter*, der sich zum Richter aufwirft, bedeuten Abfall zur Kommunikationslosigkeit.

b) Wahrhafte Wertung ist Moment des eigenen Aufstiegs in einer *Kontinuität*, die, wenn sie auch nicht als rationale Konsequenz zureichend bestimmbar ist, doch als *Bewährung und Treue* erscheint, die nicht vergißt. Abgleitung aber ist die *Willkür des Bewertens und Aburteilens* aus dem bloß rationalen Gedanken und aus dem bloß verschwindenden Affekt des *Augenblicks*, für die der Mensch nicht einsteht, die er selbst vergißt und als zufällig ansieht.

c) Wahrhaft ist die Wertung, in der ich *ganz bei dem Gewerteten selbst* bin. *Schiebe ich* aber Wertungen und Beurteilungen *nur vor* für andere Motive, so falle ich ab, indem ich mich und andere über die wirklichen Zwecke täusche. Ich erhebe etwa begeistert einen Menschen, nicht weil ich ihn liebe, sondern weil ich andere damit kränken will. Ich hasse und verwerfe das aus einer Existenz zur Erscheinung Kommende, weil ich an mich selbst die daraus möglichen Maßstäbe nicht prüfend anlegen will. Möchte ich etwas herabgesetzt oder bewundert wissen, so gibt es die Endlosigkeit der Argumentationen, in denen irgendwo mit Scheinbarkeit der Appell erfolgt an mögliche Wertungen; doch diese sind inadäquat, zumal solche, welche in dem jeweiligen Durchschnitt der undurchsichtigen, doch darin einig scheinenden Menschenmassen bereit liegen.

d) Wahrhaft ist das Werten, das in der *Objektivierung Klarheit* über sich selbst sucht; Objektivierungen sind jederzeit das notwendige Mittel der Selbsterhellung; Maßstäbe und Werttafeln gehören zum Raum der Existenz. Aber Abgleitung wird die *Ruhe eines Schemas der Wertrangordnung* überhaupt. Statt unendlicher Vertiefung in das geschichtlich mir Entgegenstehende, um aus ihm seine Werte im eigenen Aufstieg mit ihm zu entdecken, statt dieser Kommunikation in offenem, waffenlosem Kampf wird alles Einzelne nur in vorhandene Fächer eines Allgemeinen eingeordnet und damit erledigt. Starre ist Abfall. Der geschichtliche Ursprung jeder gedachten Rangordnung duldet nicht die Verschiebung der unbedingten Entscheidungen in gültige Objektivität. Nur wo ich bewußt *in der Möglichkeit von Abfall und Aufstieg bleibe*, welche alle Objektivierung übergreift und keine Ruhe gewinnen läßt, ist die Möglichkeit wahren Wertens.

3. Selbstwerden in Abhängigkeit. — In der aktiven Selbstreflexion stoße ich stets an mein Sein, das ich schon bin: ich kann nicht gradezu sein wollen, was ich sein möchte.

Ich sehe mich in *Abhängigkeit* von meinem Körper. Wenn ich aber das in seiner Erforschung Erfaßte für mich selbst hielte, würde ich mich zu einem Ding machen, das sich mir utopisch auflösen würde in ein Resultat kausaler Vorgänge, die mich instand setzen könnten, durch technische Veranstaltungen aus mir zu machen, was ich will. Meine innere Haltung als Bewußtsein eigentlichen Seins wäre herstellbar.

Die Sinnlosigkeit dieses Gedankens erhellt sich in der Frage nach dem Ich, das diese Veranstaltungen trifft und den Willen hat zu der Weise des Selbstseins, die es erreichen möchte. Denn dieses so wollende Ich kann nicht mehr als herstellbar gedacht werden, weil der Ursprung ergriffen wäre, aus dem erforscht, gewollt und hergestellt wird. Auch positiv bin ich mir meiner Freiheit bewußt in der täglichen Anstrengung des mich Herausreißens. Es gibt wohl Daseinsbedingungen, ohne die Freiheit aufhört, aber nicht solche, durch die sie selbst hervorgebracht würde und ihr Gehalt zu lenken wäre. Hier ist der Punkt, wo, keiner nur passiven Erfahrung zugänglich, ich von mir selbst abhänge. Aufstieg und Abfall sind Prozesse, die aus dem Ursprung der Freiheit sich hervortreiben.

Aber Abfall und Aufstieg sind *gebunden an ihr Vorhergehendes.* Ich kann mich nicht jederzeit voraussetzungslos wandeln. Stets habe ich einen Grund gelegt, bin ich geworden und noch auf dem Wege, und so in Sprüngen, die jeweils ihren Augenblick haben, voranschreitend oder zurückfallend, in stetiger Aktivität nur unmerklich wachsend oder hinabgleitend.

Wie ich durch mich selbst schon zu einem geschichtlich gebundenen Sein geworden bin, bin ich *angewiesen auf die Welt, in der ich lebe.* Aber meine eigentliche Freiheit erreicht ihre Tiefe dort, wo das faktische gegenwärtige Dasein meiner Welt ergriffen, angeeignet und verwandelt wird. Was an Bestimmtheit dieses gegenwärtigen menschlichen Weltdaseins, an besonderen Konstellationen und Situationen mich traf, dem kann ich nur auszuweichen versuchen in eine weltlose, jedoch immer durch ein Anderes gestörte Freiheit, oder ich kann es als zu mir gehörig übernehmen als meine eigene Verantwortung.

In der Selbstabhängigkeit, gebunden an den eigenen Grund und die Welt, bringe ich mich zum Aufschwung oder zu Fall. Aber *so gewiß* ich mir darin *einer Richtung* bin, die ich formal erhelle im Denken der Abgleitungen, *sowenig weiß ich ihre Herkunft und ihr Ziel.* Ich kann konkret wissen, was ich jetzt will, wenn ich mich aufschwinge, aber ich weiß die Richtung nicht als eine allgemeine.

4. Die Richtung des Prozesses, gehalten in der Transzendenz, ist unbestimmt wohin. — Da ich nicht weiß, wohin der Abfall und wohin der Aufstieg geht, ich in ihnen mit meiner unschließbaren Welt vielmehr unentrinnbar verknüpft bin, so habe ich Halt allein in der Transzendenz, deren ich im Prozeß meines Abfalls und Aufschwungs ansichtig werde. Der Prozeß zeigt radikal das Wesen des Seins im Dasein nur, wo Existenz sich in ihrer Transzendenz verwurzelt glaubt. Nur dort wird sie wirkliche Entschiedenheit bei Offenheit für Anderes, als sie selbst ist. Erst im Matterwerden des absoluten Bewußtseins der Gegenwart des Verborgenen wird auch ihr Handeln ungewisser und damit unfreier, sei es in der Unredlichkeit des gewaltsamen Tuns oder in der Redlichkeit des ratlosen Wirbels. Sie kann den Bezug auf Transzendenz, da sie ihn nicht wollen kann, nur in Bereitschaft festhalten, wo Transzendenz einmal in ihr sprach.

Bleiben aber auch meine eigentlichen Ziele *transzendent bezogen,* so werden sie damit *nicht transzendent bestimmt.* Wenn ich als Ziele nenne: Reinheit der Seele, geschichtliche Erscheinung meiner Seinssubstanz, verantwortliches Handeln aus der geschichtlichen Bestimmtheit im Ganzen des von mir erfüllbaren Daseinskreises, so zerrinnen sie alle, wenn sie nicht signa, sondern als solche sein sollen. Denn sie sind, so ausgesagt, als ob nichts gesagt wäre. In keiner objektiven Gestalt will mir mein transzendentes Lebensziel zur Anschauung kommen. Es kann nicht für immer und nicht für jeden identisch gedacht werden.

Wollte ich — das Unvorstellbare im leeren Gedanken denkend — wissen, wohin der Aufschwung ginge, und könnte ich *das Sein in seinem Sinn durchschauen,* bevor ich anfinge zu handeln, so käme ich in existenzfremde Ungeschichtlichkeit. Jeder Zweck ist partikular und führt als solcher noch nicht zum Aufschwung; der Sinn des Ganzen aber als gewußter Endzweck höbe die Wirklichkeit geschichtlichen Tuns auf. Es wäre im Grunde alles am Ende, nichts brauchte mehr zu geschehen, die Zeitlichkeit wäre überflüssig. Führte der Sinn des Wissens dahin, daß schließlich der Endzweck und damit das Ganze endgültig erkannt würde, so würde ich mit der Zunahme meines Wissens vom Möglichen, des kausal Realisierbaren und des Sinnmöglichen, mich dieser Unwirklichkeit nähern, statt grade umgekehrt durch mein immerfort suchendes Wissenwollen den Gang geschichtlicher Erfahrung ins Unbegrenzte, nicht Vorwegnehmbare zu tun. Würde ich aber gar mein Wissen in intellektueller Entleerung schon als vollendet behandeln, dann bliebe die Haltung: gleichviel, was geschieht, es ist alles möglich, alles hat Sinn — oder umgekehrt, da alles zu begründen ist: alles ist eigentlich sinnlos; jede Bestimmtheit ist Täuschung, jeder Gedanke Lüge, jedes entschiedene Wollen Partei; es ist alles in Verwechslungen.

Oder ein Wissen, wohin der Aufschwung gehe, führt zum Abfall im vermeintlichen *Wissen des einen Weges* des Aufschwungs, der den anderen ausschließt. Ich gewinne die Einheit meines Seins in der Ruhe der Zufriedenheit mit mir, aber verliere die Spannung der Antinomie. Existentiell aber ist Aufstieg an Fall als wirklichen und möglichen gebunden. Es gibt, solange Zeitdasein ist, nicht die endgültige Besitznahme transzendenten Bezogenseins. Wenn die Zufriedenheit mit mir nicht zugleich in Gestalt des Anspruchs an mich selbst und als Bewußtsein des Scheiterns ist, so ist sie schon Verlorenheit in der Indifferenz des Daseins als des Gewohnten. Was vielleicht dem Greise erlaubte Kontemplation des sich vollendenden Lebens ist, wird in jedem früheren Augenblick Abfall in die Spannungslosigkeit.

5. Ich selbst als Prozeß und als Ganzheit. — Da Abfall und Aufstieg als Prozeß im Zeitdasein sind, bin ich, wenn ich mich dem Prozeß zu bestehender Ruhe entziehe und doch im Zeitdasein bleibe, zwar schon im Abfall. Aber mein *Ganzsein* ist darum noch nicht schlechthin zugunsten des bloßen Prozesses zu verwerfen. Im Prozeß transzendiere ich über ihn zu dem Sein, von dem aus der Prozeß seine Richtung empfängt. Die Transzendenz, an der allein ich Halt gewinnen kann, schließt mir auch die Ganzheit meiner selbst ein. Im Dasein bin ich als *Ganzwerdenwollen*, nur in der Transzendenz könnte ich *ganz sein*.

Der Tod ist zwar als Faktum ein bloßes Aufhören meines Zeitdaseins. Jedoch von ihm als Grenzsituation werde ich auf mich verwiesen: *ob ich ein Ganzes* und *nicht bloß am Ende* bin. Der Tod ist nicht nur Ende des Prozesses, sondern als *mein* Tod beschwört er unerbittlich diese Frage nach meinem Ganzsein: was bin ich, da nunmehr mein Leben wurde und war und Zukunft nicht mehr als Prozeß ist?

Doch im Zeitdasein kommen Abfall und Aufstieg nicht zur endgültigen Entscheidung, sondern lösen sich ab. Ich werde kein Ganzes, alle scheinbare Vollendung scheitert. Über die unaufhebbare Grenze transzendiere ich nur zur Möglichkeit der Befreiung dorthin, wo ich ganz bin. Während mein Leben in Schuld und Ruin gebrochene Ganzheit bleibt, soll mein Tod die Gebrochenheit aufheben zum Ungekannten.

Im Zeitdasein ohne Ganzheit philosophisch auf eigene Gefahr zu leben, ist Los des Menschen, der weiß, daß er frei sein soll. Wie herausgefallen aus dem Sein überkommt ihn das Unheimliche eines Daseins ohne Ganzheit in der *Frage, die das Grauen vor der Möglichkeit des Nichts*, das schlechthin nichts ist, auszusprechen wagt. Ich stehe da, ungeborgen, in der Hand — wovon? Ich weiß es nicht und sehe mich zurückgeworfen auf mich selbst: nur aus meinem Entschluß, dort wo ich am entschiedensten ich selbst und dann doch nicht nur ich selbst bin, sehe ich die Möglichkeit meines Aufschwungs oder meiner Verlorenheit.

Ganzsein tritt *mythisch* in mein Dasein — um so heller fühlbar, je entschiedener ich den Prozeß ergreife — als mein Genius, der mich lenkt; und als Unsterblichkeit, in die ich als eigentliches Sein trete. In meinem Genius versöhne ich mich mit mir als einem, der ganz werden kann. Im Gedanken meiner Unsterblichkeit bin ich mir als Dasein der Schatten, den ich werfe, als Prozeß in Abfall und Aufstieg erscheinend: als solcher bin ich mir, hell werdend im Selbstsein, dunkel im Dasein, mögliche Ganzheit in transzendierender Existenz.

6. Genius und Dämon. — Menschen sprechen sich an durch die Erscheinung ihres im Daseinsprozeß sich gewinnenden Seins im Aufschwung. Wie tief aber diese Kommunikation, die im Dasein das Sein trifft, immer geht, ich bleibe auch allein. Ohne Härte des Selbstseins würde ich verfließen und damit unfähig zu eigentlicher Kommunikation. In der Einsamkeit mit mir verdoppele ich mich, spreche ich mich an und höre mich. In meiner Einsamkeit bin ich nicht allein. Eine andere Kommunikation vollzieht sich.

90

Man kann das psychologisch deuten und banalisieren; aber damit
wird nicht der Gehalt getroffen, durch den im Selbstgespräch transzendente Wirklichkeit fühlbar ist in einer Verbindlichkeit, welche zu
mythischer Objektivität wird:

In der Bewegung des Selbstgesprächs sind *Genius* oder *Dämon*
wie Gestalten meines eigentlichen Selbst. Sie sind mir nahe wie
Freunde, die eine lange Geschichte mit mir haben, und nehmen die
Gestalt an von Feinden, die fordern oder bezaubernd verführen. Sie
lassen mir keine Ruhe; nur wo ich an bloßes Dasein in seiner
transparenzlosen Triebhaftigkeit und Rationalität verfalle, haben mich
beide verlassen.

Der *Genius* führt ins Helle, ist Ursprung meiner Treue, dessen
in mir, was Verwirklichung und Dauer will. Er kennt Gesetz und Ordnung im lichten Raum einer hervorgebrachten Welt. Er zeigt diese
Welt, läßt in ihr meine Vernunft walten, macht Vorwürfe, wo ich ihr
nicht folge, rät ab, wo ich an der Grenze der Vernunft in ein anderes
Reich vordringen will.

Der *Dämon* zeigt eine Tiefe, die mich in Angst versetzt. Er will
mich in ein weltloses Sein führen, kann zur Zerstörung raten, läßt
mich das Scheitern nicht nur begreifen, sondern graden Weges erfüllen. Er kennt, was sonst negativ war, als mögliche Positivität. Daher
kann er Treue, Gesetz und Helle ruinieren.

Der *Genius* kann der eine Gott sein, der mir in dieser Gestalt
noch offenbar wird, da er in seinem Wesen so fern ist, daß er mir als
er selbst überhaupt nicht vertraut werden kann. Der *Dämon* ist wie
eine göttlich-widergöttliche Macht, in seinem Dunkel keine Bestimmtheit duldend. Er ist nicht das Böse, sondern die auf dem vom Genius
geführten Wege unsichtbare Möglichkeit. Während mir der Genius
eine Gewißheit schafft, ist der Dämon von unergründlicher Zweideutigkeit. Der Genius scheint entschieden und bestimmt zu sprechen,
der Dämon im heimlichen Zwingen seiner Unbestimmtheit zugleich
wie nicht da zu sein.

Genius und Dämon sind wie Spaltung eines und desselben: der
Ganzheit meiner selbst, welche in meinem Dasein unvollendbar nur
in ihrer mythischen Objektivierung zu mir spricht. Sie sind im Dasein
die Seelenführer auf dem Wege des Sichoffenbarwerdens der Existenz,
sind Wegweiser, die selbst verhüllt bleiben, oder Antizipationen, als
welchen ich ihnen nicht trauen darf. Auf meinem Wege stoße ich an
niemals feste, aber in immer anderer Gestalt wieder auftauchende

Grenzen der Durchsichtigkeit, an welchen sie ihre Stimme hören lassen, ohne mir im Zeitdasein in ihrer Ganzheit endgültig offenbar zu werden. —

Wie im Mythischen immer, ist auch hier das *Bestandwerden* die Unwahrheit, vom phantastischen Aberglauben bis zum halluzinatorischen Wahn des Doppelgängers. Wenn ich nur dahinlebe, so ist derartiges schlechthin nicht da. Es ist — doch ohne Dasein — in dem Augenblick der Existenz Form der Selbsterhellung als Artikulation des Gewißwerdens, mythische Objektivierung dessen, daß alle Existenz nur in kämpfender Kommunikation ist, auch der mit sich selbst.

7. Unsterblichkeit. — Abfall geschieht mit dem dunklen Bewußtsein, in das Nichts zu gleiten; Aufschwung geht einher mit dem Innewerden des Seins.

Unsterblichkeit, keineswegs das notwendige Ergebnis des zeitlichen Lebens, ist als metaphysische Gewißheit nicht in der Zukunft als ein anderes Sein, sondern als schon in der Ewigkeit gegenwärtiges Sein. Sie besteht nicht, sondern ich trete in sie als Existierender. Das Selbstsein, das den Aufschwung gewinnt, vergewissert sich durch ihn der Unsterblichkeit, nicht durch Einsicht. Unsterblichkeit ist auf keine Art zu beweisen. Denn alle allgemeinen Reflexionen vermögen sie nur zu widerlegen.

Wenn Existenz in der Grenzsituation ihre Tapferkeit erringt und die Grenze in eine Tiefe verwandelt, tritt ihr an die Stelle des Glaubens an ein Fortleben nach dem Tode das Unsterblichkeitsbewußtsein im Aufschwung. Der sinnlich-vitale Trieb will immer nur weiterleben, aber grade er ist hoffnungslos sterblich. Dauer in der Zeit ist ihm der Sinn seiner Unsterblichkeit. Aber Unsterblichkeit ist nicht für ihn, sondern für mögliche Existenz, deren Seinsgewißheit nicht mehr das Bewußtsein der endlosen Dauer in der Zeit ist.

Wenn aber diese Seinsgewißheit sich in Vorstellungen erhellt, die identisch mit sinnlich-zeitlichen Unsterblichkeitsvorstellungen sind, so ist wohl die Fixierung solcher Vorstellungen nahe, die entsprungen sind aus dem Unglauben bloßen Daseins. Ihre Wahrheit können solche Vorstellungen in der Schwebe symbolischer Vertretung haben, deren Sinn mächtig und wirklich, deren Erscheinung aber verschwindend und nichtig ist. So etwa die Vorstellung eines ewigen liebenden Sichschauens der Seelen in vollendeter Klarheit, eines Fortlebens der Tätigkeit ins Grenzenlose zu neuen Gestalten, einer Verbindung der Todesvorstellung mit dem Wiedererstehen.

Während es im philosophischen Denken unmöglich ist, dieser Symbolik eine Konzession im Sinne der Wirklichkeit der Fortdauer in der Zeit zu machen, wird es sinnvoll bleiben, sie anzuerkennen, solange durch sie nicht sinnliche Lebensgier ihre Beruhigung, sondern existentieller Gehalt seine Vergewisserung findet. Erst wenn Frage und Zweifel eingetreten sind, hat der philosophische Gedanke sein unerbittliches Recht. Dann ist das Sein nicht jenseits des Todes in der Zeit, sondern in der gegenwärtigen Daseinstiefe als Ewigkeit.

Wenn Unsterblichkeit der metaphysische Ausdruck für den Aufschwung der Existenz ist, während Abfall den eigentlichen Tod bedeutet, so heißt das: wenn Existenz nicht nichtig ist, so kann sie nicht nur Dasein sein.

Ich kann zwar als Dasein von meinem Dasein nicht absehen; es graut mir vor dem Tode als dem Nichts; wenn ich aber als Existenz im Aufschwung des Seins gewiß bin, kann ich vom Dasein absehen, ohne vor dem Nichts zu erstarren. Daher konnte der Mensch im Enthusiasmus hoher Augenblicke in den Tod gehen, trotz gewissen Wissens der Sterblichkeit seines sinnlichen raum-zeitlichen Daseins. Jugend ist, durch den Aufschwung ihrer Existenz, die noch nicht in die schuldhafte Verstrickung von Sorgen der Endlichkeit geraten war, oft leichter gestorben als das Alter. Der Schmerz der sinnlichen Trennung konnte für den Überlebenden im Scheinen der unsterblichen Seele wohl für einen Augenblick überwindbar sein zu einer Ruhe, welche doch die unendliche Sehnsucht zur Gegenwart des Verlorenen nicht aufhob, weil Dasein auch im transzendenten Schein der Erinnerung nie ganz sein kann.

Rede ich aber von Unsterblichkeit — schweige ich nicht lieber —, so muß ich objektivieren und kann das nur in der Zeit, als ob ich in ihr fortdauerte, obwohl ich als Dasein sterben muß. Lasse ich dann diese Objektivierung im Symbol verschwinden, so hört die Wirklichkeit der Unsterblichkeit nicht auf, wenn sie auch als Dasein zerfällt. Denn ich kann nicht behaupten, daß Existenz im Tode als ihrem letzten Augenblick verschwinde, weil sie aufhört, Dasein zu sein. Daher kann ich Ewigkeit weder objektivieren noch leugnen. Sage ich, ich könne nur Dasein sein, so sage ich also weder, daß noch etwas Anderes wäre, das doch wieder nur als daseiend denkbar ist, noch sage ich, daß ich mit dem Tode nichts würde. Ist zwar die Gegenständlichkeit des metaphysischen Unsterblichkeitsgedankens in der Vorstellung immer als Dasein in der Zeit, so verschwindet doch diese Chiffre im

Unsterblichkeitsbewußtsein zur Gewißheit des Wirklichen, das gegenwärtig ist.

Ist der Schmerz des Todes unaufhebbar, für den Sterbenden und den Bleibenden, so ist er nur zu überstrahlen durch Wirklichkeit im existentiellen Aufschwung: im Wagnis des Handelns, im Heroismus des Einsatzes, im hochgemuten Schwanengesang des Abschieds — und in der schlichten Treue.

Aus dem Aufschwung spricht — wenn dem Wissen alles versinkt — die Forderung: und wenn alles mit dem Tode zu Ende ist, ertrage diese Grenze und ergreife in deiner Liebe, daß das Nichtmehrsein von allem im absoluten Grund deiner Transzendenz aufgehoben sei! — Am Ende birgt das Schweigen in seiner Härte die Wahrheit des Unsterblichkeitsbewußtseins.

8. Ich selbst und das Weltganze. — Wie Existenz in ihrer Geschichtlichkeit nicht sich selbst als Ganzheit sieht, so auch nicht den Weg des Ganzen, dem sie als Dasein angehört. Doch die Möglichkeit ihres eigenen Aufschwungs oder Falles läßt sie nach dem Weg des Ganzen fragen. Sie ist selbst ja nicht als isolierte einzelne, sondern in dem sie Umfassenden, das sich für ihr Bewußtsein, als schöbe sie noch die Grenzen vor sich her, unbegrenzt erweitert, so daß es erst im Weltganzen, wenn es zugänglich würde, erreicht wäre. Mythische Vorstellungen vom Ursprung und von letzten Dingen, vom Weltprozeß und von der Geschichte der Menschheit, haben hier ihre Quelle.

Weil Existenz als Dasein dem Dasein verhaftet ist, kann ihr *nichts, was da ist, gleichgültig* sein. Da die Welt ihr Schauplatz ist, als Material, als Bedingung, als die übergreifende und in der Zeit am Ende siegende Wirklichkeit, ist das Sein der Welt, als ob es ihr eigenes Sein wäre.

Mit dem Weltdasein, das mich überall angeht, kann ich mich dennoch *keineswegs identifizieren*. Ich kämpfe gegen es als das Fremde, das mich bedroht; aber es kann mir auch dienen. Es ist ein sich selber eigenes Sein. Ich sondere mich von ihm als dem einen Teil, indem ich den anderen Teil, darin mich als Dasein einbeziehend, ergreife. Mit diesem als der Objektivität meiner selbst bin ich eins geworden. Über das mir Angehörende hinaus aber bin ich dem Anderen um so fühlbarer verbunden, je weiter das Herz meiner Existenz in der Aneignung des Daseins wird. Je tiefer ich dringe, desto solidarischer werde ich auch mit dem zunächst Fremden; denn ich fühle meine Isolierung desto mehr als Schuld, je weniger mir das

Fremde in der Notwendigkeit absoluter Fremdheit erscheint. In einer
utopischen Helligkeit würde ich vielleicht wieder in allem mich selbst
finden und, *was die Welt wäre, auch mein Schicksal* sein.

Nur mit meinem Dasein ist die Welt für mich, und ich bin nicht
ohne das Weltdasein. Wenn ich über alle partikularen Weltbilder und
Perspektiven hinaus des Daseins bewußt werde, so kann ich existierend
in der Grenzsituation *die Frage nach diesem Dasein* so stellen, daß
sie darin zugleich die Frage nach meinem eigenen Dasein wird. Statt
in nihilistischer Ohnmacht die Welt im Gedanken zu zerschlagen,
gleichsam versuchend, sie rückgängig zu machen, oder statt mich
selbst zu vernichten, stelle ich das Dasein und in *ihm* mein Dasein
in Frage. Dadurch sehe ich das Ganze als einen Prozeß, der nicht
passiv abläuft, sondern an dem ich aktiv beteiligt bin. Die Infrage-
stellung des Daseins, aus ihm selbst nicht möglich, hat so außerhalb
seiner Immanenz ihren Ursprung in der Existenz. Erst von daher
kommt die Frage als der Ausdruck aktiven Eintritts in das Dasein.
Ohne den Zugriff aus dem Ursprung käme der Prozeß zum Stillstand,
der nur erfahren wird, wenn er getan wird. *Aus ihrem eigenen Abfall
und Aufschwung* gewinnt mögliche Existenz *den Blick auf ein Ganzes*, in das sie mit ihrem Dasein durchaus verflochten ist. Ich ergreife
dieses Ganze, als ob es selbst in Abfall und Aufstieg sei. Sofern ich
die Möglichkeit des Abgeschätztwerdens aller Dinge mir kläre, blicke
ich aus meinem eigenen Sein in den möglichen Fall und Aufstieg des
Daseins.

9. Weltprozeß. Das Daseinsganze bleibt trotzdem unzugänglich, die Feststellung seines Abfalls und Aufstiegs als Erkenntnis unmöglich. Nur in Mythen und Spekulationen verdichten sich für Existenz Vorstellungen vom Weltprozeß.

Im Medium des Bewußtseins überhaupt gelangte Existenz nur zur
Weltorientierung, die sich unter Preisgabe jedes antizipierten Weltganzen in der Verwirklichung der Grundhaltung zwingenden Erkennens vollzieht: konkretestes Wissen als partikulares in einem unabschließbaren Dasein zu erobern. Sucht Existenz, diese unverlierbare
Haltung wahrhafter Sachlichkeit überschreitend, das Weltganze, so
fördern Chiffregedanken von einem immer mythischen Ganzen zwar
keinerlei Welterkenntnis, bringen aber zum Ausdruck, was existentiell
im Dasein erfahrbar ist, wenn Transzendenz zu führen scheint. Aufschwung und Abfall scheinen dann nicht nur in mir selbst Möglichkeit zu sein.

Ist für Weltorientierung der letzte Horizont die sich aus der Endlosigkeit in die Endlosigkeit bewegende Materie, welche jedem Anfang besonderen Daseins voraufgeht, so wird dagegen im existentiellen Blick auf das Dasein dieses nach seinem Ursprung und Grund befragt. Läßt sich die Entstehung der Welt erzählen? Es gibt mehrere Möglichkeiten.

Ich sehe die Welt in immer wiederholten Kreisläufen erwachsen und wieder ins Chaos zurücksinken, aus dem sie dann neu entsteht; sie hat keinen Grund, weil sie immer war. — Oder ich stelle die Welt vor als Dasein, das nicht hätte zu entstehen brauchen. Es ist durch einen irrenden Entschluß der Transzendenz. Die Welt wäre besser nicht, doch ein Abfall vom eigenen Grunde, eine Werdelust führte zum Weltdasein, von dem zu wünschen ist, daß es rückgängig gemacht werden könnte, so daß die in sich selige Transzendenz allein sei. — Oder der Entschluß ist der Schöpfungswille der Gottheit, welche sich offenbaren wollte in ihrer Macht, Güte und Liebe; sie brauchte das Negative, damit ihr Wesen in dessen Aufhebung zur größtmöglichen Verwirklichung käme. — Oder das Weltdasein ist ein Glied im Kreisen der ewigen Gegenwart des einen Seins, stets Abfall und Aufstieg zugleich, immer werdend und ewig am Ziel.

Diese Mythen sind in ihrer Konkretisierung so fragwürdig, daß wir bald ihrer überdrüssig werden. Doch sie sind uns nicht völlig fremd, weil die Unergründlichkeit des Daseins als ein uns entscheidend Angehendes in unserer Nähe und Ferne zu den Dingen, in unserem Lebensjubel und Daseinsgrauen durch sie Sprache in symbolischem Ausdruck wird.

Keiner dieser Gedanken ist als Einsicht oder als Glaube in solcher inhaltlichen Bestimmtheit für uns noch möglich.

Existentiell haben diese Gedanken vom Weltganzen *entgegengesetzte Bedeutung.* Wird der eine Weltprozeß gedacht, in dem noch *entschieden wird* durch das, was geschieht, so wird die Akzentuierung des Augenblicks zur höchsten Spannung des wählenden Selbstseins: nichts ist rückgängig zu machen; nur einmal habe ich die Möglichkeit; das Eine entscheidet; es ist nur ein Gott; es gibt keine Seelenwanderung, sondern Unsterblichkeit und Tod; Aufstieg und Abfall entscheiden endgültig.

Die Gedanken dagegen, welche die ewige Gegenwart des immer *schon am Ziele angekommenen Seins* als das Umgreifende denken, geben die Ruhe der Kontemplation im spannungslos werdenden Vertrauen.

Über diese Antinomie von der noch zu treffenden Entscheidung des Augenblicks und der unverlierbaren ewigen Gegenwart kommt Existenz hinaus, wenn sie in ihrem Dasein die Spannung der im Aufschwung zu gewinnenden Entscheidung mit der Gelassenheit, daß diese selbst Erscheinung des ewigen Seins sei, zur Einheit zu bringen vermag. Das Widersprechende wird existentiell möglich. Ein Wissen aber von dieser Einheit und dann vom Sein der Transzendenz in einer widerspruchslosen Gestalt wird grade darum ausgeschlossen.

In dieser Haltung zur Transzendenz bin ich *offen für die Geschichtlichkeit des Weltganzen*. Die Welt ist zwar nicht eine von mehreren Möglichkeiten, als ob sie im Ganzen auch anders sein könnte. Sie begreift wohl Möglichkeit mit ein, aber ist nicht diese selbst in einer für Bewußtsein überhaupt und Existenz faßlichen Weise. Ihre Geschichtlichkeit ist unergründlich, kein Wissen kann den Grund finden und keine Existenz ihn erfassen. „Einen anderen Grund kann niemand legen als der im Anfang gelegt ist.“ So kann Schelling logisch mythisierend noch aussprechen, was als Respekt vor der Wirklichkeit als Wirklichkeit und ihrem Geschehen allüberall ihre Geschichtlichkeit in der Transzendenz trifft, ohne die Spannung in der Möglichkeit von Abfall und Aufstieg für Existenz zu mildern.

10. **Abfall und Aufstieg in der Geschichte.** — Im Blick auf das Weltganze war der Daseinsraum, in dem ich als mögliche Existenz *wirken* kann, nicht nur dem Umfang, sondern der Art nach überschritten.

Als geschichtliches Wesen bin ich wirklich nur in der Situation meiner begrenzten Welt; ich sehe Möglichkeiten, die solche erst auf Grund meines Wissens sind; je entschiedener ich aus ihm handle, desto klarer zeigt sich an der Grenze die Unberechenbarkeit. Ich stehe mit Einzelnen in der Bewegung des Offenbarwerdens; je entschiedener ich in diese Kommunikation trete, desto fühlbarer wird die überwältigende Kommunikationslosigkeit zu allem, was außerhalb liegt. Meine Welt des Verstehbaren erfüllend, bin ich in einem allumfassenden Nochnichtverstandenen und Unverstehbaren.

Aber mein Wissen und Suchen breitet sich aus über die Grenze der meinem Verständnis und Eingriff zugänglichen Welt; und zwar anders auf das *Weltganze*, anders auf die *Geschichte* als das menschliche Dasein, das mich näher angeht, weil es mein Dasein hervorgebracht hat und hervorbringt und durch seine Wirklichkeiten und Entscheidungen zugleich meine eigenen Möglichkeiten zeigt.

Was im *Weltganzen* mythisch gedacht wird, ist entweder das Sein der Natur als des schlechthin Anderen, oder bezieht sich von vornherein auf die Geschichte des Menschen. Dann ist die Entstehung des Bewußtseins und des Wissens, das Werden der Menschenwelt, die er sich als sein Zuhausesein, als seine Sprache und sein Wirkungsfeld hervorbringt, der Anfang der Welt, — unserer Welt, in der wir sind. Was mythisch als das Weltganze vorgestellt wurde, war daher, obgleich es das uns unzugängliche und doch als Sein unbestimmt ansprechende Andere näherbringen sollte, doch grade die Gegenwärtigkeit dessen, *wohin unsere Wirkungsmacht und Verantwortung nicht reicht,* wenn es auch in der Macht und dem unendlichen Reichtum seines Seins uns angeht und fesselt.

In der *Geschichte* dagegen bin ich im *Raum der eigenen Wirkungsmöglichkeiten.* Hier ist Abfall und Aufstieg die Seinsweise der Wirklichkeit, die ich selbst bin. Da ich mich aber nur als verschwindendes Glied in der Kette der Menschen und schon in mir selbst den Aufschwung nicht eindeutig finde, so ist in mir und im Ganzen Aufschwung und Abfall zugleich wie ein Geschehen, dem ich wohl ohnmächtig anvertraut bin, jedoch nicht wie der Natur, sondern als einer Wirklichkeit, die immer auch am Menschen, daher auch an mir liegt.

Wenn der Mensch *geschichtlich handelt,* weiß er nur dann hell, was er will, und will er nur dann unbedingt, wenn sein absolutes Bewußtsein die Ereignisse durchdringt und *transzendent verankert.* Anders würde er nach nur augenblicklichen Zielen beliebig und unsicher oder nach rationalen Endzielen gewaltsam, vielleicht ruinös handeln; oder es bleibt ihm nur die Sicherheit des vitalen Instinkts, daß er als dieser Einzelne jedenfalls im Meer der Ereignisse so lang als möglich auf der Oberfläche bleibe.

Allein die Bezogenheit auf Transzendenz macht es möglich, daß der Mensch in Konfliktsfällen sich wagen und ein Dasein zugrunde gehen lassen kann, weil etwas *entschieden* werden muß. Denn unklarer Bestand, der in seinem Wesen nur aus Kompromissen lebt, ist ein niedergehender. Er wird um willen der Wirklichkeit, das heißt um willen der Möglichkeit des Aufstiegs aus solcher Unwirklichkeit bloßen Daseins, *an seine Grenze getrieben,* zu sagen, was er eigentlich sei. Da aber alles Dasein im Relativen aus Kompromissen leben muß, ist es nicht objektiv wißbar, wo entschieden werden soll und wo nicht. Der Wille zur Entscheidung ist existentiell; ihn treibt nicht Ungeduld und Unzufriedenheit derer, die nur Bewegung, Erregung, Anderswerden, Selbstzerstörung suchen, sondern der Sinn, daß *Wirklichkeit wahr sein solle.* Ob ein gesellschaftlicher oder persönlicher Bestand zu schützen sei, ob eine Weise, wie die Wahrheit gedacht wird, unangegriffen zu lassen sei, ist zuletzt nur aus der *transzendenten Bezogenheit* der entscheidenden Existenzen offenbar. Es ist eine unwahre Redensart: von Zeit zu Zeit müsse wieder einmal alles vernichtet und von vorn angefangen werden. Im geschichtlichen Dasein ist es Wahrhaftigkeit, in der Spannung zu bleiben zwischen dem tradierenden Bewahren eines Bestandes und dem grenzenlosen Risiko des Zerstörens. Aber aus der bloßen Erfahrung und aus definierbaren Zwecken allein ist keine Entscheidung zu finden. Alle ursprünglichen Entscheidungen wurzeln in der Transzendenz als der Gegenwart von Abfall und Aufschwung. Daher ist in jedem Augenblick, wo mir das historische und gegenwärtige Dasein nicht nur auf der endlosen Ebene empirischer Wirklichkeit liegt, sondern transparent wird, dieses Dasein gegliedert in abfallendes und aufsteigendes Sein.

Abfall und Aufstieg in der Geschichte sind sowohl für uns *im philosophischen Lesen* der Geschichte fühlbar *wie im eigenen Handeln,* das als gemeinschaftliches politisch wird, wirklich.

Ein *Lesen der Geschichte* als Chiffre der Transzendenz ist die kontemplative Ergänzung zur Aktivität gegenwärtigen Tuns. Ein ergriffener Philosoph liest als Chiffre des Übersinnlichen, was er mit den Elementen empirischer Wirklichkeit als Mythus der Menschheitsgeschichte erzählt. Der letzte war der Hegels. So gesehen wird jedoch die Geschichte im Unterschied von den nur übersinnlichen Mythen der Kosmogonien ein *Mythus in der Wirklichkeit.* Nicht durch Erdenken eines Prozesses außer der Welt, sondern durch das Versenken in die Wirklichkeit erfahre ich ihn. Komme ich so nahe heran, daß es ist, als ob ich es selbst bin, der in der Geschichte lebt, so werde ich in einer nun auch realen, wenn auch einseitigen Kommunikation ergriffen. Dann wird die Geschichte in dem Sinne Gegenwart, daß das Vergangene wieder werden kann, als ob es noch Zukunft wäre. Es wird noch einmal in die Schwebe des Möglichen gesetzt, um desto entschiedener dann das Endgültige darin als das absolut Geschichtliche zu übernehmen. Hier entspringt die Achtung vor der Wirklichkeit als solcher, welche in der Bezogenheit auf Transzendenz ihre Tiefe hat. Dieses Lesen der Geschichte ist Geschichtsphilosophie, welche in der Zeit die Zeit aufhebt.

In der so verstandenen Geschichte ist Abfall und Aufstieg unbestimmt. Im unmittelbaren Lesen scheint er auf immer andere Weise sich wieder und wieder abzuspielen: die Geschichte ist der Appell an mich durch ihr Zeigen auf beides. Dann aber ist sie wieder zweideutig und in der Folge der Zeiten scheint alles Aufstieg wie Abstieg.

Das Bewußtsein von Abfall und Aufstieg wirft mögliche Existenz auf ihr *gegenwärtiges Tun* zurück, das sich im Raume der angeschauten und angeeigneten Geschichte erfüllt, wenn es sich seiner vergewissert in jedem Widerhall aus der Vergangenheit in mir zum entschiedenen Handeln in der Gegenwart. Aber es bleibt die Spannung zwischen Lesen der Geschichte und Rücksprung in die gegenwärtige Situation. Beides ist nicht in einem Blickpunkt, wenn nicht aus anderem Ursprung die Transzendenz des Einen sie verbindet. Das Lesen ist, indem ich einen Augenblick die Augen abblende vor der Gegenwart; diese wieder ist, indem ich das Vergangene vergessen kann. Denn Gegenwart, in die noch einzugreifen ist, bleibt herausgehoben aus der Geschichte. Das Eintreten in die wirkliche Situation ist ein leibhaftiges Ergriffensein, dagegen das eindringendste Verstehen vergangener Situation doch immer nur gedacht im Raum der Möglichkeit.

Da das zweckhafte Handeln ein Tun nur *in* der Welt ist, nicht ein Schaffen und Verwandeln, als ob *die* Welt selbst Gegenstand oder Ziel des Planens wäre, ist es keinen Augenblick möglich, aus einem einzigen Bewußtsein, im vorübergehenden Scheine eigner universeller Macht, die Welt zu umfassen, als sei sie im Ganzen zu gestalten. Daher steht noch das entschiedenste Handeln im Einklang mit Scheu vor diesem Ganzen; und steht neben dem konkretesten geschichtlichen Wissen die Abneigung gegen abstrakte Behauptungen vom Ganzen des Weltlaufs. Der Mensch greift ein in die Geschichte, aber er macht sie nicht. Wohl bleibt ihm in seiner Ohnmacht das Bewußtsein, daß nicht alles so sein müsse, wie es geschieht, und daß es anders werden könne, — jedoch unergründlich in dem gelegten Grunde, der die Wirklichkeit selber ist.

Das Ganze aber ist weder die Gesamtheit des Vergangenen noch die Zukunft. Abfall und Aufstieg sind wirklich als je *gegenwärtig*. Die Bezogenheit auf Transzendenz macht nicht nur die Geschichte als Chiffre zur ewigen Gegenwart, sondern steht gegen eine bloße Zukunft und gegen bloße Vergangenheit für die *reine Gegenwart*. Keine Zeit kann zugunsten einer anderen relativiert und keine kann verabsolutiert werden als diejenige, in welcher allein das Ewige sich erfüllt habe. Daher ist allein die jeweilige Gegenwart für aktive Existenz die mögliche Erscheinung eigentlichen Seins. Das Wahre liegt für sie nicht an einer Stelle in der Vergangenheit, die den Blick gebannt hält, und nicht in der Zukunft als Endziel, das herbeizuführen und zu erwarten die Gegenwart zum leeren Übergang macht, sondern in augenblicklicher Verwirklichung, durch die allein sie auch zukünftige Wirklichkeit für den ihr bemessenen Zeitraum sein kann. Das Rechtfertigen gegenwärtigen Versagens durch Vertröstung auf die bessere Zukunft, die dadurch herbeigeführt werden soll, täuscht. Die Beziehung auf die Zukunft hat zwar relative Geltung in einzelnen daseinserhaltenden und erweiternden technischen Maßnahmen (Üben, Lernen, Sparen, Bauen), wird aber ein Ausweichen vor selbstseiender Wirklichkeit, wenn sie sich auf das Ganze des Daseins zu erstrecken anmaßt. Gegenwart ist sie selbst, wenn sie die ewige ist, in die alle Geschichte aufgenommen wird.

Abfall und Aufstieg sind die Wege dieses eigentlichen Seins. Sie werden im Widerhall von der Geschichte her, die als substantielle Gegenwart war, in eigener Verantwortung erfahren und getan. Das Nichtwissen des einen Weltplans steigert das Gewicht des Tuns, das, ohne sich aus einer allgemeinen Kenntnis als das Richtige ableiten zu können, an ihm teil hat durch Erwerb oder Verlust des Seins, das es aus eigener Freiheit in seiner Geschichtlichkeit verwirklichen muß.

11. Der im Ganzen sich vollendende Abfall und Aufstieg. — Vor dem Weltprozeß und der Menschheitsgeschichte zwingt sich die Frage nach dem Ende auf. In einer Lehre von den letzten Dingen, von der Vollendung oder endgültigen Vernichtung des Daseins, werden mythische Antworten gegeben.

Die Frage nach dem Ende kann *unmythisch* gestellt werden. Man fragt nach der Zukunft, wie sie sein könne und wie sie wahrscheinlich werde. Nimmt man den Zeitraum lang genug, so gilt für das, was einen Anfang hatte, daß das Ende von allem in der Zeit dessen Untergang sein wird. Unübersehbare Möglichkeiten liegen vor diesem Ende. Ob im Werden des Menschengeschlechts ein unbestimmter Fortschritt geglaubt, ob ein Endziel menschlicher Daseinsordnung auf dem pazifizierten Planeten erdacht, oder ob ein unendliches Sichbewegen ohne Ziel unbestimmt ergriffen und gewollt wird, — in jedem Falle ist Ende oder Endlosigkeit als eine von späteren Generationen zu erlebende zukünftige Realität in der Welt gemeint, nicht transzendierend das Ende aller Dinge gesucht.

Dies geschah *im Mythus*, der die zeitliche Wirklichkeit mit phantastischer Übersinnlichkeit in eins nahm. Der Gehalt solcher Mythen geht über das nur zeitlich gedachte Geschehen hinaus. Nahm man sie wie eine empirische Prognose und wartete auf den zeitlich bestimmten Weltuntergang, so mußte man über sein Nichteintreten enttäuscht sein. Ist aber die Unmöglichkeit der sinnlich-zeitlichen Seite dieser Vorstellung erkannt, so handelt es sich nicht mehr darum, das Ende in die Zeit hineinzuziehen, sondern es transzendierend zu fassen: Im Verblassen der eschatologischen Mythen bleibt die Intention auf das eigentliche Sein, das im Aufschwung als Chiffre der Endvollendung, im Abfall als Chiffre der totalen Vernichtung vor Augen steht.

Denn in der Zeit erscheint das unzugängliche Sein durch die Antinomie von Aufstieg und Abfall. Was ewig ist, muß als Zeitdasein zu sich kommen durch Entscheidung. Sofern diese Entscheidung selbst zeitlich ist, ist das Ende zukünftig; sofern die Entscheidung Erscheinung des Seins ist, ist das Ende als Vollendung in ewiger Gegenwart. Daher kann ich im Zeitdasein nie gradezu bei der Transzendenz sein, sondern nur im Aufschwung mich ihr nähern und im Abfall sie verlieren. Wäre ich bei der Transzendenz, so hörte die Bewegung auf, die Endvollendung wäre da, die Zeit nicht mehr. In der Zeit muß der Augenblick vollendeten absoluten Bewußtseins sofort wieder in die gespannte Bewegung übergehen.

Das Gesetz des Tages und die Leidenschaft zur Nacht.

Im Trotz und im Abfall stand ein Negatives gegen ein Positives; es schien bald die Nichtigkeit als der Weg des Zerrinnens zum Nichts-Sein, bald die Bedingung zu sein für das Positive als die Artikulation in der Bewegung, aus deren Spannung sich der Bezug auf Transzendenz verwirklicht. Das Negative kann aber in der Antinomie schließlich ein Vernichten werden, das selbst Positivität ist: was vorher nur verneinend schien, wird zur Wahrheit, wird verwirrend jetzt nicht nur Verführung, sondern Anspruch; und es wird ein neuer Abfall, dieser Wahrheit auszuweichen. Unser Sein scheint im Dasein wie auf zwei Mächte bezogen. Wir nennen ihre existentielle Erscheinung das Gesetz des Tages und die Leidenschaft zur Nacht.

1. Die Antinomie von Tag und Nacht. — Das *Gesetz des Tages* ordnet unser Dasein, fordert Klarheit, Konsequenz und Treue, bindet an Vernunft und Idee, an das Eine und an uns selbst. Es fordert, in der Welt zu verwirklichen, zu bauen in der Zeit, das Dasein

zu vollenden auf einem unendlichen Wege. — Aber an der Grenze des Tages spricht ein anderes. Es abgewiesen zu haben, läßt keine Ruhe. Die *Leidenschaft zur Nacht* durchbricht alle Ordnungen. Sie stürzt sich in den zeitlosen Abgrund des Nichts, der alles in seinen Strudel zieht. Aller Aufbau in der Zeit als geschichtliche Erscheinung sieht ihr wie oberflächliche Täuschung aus. Klarheit vermag ihr in nichts Wesentliches zu dringen, vielmehr ergreift sie selbstvergessen die Unklarheit als das zeitlose Dunkel des Eigentlichen. Aus einem unbegreiflichen Müssen, das gar nicht die Möglichkeit sucht, sich zu rechtfertigen, wird sie ungläubig und treulos gegen den Tag. Für sie sprechen nicht Aufgaben und Ziele; sie ist der Drang, sich in der Welt zu ruinieren zur Vollendung in der Tiefe der Weltlosigkeit.

Das Gesetz des Tages kennt den *Tod* als Grenze, doch es glaubt ihn im Grunde nicht, wenn Existenz im Aufschwung sich ihrer Unsterblichkeit vergewissert. Handelnd denke ich an das Leben, nicht an den Tod. Auf den geschichtlich kontinuierlichen Aufbau des Seins im Dasein gerichtet, denke ich noch im Tode an dieses Dasein und das Wirken darin, als ob der Tod nicht vor mir stünde. Das Gesetz des Tages läßt den Tod wagen, nicht ihn suchen. Ich habe den Mut zum Tode, doch er ist mir weder Freund noch Feind. Die Leidenschaft zur Nacht aber hat ein liebendes und schauerndes Verhältnis zum Tod als ihrem Freund und Feind. Sie sehnt sich nach ihm, wie sie ihn aufzuhalten strebt; er spricht sie an, sie geht mit ihm um. Der Schmerz am Dasein, der lebt ohne Möglichkeit, und der weltlose Lebensjubel, beide lieben aus ihrer Nacht den Tod. Die Leidenschaft kennt den Überschwang im Tode; das letzte Verrinnen des Überschwangs ist noch das Bewußtsein der ersehnten Ruhe des Grabes nach all dem Irren und Leiden. In jedem Falle ist diese Leidenschaft Verrat am Leben, Treulosigkeit gegen alle Wirklichkeit und Sichtbarkeit. Das Reich der Schatten wird ihr zur Heimat, in der eigentlich sie lebt.

Bin ich nicht schon ursprünglich daseinsfremd, der Vernunft und dem Bauen abhold, so wird mir auch, wenn ich den Tag ergreife, in der Folge des Lebens das Reich der Nacht eine Welt, die wächst. Ich werde in ihr zu Hause, wenn auch jetzt noch fern; und am Ende empfängt sie mich als die Erinnerung des Lebens, wenn ich, alt werdend, ausgeschieden bin aus einer fremd gewordenen Daseinswelt. Das Gesetz des Tages kann für mich seinen Gehalt verlieren, indem es sich mir erschöpft. Mein Sein im Dasein kann ermüden und die Leidenschaft zur Nacht das Ende werden.

Im sicheren Gang eines geschichtlichen Seins im Dasein lenkt der Wille zum Offenbarwerden; ein sich verschließender Trotz sträubt sich gegen Offenbarwerden; aber die Leidenschaft zur Nacht *kann* sich *nicht offenbaren*, obgleich sie will. Sie ergreift das Schicksal, das sie sehend will und nicht will, das darum notwendig und frei erscheint. Sie kann sagen: ein Gott tat es, wie: ich selbst tat es. Sie wagt alles, nicht nur in der Welt der Daseinszwecke, sondern grade dort, wo sie Existenz selbst zu ruinieren scheint durch Verletzung der Ordnungen, der Treue und des Selbstseins. Das Ziel ist die Seinstiefe, die den Menschen außerhalb des Daseins stellt und zunichte macht. Es ist der Sturz ins Sinnlose. In der Angst des Getriebenseins zum eigenen Geschick scheint Überlegung und Wahl aufzuhören, und doch alles wie in unübertreffbarer Weise gewählt und überlegt. Nichts scheint dem Entschluß dieser Leidenschaft gleichzukommen, der, für den anderen unsichtbar bleibend, alle Bewegung in sich verschloß. Die Vernichtung nimmt vom ganzen Menschen Besitz. Auch der noch bleibende Wille zum Aufbau wird in den Dienst gestellt, wenn er das Gegenteil von dem zu bewirken scheint, was er zu wollen schien.

Die Leidenschaft bleibt ursprünglich *unklar*. Die Unklarheit ist ihre Qual, aber auch Geheimnis, das hinausliegt über allen Reiz des Verbotenen und Verhüllten. Sie sucht jede Enthüllung und Klarheit, um des wahren, unenthüllbaren Geheimnisses rein ansichtig zu werden, im Unterschied von dem Eigenwillen, der künstlich Geheimnis herstellt und durch Wolken die Enthüllung einer banalen empirischen Faktizität verhindert. In Unklarheit doch ganz gewiß, hat sie wohl Angst, aber die unendliche Angst in der Notwendigkeit des Schicksals, in dem sie die Treue bricht und das absolute Geheimnis sie unklar in den Tod treibt.

So im Ergreifen ihrer selbst, ihres Seins im Nichts gewiß, selig und unselig, büßt sie, was sie verrät und zerstört, im Dasein mit ihrem Tode. Nur wenn sie den Tod will, weiß sie sich zugleich als Wahrheit und bleibt wahr für den, den sie selbst nicht in ihre Transzendenz riß.

2. Versuch konkreterer Beschreibung. — Die Erscheinung der Leidenschaft zur Nacht konkreter zu beschreiben, scheitert, weil alles bestimmt Gesagte, in die Helligkeit des Tages gerückt, dadurch ihm angehört und seinem Gesetz untersteht. Im Nachdenken hat er den Primat. Die Unklarheit klarzumachen würde sie, die sich als Ursprung ist, aufheben. Jede konkrete Erscheinung der Leidenschaft zur

104

Nacht wird daher, geschildert, künstlich und banal und, in die Sphäre
möglicher Rechtfertigung gezogen, scheinbar aufgelöst. Denn der Tag
möchte jene Welt der Nacht nicht anerkennen. Er kann sie nicht
wollen und nicht einmal als möglich zugeben. Soweit ist sie von
zwingender Einsehbarkeit entfernt, daß der Tag für schlechthin
nichtig, sinnlos und unwahr erklären kann, was der Nacht transzendente Substanz ist.

Aus der Nacht kam ich zu mir. Die *Erdgebundenheit,* die *Mutter,*
die *Blutsverwandtschaft,* die *Rasse,* sind der Grund mich umfangender
Dunkelheit, den die Helligkeit des Tages verwandelt. Als Mutterliebe
und Liebe zur Mutter, als Heimatliebe und Familiensinn und Liebe
zum eigenen Volk werden sie in das geschichtliche Bewußtsein des
Tages aufgenommen. Aber der Grund bleibt eine dunkle Macht. Der
Stolz und Trotz dieses gleichsam unterirdischen Naheseins kann sich
wenden gegen die geistige Aufgabe der Freundschaft in dem Für-
einandersein der Existenzen, die sich trafen. Die unterirdische Macht
läßt ihre Relativierung nicht zu und pocht schließlich auf sich selbst.
Ich soll mich zurücknehmen in das, was mich gebar, statt die Wahrheit in der auf ihrem Grunde sich vollziehenden existentiellen Kommunikation des Tages zu ergreifen.

Erotik ist als an sich unbegreifliche Fessel. Das Gesetz des Tages
macht die erotische Wirklichkeit zum Ausdruck existentieller Nähe
als ihre sinnliche Symbolik, und damit relativ. Die verzehrende Hingabe an die Leidenschaft aber will alles verratend nur sich. Der dunkle
Eros, als absolut anerkannt, achtet Dasein als solches für nichts. Er
ist nicht die blinde Sexualität, welche vielmehr als polygame Triebhaftigkeit ohne Leidenschaft und daher existentiell machtlos ist, sondern die ohne existentielle Kommunikation sich durchsetzende Bindung an das gegenwärtige Geschlechtswesen in seiner Einzigkeit als
das eigentliche Sein seiner selbst. Wirklichkeit und Existenz werden
übersprungen, als ob sogleich in der Transzendenz allein die Begeg-
nung wäre, in welcher Selbstsein sich auflöst. Ohne Weg des Verstehens ist diese Leidenschaft doch unbedingt. Ohne Erhellung des
Vernunftwesens der sich Begegnenden stürzen sich Einer oder Zwei in
die sie vernichtende Transzendenz. Der Prozeß der offenbarenden
Kommunikation mit seinen Aufgaben von Verwirklichung wird ihnen
eine unwahre, sich beschränkende Verabsolutierung. Das eigene Versinken, obgleich als Schuld erfahren, ist die tiefere Wahrheit.

Wird die erotische Leidenschaft in den Tag hineingenommen durch ihre existentielle Bindung an Leben und Treue, so kann sie umgekehrt sich selbst vollenden in ihrer Gewalt über Liebende, die ihre Liebe als die des Tages, als Treue und damit jeder sich selbst als eigentliches Selbst, an den Tod verraten. Nicht wissend warum und wozu, sind sie sich einer leidenschaftlich ergriffenen Ewigkeit bewußt, die in dieser Welt wegen des getanen Verrats sogleich den Tod verlangt. Wenn Existenz den Tod nicht findet — aber den Verrat beging —, ist das Dasein in dieser Welt nunmehr verworfen und verödet.

Im Liebestod wäre eine Wahl vollzogen zwischen zwei Möglichkeiten: der Liebe als Prozeß des Selbstwerdens im Offenbarwerden und der als Vollendung dunkler Erscheinungslosigkeit. Der Verrat zugunsten der Leidenschaft, vor deren Möglichkeit gestanden zu haben alles andere in Frage gestellt hat, erscheint dann nicht als ethische Verfehlung, sondern als ein selbst ewiger Verrat, vor dem aber, wo er wirklich scheint, nicht nur die schweigende Betroffenheit, sondern die Achtung als vor dem Unbegreiflichen steht: weil dieser Verrat selbst seine Transzendenz zu haben scheint, deren Möglichkeit die Selbstgerechtigkeit jeder glücklich sich vollendenden Liebe in der Welt ausschließt.

Denn wenn das Gesetz des Tages zunächst das Bewußtsein unvergleichlichen Glückes in Kommunikation, im Leben durch Ideen, in Aufgabe, Idee und Verwirklichung gibt, so rufen bei wahrer Helligkeit am Ende dieser klaren Welt Dämonen, die abgewiesen wurden.

Die Nacht, der ich mich wachen Auges ergab, ist nicht nichts, nicht das Böse als nur dieses. Jenseits von Gut und Böse, die gelten, wo noch Entscheidung ist, ist sie böse nur für den Tag, der doch fühlt, daß er nicht alles ist. Indem ich ihm vertrauend mich der Nacht entziehe, habe ich nicht das absolute Bewußtsein schuldloser Wahrheit, sondern weiß, daß ich einem Anspruch ausgewichen bin, der forderte; einer Transzendenz wurde nicht gehorcht, als der Tag ergriffen wurde und die Treue.

Im Tage ist die helle Kommunikation als Prozeß, in der Nacht die des augenblicklichen Einswerdens in gemeinsamer Vernichtung, in der das Dunkel sich enthüllt, um dann seine Flügel zusammenzuschlagen und in sich hineinzureißen. Was geschah, bleibt in die Nacht gehüllt, die es verschlang. Wenn es Liebende gibt, die in dieser Möglichkeit sich gegenüberstanden und dem Dämon nicht gehorchten — sie wüßten es nicht, weil ausgesagt nicht ist, was war. Sie gehorchten dem Gesetz des Tages und sich selbst. Aber in ihrer Welt hört nun ein

Schwanken des Bewußtseins nicht auf. Die entschiedenste Gewißheit des rechten Weges wird scheu, wollte sie sich aussprechen. Es ist, als ob etwas nicht in Ordnung wäre, was nie in Ordnung kommen kann. Das Gute selbst wurde nur errungen wie durch eine Schuld gegen eine andere Welt.

Die *Forderungen der Nacht*, niemals ausreichend begründbar in den Tag zu nehmen, sind *allverbreitet*. Für das Vaterland lügen, Meineid leisten für eine Frau sind noch übersehbare Handlungen im Verstoß gegen partikulare Ordnungen der Moral und des Rechts. Aber eine eingegangene Bindung zu lösen für die Weite eines eigenen schöpferischen Lebens, wie Goethe gegen Friederike tat, ist ihm selbst nie hell und gerechtfertigt geworden. So nahm Cromwell auf sich die Inhumanität für die Macht seines Staates, mit einem Gewissen, das keine volle Ruhe fand. In solchen Lagen gründet die geschichtliche Verwirklichung, der Tag selbst sich auf die Verletzung seiner Ordnungen. Hier im Willen der politisch handelnden Menschen wird offenbar, welchen Raum der Anspruch der Nacht einnimmt, wenn sie im Falle des Mißlingens ihren eigenen Untergang ergreifen: sie wagen so viel wirkliches geschichtliches Dasein, opfern ihm so viel Menschenleben, daß das eigene Dasein ihnen verwirkt erscheint in der Fesselung an das, worin und wofür sie handelten.

3. Verwechslungen. — Nicht der Trieb, die Lust und die Neubegierde, der Rausch sind die Tiefe der Nacht, wenn sie auch ihre Erscheinungsformen sein können; auch nicht der Selbstvernichtungsdrang aus Trotz, nicht die Unbereitschaft im Sichverschließen gegen den Anderen; nicht der sich vereinzelnde Eigenwille gegen das Allgemeine und Ganze, nicht der Nihilismus, der als vernichtende Beurteilung gehaltlos sich Gewicht geben möchte. Diese Abgleitungen als das *substanzlose Negative* verdecken durch ihre Massenhaftigkeit im Dasein die wahre Welt der Nacht oder lassen sie als das nur Böse, als die Zerronnenheit, die partikulare und augenblickliche Leidenschaft und bloße Willkür dastehen. Nacht als substantielle aber ist der Weg des Verschwindens im Abgrund, der nicht nur nichts ist. Der Tod ist ihr Gesetz, das die Welt des Tages zu nichts zerfallen läßt. Wer im Prinzip radikal das Gesetz des Tages um willen der Nacht verletzte, kann nicht mehr eigentlich, d. h. aufbauend und in der Möglichkeit des Glücks leben. Durch den selbst getanen Verrat für immer gebrochen, ist er keiner Unbedingtheit mehr fähig, wenn er weiterleben wollte. Die wahre Leidenschaft ist in inniger Beziehung zu allen Ord-

nungen, die sie zerbricht. Wenn sie nicht gradezu in den Tod geht, ist sie daher ein gelebtes Gleichnis des Todes als ein lebenwährendes und in der Wahl des Lebens wie ein die Treue in den Schatten stellendes Verfallensein. Sie weiß nicht von sich, aber liebende Nähe kann um sie wissen. Sie ist die Treue zur Nacht als die sich in sich unreflektiert quälende Existenz im Prozeß des ohne Antwort bleibenden Fragens. Diese Leidenschaft scheint wie eine Umkehrung der Existenz, aber als solche fern dem Sichverlieren an Lust und Rausch, Willkür und Trotz oder willfährige Hingabe. Diese können ihr transitorisches Medium sein, aber mit jenem unbrechbaren Zentrum, das wie an der Grenze des Gebrochenwerdens sich erhält. —

Während die Welt der Nacht, ob der Mensch in den Tod geht oder im Analogon des Todes als jene in aller Wirklichkeit unwirkliche Existenz lebt, zeitlos ist, ist die Welt des Tages zeitlich, weil geschichtlich bauend, sich hervorbringend. Daher zeigt der bloße *Gegenschlag gegen die Nacht*, sich wehrend, um sie zu vernichten, daß er, wenn er wie die Nacht selbst zeitlos wird, ihrem eigenen Gesetz verfällt, ohne zum Tag geschichtlicher Existenzen zu kommen. So ist die *Askese*, welche von allen Banden, von Eltern, Erde und Besitz löst, allen Lebensjubel und die Erotik verteufelt, geistig nur wird in dem Sinne, an nichts gebunden zu sein, nicht die Welt des Tages. Sie zerstört die Geschichtlichkeit im Bau des geistigen Daseins der Existenz, weil sie dessen eigenen Grund in der Nacht vernichten will, nur das Entweder-Oder des abstrakten Alles oder nichts kennt. Ihre Spiritualität ist ohne Erde und will doch in der Welt das wahre Sein ganz und sofort als das Allgemeine und Richtige verwirklichen. Während Geschichtlichkeit das harte Werden aus Freiheit in einem undurchdringlichen Stoffe ist, schneidet Askese sie von ihrem Grunde ab, um das Wahre zeitlos gegenwärtig zu haben. So muß dieser Gegenschlag bloße Zerstörung werden und in die Nacht fallen, die er bekämpfen wollte. Im Ruinieren des Daseins kann es ihm geschehen, daß er in plötzlichem Umschlag wieder blind dem Grunde dient, gegen den er sich wandte. Dann wird er, ganz der Erde verfallen, verworrenste Selbsttäuschung. —

Auf anderem Niveau ist der *rücksichtslose vitale Daseinswille*. Mit engem Gesichtsfeld, das aber grade sichtbar macht, was Macht, Geltung und Genuß in der Welt verschafft — will er nur sich. Er schiebt gewaltsam beiseite, was ihm in den Weg kommt. Hat er sein Ziel erreicht, so deutet er um. Was brutal war und sein Dasein begründete,

108

wird mit Schweigen behandelt und vergessen. Der blinde Drang der Mutter für ihre Kinder, der Ehegatten füreinander, des Menschen für sein nacktes Dasein und seine erotische Befriedigung kann in transparenzloser Barbarei die starre Wand sein, an der jeder Kommunikationswille zerschellt, die wütige, auf nichts hörende Gewalt, die keine Nacht, weil ohne Transzendenz ist.

Gegen den blinden Daseinswillen steht der lichte Raum des Menschen, der sich selbst in seiner Welt durchsichtig wird. Noch in Leidenschaft eignet ihm Klarheit und Umblick. Aus ihm spricht ein Ich, mit dem die Möglichkeit der Kommunikation nie aufhört. In ihm ist Zuverlässigkeit, die bedeutet, daß er selbst als der, der mir immer begegnete, wieder da sein wird. Er ist die Spannung des steten Sichentwindens in der Gefahr von Abfall und Aufstieg; aber in ihm ist auch die ruhige Heiterkeit eines gegründeten Selbstbewußtseins. Er hört auf Frage und Argument und erkennt in deren Medium ein unbedingtes Gesetz an, wenn dieses auch jeder endgültigen inhaltlichen Formulierung sich entzieht. Er scheint unbrechbar und doch unendlich biegsam. Es gibt in ihm keinen unberührbaren Punkt, sondern rückhaltlose Bereitschaft. Ihm erhellt sich das Gesetz des Tages, und er begreift die Möglichkeit der Wahrheit in der Nacht des Anderen.

4. Die fragwürdigen Grundvoraussetzungen des Tages. — So scheint die Grundvoraussetzung des Lebens im Tage: im grenzenlosen Offenbarwerden werde dem redlichen Willen Erfüllung der Transzendenz und rein aufgehende Wahrheit seines Seins. Aber diese Voraussetzung wird fragwürdig, wenn die Welt der Nacht dem Blick sichtbar geworden ist.

Der *gute Wille* ist im Tage Endzweck des Daseins; alles andere hat Wert nur in bezug auf ihn. Jedoch der gute Wille kann nicht handeln, ohne zu verletzen. Er ist der Grenzsituation der unvermeidlichen Schuld ausgeliefert. Es fragt sich immer, was will der gute Wille in der konkreten geschichtlichen Situation. Er ist nicht als allgemeine Form, sondern nur mit seiner Erfüllung, in der er, wo er tiefer sich versteht, an die Welt des Anderen rührt. Dem guten Willen, wenn er sich vollenden möchte in sich selbst, wird seine Grenze fühlbar. Wenn er, an dieser transzendierend, sich selbst in Frage stellt, bleibt er nur in der Erscheinung seines Daseins absolut, als Gesetz des Tages, das an die Nacht grenzt. Als Wesen des Tages habe ich das gute Gewissen, das Rechte zu tun. Aber dieses scheitert an der Schuld, die es der Nacht verbindet.

Im Tage sehe ich *das Dasein als den Reichtum der schönen Welt*, kenne den Lebensgenuß, der sich im Bilde meines Daseins, im Bau der Welt, in der Größe klassischer Vollendung und tragischer Vernichtung, in der Fülle der gestalteten Erscheinung spiegelt. Aber nur wenn ich ihr Spiegel bin, haben Natur und Menschen diese Großartigkeit. Es ist die schöne Oberfläche, wie sie dem Standpunkt des sehenden und seine Feste feiernden Menschen sich darbietet. Die Welt, nur so gesehen, ist eine schwebende Phantasie. Sich ihr gänzlich und endgültig hinzugeben, löst von der Wirklichkeit der Existenz zugunsten bildhafter Gestaltung und überliefert in jähem Umschlag den Betrachter selbst der Verzweiflung der Nacht, die hinter ihm zu liegen schien.

Der Tag ist an die Nacht gebunden, weil er selbst nur ist, wenn er *am Ende wahrhaft scheitert*. Die Voraussetzung des Tages ist zwar die Idee des positiven Bauens im geschichtlichen Werden, in dem das Bestehende als ein relativ Dauerndes gewollt wird. Aber die Nacht lehrt: alles was wird muß ruiniert werden. Es ist nicht nur der Weltlauf in der Zeit, daß nichts bestehen kann, sondern es ist wie ein Wille, daß nichts Eigentliches als Bestand überdauern soll. Scheitern heißt die nicht zu antizipierende vollzugsnotwendige Erfahrung, daß das Vollendete auch das Verschwindende ist. Wirklich werden, um echt zu scheitern, ist dem Zeitdasein die letzte Möglichkeit. Es taucht in die Nacht, die es begründete.

Ist der Tag selbstgenugsam, so wird das Nichtscheitern zur wachsenden Gehaltlosigkeit, bis ihm am Ende das Scheitern von außen als ein fremdes kommt. Zwar kann der Tag das Scheitern nicht wollen. Aber er selbst erfüllt sich nur, wenn er das Nichtgewollte als das in innerer Notwendigkeit Gewußte in sich aufnimmt.

Fasse ich *die Grenze* des Tages an der Nacht, so kann ich weder in bloßer Ordnung von Gesetzlichkeit und formaler Treue den Gehalt geschichtlicher Existenz verwirklichen noch in die Welt der Nacht stürzen, an deren Grenze zu stehen Bedingung der Erfahrung von Transzendenz ist. Es bleibt wohl die Frage, ob nicht die Hoffnungslosigkeit vor dem Geheimnis der Nacht erst die letzte Transzendenz in die Seele bringe. Hier entscheidet kein Gedanke, und der Einzelne nie überhaupt und nie für andere. Die Existenz am Tage aber steht in tiefer Scheu. Sie flieht die stolze Selbstgewißheit und das Prahlen mit dem eigenen Glück. Sie weiß von dem durch alle Erhellung nur in seiner Dumpfheit vertieften absoluten Daseinsschmerz, der das Unbegreifliche stumm vollzieht.

5. **Die mögliche Schuld.** — Existenz möchte ihre Möglichkeit bewahren. Ihr Sichzurückhalten vor der Verwirklichung ist ursprüngliche Stärke, wo es noch ein Sichbewahren für den rechten Augenblick bedeutet; es ist Schwäche, wenn es nicht zuzugreifen wagt. Nur in der Jugend lebe ich darum wahrhaftig in reiner Möglichkeit. Existenz will sich nicht ins Beliebige vergeuden, sondern ihr Dasein für das Eigentliche verschwenden. Erst wenn die Entscheidung reif wird, wenn ich im geschichtlichen Zugriff mich verwirklichen könnte und mich dennoch an meine jetzt fragwürdig werdende allgemeine Möglichkeit angstvoll klammere, entgleite ich mir durch diese Verweigerung des Eintritts in das Schicksal meines Tages. Scheu vor jeder Fixierung in Beruf, Ehe, Vertrag, vor jeder unwiderruflichen Bindung, verhindert mein Wirklichwerden, so daß ich schließlich, was Ursprung in mir hätte sein können, als nur mögliche Existenz ins Leere zerrinnen lasse. Wird so die Stunde versäumt, so stürze ich auch nicht in den Abgrund der Nacht. Dem Tag wie der Nacht versage ich mich, wenn ich mich zurückhalte, und komme nicht zu Leben und Tod.

Nur vermeintlich lebe ich in der grenzenlosen Möglichkeit vor der Verwirklichung weit, menschlich und frei, überlegen all den Engen, faktisch aber leer, anspruchsvoll und in spielerischem Betrachten. Existentiell ist der Wille zu Begrenzung und Bindung im Dasein; er dringt vor in die Situation, wo entschieden werden muß: aus der Möglichkeit zu allem entspringt das einzig Eine. Dieses Vordringen ist nicht von eindeutiger Aktivität. Meine Möglichkeiten einschränkend mich zu verwirklichen, ist ein Kampf, in dem ich mein Selbstwerden noch wie mir feindlich in Distanz halte. Ich lasse mir mein Schicksal von mir abringen, ob ich nun in den Tag trete oder der Nacht mich überliefere. Schuld aber ist das *Vermeiden der Wirklichkeit.*

Dann aber ist die tiefere Schuld im *Verwerfen der jeweils anderen Möglichkeit.* In der sich verschenkenden Hingabe an die Leidenschaft geht der Weg zum Untergang und, wer ihn geht, versagt sich dem bauenden, lebenergreifenden Lieben. Im Bauen aber versagt er sich der Hingabe an den Tod.

Existenz ist als solche schuldbewußt. Im Gesetz des Tages ist die Schuld *an der Grenze,* wo sich ein Anderes offenbart, das radikal in Frage stellt als die verworfene Möglichkeit. In der Leidenschaft ist die Schuld als *ursprünglich zu ihr gehörend;* sie kennt in ihrer Tiefe Schuld ohne Sagbarkeit und Büßen ohne bestimmbare Handlung.

Die Erhellung der Schuld ist nicht der Weg zu einer unwahren

Rechtfertigung der Leidenschaft oder des Tages — denn jenseits aller Rechtfertigung stehen beide als Prinzipien im Unbedingten —, erst recht nicht die Sentimentalität des Geltenlassens alles dessen, was lebt und sich quält. Sondern Erhellung der Schuld ist aus dem Schauer vor der Leidenschaft entsprungen und das Wissen um ihre Möglichkeit; sie trifft das Schuldbewußtsein der sich begrenzenden und abwehrenden Welt des Tages. In der Nacht aber wird nicht philosophiert.

6. Genius und Dämon im Kampf um Existenz. — Bezaubert vom *Dämon* werde ich hingerissen zur nachtverwandten Liebe; nicht wagend, an sie zu rühren, werde ich vom Genius geführt zum liebenden Enthusiasmus in der Helligkeit des Aufschwungs. Die bezauberte Liebe weiß sich ratlos, verliert jedes irdische Medium, wird ganz transzendent; sie will in der Vernichtung die Erfüllung. Die Liebe in der Klarheit der Führung des *Genius* weiß sich auf dem Wege, hat die verläßliche Einigung in der Kommunikation mit dem vernünftigen Wesen des Anderen, will leben in der Welt.

Der *Dämon* läßt die Erscheinung der Existenz in ihrer Transzendenz zergehen. Sie sucht ihr Schicksal nicht. Schon das Kind vermag den qualvollen Zauber wahrzunehmen und selbst auszustrahlen, der dann die Verwandlungen durchmachen muß, die es in seiner Reife weder verneint noch bejaht, sondern unbegriffen hinnimmt. Der Gang des Schicksals läßt die dem Dämon folgende Existenz auf dem Wege in Grausamkeit und Härte geraten, ohne zu wissen und zu wollen. Sie erfährt die unerbittliche Notwendigkeit, die sie ebensosehr erleidet wie tut. Sie vermag zu sich als einer Daseinsgestalt zu kommen in liebendem Schutz anderer und im Bewahren der Ordnungen, außerhalb deren trotzdem der Dämon bleibt, dem sie gehorchen muß. Jener Zauber vor dem Schicksal ist dem Kinde verhüllt in Wildheit und Spiel; einst setzt er sich, wenn der Genius bewahrt und dem Dämon seine Grenze setzt, in jene Milde um, die doch als hellsichtige Liebe in größter Nähe fern bleibt.

Die offenbare Existenz des Tages dagegen gelangt unter Führung ihres *Genius* in ihrer Erscheinung zum klaren Ausdruck ihrer zeitlichen Wirklichkeit, zur Identität ihres Inneren und Äußeren. Sie denkt, was sie sagt, und ist mit sich einig, weil sie sich liebt auf diesem Wege zur Helligkeit. Sie ist mit sich im Streit, weil sie, alles der Befragung und Kritik unterwerfend, an allem zweifeln muß, auf alles zu hören und sich in jeden anderen zu versetzen vermag. Sie sucht das

Gültige, die Gestalt und die allgemeine Sagbarkeit in der Mitteilung an den Menschen als solchen. Sie weiß sich frei und ergreift aktiv ihr Schicksal mit der Idee des Weges möglichen Begreifens. Sie ist hart durch Klarheit, zart durch Hilfe. Sie sucht den Kampf, weil er das Medium ist, in dem sie zu sich selbst kommt. Sie ist durch sich selbst und fühlt sich darin stark; sie ist durch ein Anderes und fühlt, ihren Genius rufend, sich zittern angesichts des Dämons, wenn er in ihren Kreis tritt. Sie ist zuverlässig und wird, als ganz in dieser Welt lebend, wahrer Schicksalsgefährte des Anderen. Treue ist ihr Wesen, mit ihr verliert sie sich selbst. Sie lebt nur, indem sie tätig in der Welt Aufgaben als die ihren und wesentlichen ergreift.

Wie auch immer die Polarität von Tag und Nacht schematisiert wird, in ihrem Gedachtwerden ist die Fragwürdigkeit des Daseins in Beziehung auf seine Transzendenz bis an die mögliche Grenze gesteigert. Ich weiß nicht, was ist. Als Tageswesen vertraue ich meinem Gotte, aber mit Angst vor mir unfaßlichen fremden Mächten. Der Nacht verfallen, gebe ich mich hin der Tiefe, in der sie sich in meiner Vernichtung zur verzehrenden, aber auch erfüllenden Wahrheit verwandelt.

7. **Frage nach der Synthese beider Welten.** — Die zwei Welten sind in bezug aufeinander. Ihre Trennung ist nur ein Schema der Erhellung, das selbst in dialektische Bewegung gerät. Es kehrt sich um, was Gesetz des Tages schien, zum Abgrund der Nacht, wenn das Eine, auf das es dem Tage ankommt, gegen die Helle des Allgemeinen aufsteht und selbst zur Gesetzlosigkeit wird. Was Nacht schien, wird Grund des Tages, wenn sich Verlorenheit an die Nacht umsetzt in einen Bau, der seinen dunklen Grund weiß, aber nun verwirft und bekämpft, was einmal sein eigener Ursprung war.

Man möchte eine *Synthese beider Welten denken.* Aber diese vollzieht sich in keiner Existenz. Was in jeweils geschichtlicher Einmaligkeit gelingt, ist nicht nur objektiv keine Vollendung, sondern auch subjektiv gebrochen. Selbst die Idee einer Synthese ist unmöglich. Denn das Sein als Dasein in der Erscheinung der Existenzen ist in der Welt des Vielfachen die Bestimmtheit des Einzelnen, dessen Sinn zuletzt unaussagbar und unnachahmbar ist. Die Synthese, als allgemein möglich gedacht, ist Frage, nicht Aufgabe. Nur als unbedingte sind beide Welten sie selbst. Welcher von ihnen ich mich verschreibe, zeigt sich mir in der konkreten Handlungskontinuität, sofern sich diese deuten läßt als Entscheidung darüber, welcher ich absolut den Vorrang gab, und welche ich nur relativ auf die andere zulasse.

Die Nacht kann die relative Zweckmäßigkeit und Ordnung dulden und befolgen, solange es geht, ohne sich selbst antasten zu lassen. Der Tag läßt zu das Abenteuer, den begrenzten und disziplinierten Rausch als unverbindlichen Versuch ohne unbedingten Ernst, den Blick in den Abgrund. — Das scheinbare Glück der Synthese ist entweder nicht ohne Mangel oder nicht ohne Verrat. Der Mangel durch Ausweichen vor dem Abgrund macht Existenz am Tage irgendwo grundlos. Der Verrat am Gesetz des Tages, am einzelnen Menschen, am Bauen des Daseins, an jeder Treue, macht die Nacht dunkel in unoffenbarer Schuld. An der Oberfläche dagegen würde die Konsequenzlosigkeit bleiben, die vermeintlich alles verwirklicht, in Wahrheit nichts ist. Tiefe der Existenz ist nur, wo sie ihr Schicksal weiß; entweder: ich bin kein Eingeweihter, denn ich habe die Pforten des Todes und das Gesetz der Nacht nicht berührt; oder: ich habe das Leben verwirkt, denn ich bin der Nacht gefolgt und habe das Gesetz des Tages zerschlagen. Es ist eine Täuschung, zugleich Leben des Tages und Tiefe der Nacht sein zu wollen. Die letzte Wahrheit ist die scheue Achtung vor dem Anderen und der Schmerz der Schuld.

Nur in Krisen der Existenz wird entschieden. In ihnen ist das Entgegengesetzte möglich, entweder den Tag zu verlassen und an die Stelle des Willens zu Leben und Werk die Liebe zum Tode zu setzen, oder aus der Nacht heimzukehren zum Tage, darin die Nacht selbst zum Grunde machend. Doch wann und wie es möglich ist, wo schon ewige Entscheidung, wo noch mögliche Umkehr ist, das weiß kein Wissen, sondern nur der Einzelne in seiner Geschichtlichkeit und nie endgültig für sich sagbar. Denn es sind nicht einmal zwei Wege, die ich kennen könnte, und zwischen denen ich dann wähle. Es wäre ein Abfall von der erhellenden Erörterung zur gegenständlichen Fixierung des Schemas, der eine solche Wahl ermöglichte, die keine existentielle mehr wäre. Die zwei Welten sind eine nie klar werdende Polarität; eine entzündet sich an der anderen. Ich kann sie erhellend gegenüberstellen, nicht im Denken ihr Sein erkennen.

8. Mythische Erhellung. — Auch die mythische Erhellung vollzieht sich in der bildhaften Vergegenständlichung von zwei Mächten. Jedoch die gegenständliche Gestalt jener Unfaßlichkeit, nicht an die vereinfachende Polarität der zwei gebunden, drängt vielmehr zunächst zu den *vielen Göttern*, konzentriert sich dann in die *Zweiheit der Gottheit* und einer widergöttlichen Macht, und legt sich schließlich *in die Gottheit selbst*, als deren *Zorn* sie erfahren wird.

Der *Polytheismus* ist die Welt, in der das Eine im Hintergrund bleibt. Dadurch, daß ich vielen Göttern diene, kann ich jeder Lebensmacht ihr Recht geben. Alles zu seiner Zeit und an seinem Orte getan, ohne Frage nach dem Zusammenbestehenkönnen, gibt jedem eine ihm gehörende göttliche Weihe, erlaubt die Verwirklichung alles Möglichen, aber kennt nicht die ewige Entscheidung. Hier kann die Leidenschaft zur Nacht ihre positive, doch begrenzte Verwirklichung finden. Wohl kann der Streit mit den Tagesmächten sichtbar werden, aber er wird so nicht prinzipiell als ein ewiger Kampf in der Transzendenz. Die chthonischen Gottheiten stehen neben den himmlischen Göttern. Örtlich gebunden, dunkel in ihren Abgründen, wird in ihnen jeweils einen Augenblick die Erde absolut. Die Rauschgötter heiligen die Selbstvergessenheit, der Dienst der Nacht verwirklicht sich vorübergehend in mystischer Ekstase oder bacchantischer Wildheit; es gibt den Schiwa, der tanzend vernichtet, in dessen Kult sich Leidenschaft zur Nacht das Bewußtsein der Wahrheit zu geben scheint.

Die Positivität der Nacht ist im Polytheismus gleichsam naiv hingenommen. Wird aber der Gegensatz der zwei zur Form des transzendierenden Bewußtseins, so wird die Nacht zur widergöttlichen Macht, selbst zwar Gott, aber unwahrer Gott. Der *Dualismus der Transzendenz* setzt von allen denkbaren Gegensätzen je den einen negativ. Der Mensch steht im Kampf dieser Gegensätze auf der einen Seite, mit Gott gegen den Widergott, mit dem Licht, dem Himmel, dem Guten, dem tätigen Aufbau gegen die Nacht, die Erde, das Böse, die Vernichtung. Die Nacht lebt als Teufel fort, wo sie als absolutes Prinzip nicht mehr geglaubt wird.

Das dualistische Denken macht jedoch die Erfahrung, daß es *in der Transzendenz keinen Gegensatz festhalten kann*. Entweder werden die Gegensätze, deutlich gedacht, zu solchen innerhalb der Tageswelt, wie Gut und Böse, und es bleibt die Aufgabe, das Andere durch eine neue Antithese zu fassen, die wieder auf dieselbe Weise wegen ihrer Helligkeit zum Tag zurückgleitet. Oder die Gegensätze kehren sich in ihrer Bedeutung um (Selbstbehauptung und Selbsthingabe, Geist und Seele, Sein und Nichtsein). Was die Nacht bezeichnen sollte, wird Tag und umgekehrt.

Die letzte Weise transzendierender Verbildlichung legt darum *die Nacht in die Gottheit selbst*. Diese bleibt die Eine, aber in ihrer Unfaßlichkeit vollzieht sie Ratschlüsse, deren Sinn unbegreiflich ist, und geht Wege, die nie die unsrigen sind. Nur scheinbar kann der „Zorn

Gottes" verständlich werden als Vergeltung. Er gilt als ein Ausbruch der Gottheit, die die Frevel heimsucht an Kindern und Kindeskindern, ihren Zorn in Katastrophen ganzer Völker und der Welt offenbart. Der Mensch sinnt auf Wege, Gottes Zorn zu besänftigen, durch magische Mittel und dann antimagisch durch sündloses Leben. Er macht die Erfahrung, daß dieses nicht durchführbar ist, oder daß der Zorn ihn trifft, obgleich er sich keines bestimmten Fehls bewußt glaubt. Darum muß die Versinnlichung des göttlichen Zorns verschwinden. Weder die Stimmung des Wüterichs ist ihm gemäß, noch die juristische Gerechtigkeit des Richters, der verlangt: Aug um Auge, Zahn um Zahn. Diese Bilder verblassen zu bloßen Zeichen der tiefsten Unfaßlichkeit, die das transzendierende Bewußtsein konstatieren, aber nicht erhellen konnte mit dem Gedanken, daß Gott seine „Gefäße" des Zorns selbst schafft und vorher bestimmt. Was ich bin als Nachtwesen: Gott schuf mich in seinem Zorn. Wo ich der Leidenschaft zur Nacht folge: Gottes Zorn wollte es. Dieser Gedanke zerfällt in sich, und es bleibt nur die Kraft des Wortes: „der Zorn Gottes".

Der Reichtum des Vielen und das Eine.

Das Eine hat einen vielfachen Sinn. Es ist im Logischen die Einheit als *Denkbarkeit*. Es ist in der Welt die *Einheit des Wirklichen*, so in der Natur wie in der Geschichte. Es ist für Existenz *das Eine*, worin sie ihr Sein hat, weil es ihr *alles* ist.

In der Metaphysik wird das Eine gesucht, sei es im Transzendieren *über* die Einheit, wie sie als Denkbarkeit ist, sei es im Ergreifen der Einheit in der Welt, sei es im Transzendieren *aus* der Einheit, wie sie als das existentiell Eine die Unbedingtheit des geschichtlichen Selbstseins ist. Die Wege kreuzen sich: sie können sich treffen zu gemeinsamem Blick; zunächst sind sie für sich.

1. **Der existentielle Ursprung des Einen.** — In der Existenzerhellung wird die Unbedingtheit des Handelns fühlbar durch Identität des Selbstseins mit dem Einen, das es im Dasein ergreift. Nur wo es für mich Eines gibt, auf das es ankommt, bin ich eigentlich selbst. Wie die formale Einheit des Gegenstandes Bedingung seiner Denkbarkeit für ein Selbstbewußtsein ist, so das gehaltvolle Eine die Erscheinung der Unbedingtheit für ein Selbstsein. Während aber die Denkbarkeit dem einen Zusammenhang der einen allgemeingültigen Wahrheit angehört, ist das existentielle Eine die Wahrheit, die andere

116

Wahrheiten außer sich hat, die sie nicht selbst ist. Es gibt kein wißbares Ganzes, worin alle aufgehoben wären, sondern die grenzenlose mögliche Kommunikation dieser existierenden Wahrheiten in einem nie ganz werdenden, von außen her nicht einmal denkbaren Sein.

Die existentielle Einheit ist erstens Begrenzung als *geschichtliche Bestimmtheit* in der Selbstidentifizierung, welche durch Ausschließlichkeit Tiefe des Seins offenbart. Zwar kann Existenz im Dasein *das Eine und auch das Andere wollen*. Sie wechselt und versucht. Sie scheitert und macht neue Versuche. Aber dies alles ist nur recht im Dasein, soweit ich nicht selbst darin bin, sondern mich seiner bediene. Wo ich *ich selbst* bin, bin ich es *nur in der Identität* mit dem, was von außen gesehen eine eingeschränkte Wirklichkeit ist. Ich bin nur, wo ich aus möglicher Existenz geschichtlich werde, mich einsenke ins Dasein. Die Abgleitung geht in die *Zerstreuung* des Vielfältigen. Wenn alles auch anders sein könnte, bin ich nicht ich selbst. Wenn ich alles will, will ich nichts; wenn ich alles erlebe, zerfließe ich, ohne zum Sein zu kommen, im Endlosen.

Einheit ist zweitens das Ganze als *Idee*. Was zu Ideen als Totalitäten in Beziehung steht, hat seine Einheit in dem relativ Ganzen dieser Idee, und wäre ohne sie bloße Vielfachheit des Zufälligen. Die Abgleitung aus der Einheit geht daher zum Teil und zu seiner Verabsolutierung, daher zur Spaltung in beliebige sich bekämpfende Gegensätze ohne Weg und Ziel.

Existentielle Einheit, die vor Zerstreuung bewahrt, und Einheit der Idee, die durch Ganzheit vor der endlosen Vielfachheit bewahrt, stehen nicht in Koinzidenz, sondern in Spannung. Ideen werden getragen von Existenzen, aber die Einheit der Existenz durchbricht eine Idee, wenn sie starr oder matt geworden ist. Ideen, als Kosmos des Geistes gedacht, geben ein Bild der geistigen Welt; vor der scheinbaren Totalität aber verschwinden dann die Existenzen, ohne die diese Welt keine Wirklichkeit hätte. Das Bild der geistigen Welt bin nicht ich selbst, wenn es das freie Schweben ideeller Ganzheiten geworden ist; es ist wohl als Möglichkeit mehr, als Wirklichkeit aber weniger als ich.

Einheit ist drittens die des existentiellen Ursprungs als *Entscheidung durch Wahl*. Der Abfall geht zum *Unentschiedenen* und Nichtentscheidenwollen. Ich komme nicht zum Sein und nicht zum Bewußtsein meiner selbst in einem nur mein Dasein schützenden Hintaumeln, in dem über mich entschieden wird, statt daß ich Faktor der Entscheidung werde.

Die Einheit des Ursprungs bedeutet also geschichtliche Bestimmtheit, ideelle Totalität, Entschiedenheit. Der Abfall geht in die Zerstreuung, die isolierende Verabsolutierung, die Unentschiedenheit.

Wird das Dasein, mit dem ich als geschichtliche Bestimmtheit, erfüllt von Ideen, entschieden identisch wurde, *absolut* für mich, so doch nicht *als* Dasein. Im Augenblick des Existentiellwerdens wird in der Geschichtlichkeit deren Transzendenz getroffen. Das Eine wird als Dasein Weg zu ihr, die Heimlichkeit des Einen die Gewißheit, zu ihr in Bezug zu stehen. Denn das Eine ist wie unbegründbar auch unaussagbar; alle Aussage trifft nur äußerliche Einheit, ist Objektivierung in der Endlichkeit. Aussage kann als bloße Objektivität in numerischer Einheit ohne das Eine sein: als Fixierung eines Endlichen, an das ich gewaltsam binde ohne Transzendenz. Das Eine ist das schlagende Herz in der Endlichkeit des Daseins, Strahl des ungewußten einen Lichts; jeder hat nur den seinen, der ihm hell wird in der Kommunikation. Wenn im Gleichnis alle Strahlen von der einen Gottheit kommen, so wird der eine Gott doch nicht zur objektiven Transzendenz für alle. Er ist jeweils nur als das Pulsieren des Einen für die im Einen transzendierende Existenz.

Nur wen das Eine nie berührt, wer die Positivität des vielfachen Daseins für das Absolute hält, die Ersetzbarkeit von allem als Möglichkeit nimmt und darüber den Tod vergißt, würde sagen können: Es sei zweckmäßig, sein Herz im Leben nicht zu sehr an einen Menschen oder eine Sache zu hängen, sondern sich einen breiten Grund in der Liebe zu vielen Menschen und vielen Dingen zu geben. Denn wenn bei dem Verlust eines Einzelnen gleich das Ganze in Frage gestellt werde, würden Tod und Zerstörung der Anderen das eigene Dasein zu sehr, ja vernichtend treffen. Man beuge vor, indem man seine Liebe verteile und nichts zu sehr liebe.

Diese immanent bleibende Denkungsart am Maßstab des Daseinszweckmäßigen ist der entschiedenste Kontrast zur Erfahrung der Transzendenz im Einen, das Existenz als Dasein, das Dasein übergreifend, mit sich identisch setzt.

2. E i n h e i t i n d e r W e l t. — Da in der Weltorientierung mir nur zugänglich wird, was ich als in sich zusammenhängendes Eines fassen kann, bleibt das nicht in den Zusammenhang einer Einheit zu Bringende in seiner Disparatheit unbegriffen. Die Forderung systematischer Einheit legt ihr Maß an die Erkenntnis im Unterschied von der bloß endlosen Sammlung von Kenntnissen. Einheit ist die dem

118

Forschenden richtunggebende Macht, welche über allen Trennungen, durch die sie selbst erst möglich ist, wacht, daß sie nicht ins Bodenlose führen.

Wenn jedoch erst dadurch, daß Einheit, Ganzheit, Gestalt in der Welt ist, systematische Welterkenntnis möglich wird, so ist doch keine dieser Einheiten als solche das Eine der Transzendenz. Die Einheiten in der Welt werden entweder zu methodischen Gesichtspunkten relativiert oder werden als sie selbst gehaltvoll durch ihren Bezug auf das Eine der Transzendenz.

Daher kann Einheit in der Welt *eigentlich wahr werden* weder als Forschungsgesichtspunkt, noch als räumliche Verflechtung in der Wechselwirkung aller Dinge, noch als Gemeinsamkeit eines Sichverstehens in rationaler Durchsichtigkeit, noch als Ordnung der menschlichen Dinge in einer universalen Staatlichkeit, noch im Bekenntnis zu einer objektiven Einheit religiösen Glaubens, sondern nur als selbst transzendent bezogen. Jede andere Einheit ist für sich eine relative, und als äußerliche eine täuschende.

3. Die Einheit im Logischen. — Denke ich Einheit, so ist sie zunächst die *numerische Eins,* durch die das Viele zählbar wird. Sie ist dann die *Einheit,* in der eine Mannigfaltigkeit des Gegenständlichen ein *Ganzes* ist, als das sie faßlich wird. Sie ist drittens die *Einheit des Selbstbewußtseins* in der sich auf sich beziehenden Persönlichkeit. Transzendenz, in keiner dieser Einheiten ihr selbst gemäß gedacht, wird als das Eine über alle hinaus gesucht, aber so, daß diese Einheiten in der Welt ihr verschwindender Aspekt bleiben.

a) Die Gottheit ist nicht *numerisch Eins;* denn dann gäbe es sogleich als denkbare Möglichkeit nicht nur den einen Gott. Denn die numerische Eins hat das Viele sich gegenüber. Die Gottheit aber kann weder die Eine noch das Viele als das im Prinzip Zählbare sein. Einheit als Zahl bleibt die immer äußerliche, weil formale Einheit.

Sollte aber die Transzendenz als die Eine und auch als das Viele gedacht werden, so muß sich die bestimmte Zahl schließen, um in einem die Zählbarkeit übergreifenden Sinne das Mehrere und das Eine zugleich zu sein. Daß unser Vorstellen mit der numerischen Einheit und Vielheit unausweichlich operiert, beide darum im Transzendieren durch die Absurdität, in der sie identisch gedacht werden, zusammenbrechen müssen, macht fühlbar, daß die Anwendung numerischer Einheit auf die Gottheit ebenso inadäquat ist wie die Anwendung numerischer Vielheit. Was im Transzendieren zum Einen der

Transzendenz über das Eine und Viele hinaus intendiert wird, muß tiefer liegen, als was eine Zahl zum Ausdruck bringen kann.

b) *Einheit* als Einheit einer Vielheit ist nicht bloß als Summe, sondern qualitativ als zur Einheit gekommene Vielheit, *Ganzheit oder Gestalt.* Diese Einheit ist nur durch Vielheit und diese Vielheit als in sich bezogen nur in dieser Einheit. Sie ist in der Welt die Einheit jedes Gegenstandes als dieses einen Dinges, etwa eines Werkzeuges, eines Lebendigen als dieses Organismus, eines Kunstwerkes. Solche Einheiten sind Gebilde, die ich gegenständlich vor mich hingestellt sehe. In dem Maße als solche Einheit mehr ist als eine endliche Übersehbarkeit, scheint sie uns als Schönheit hinzureißen zur Transzendenz dieses Einen. Aber nicht die Gottheit selbst kann diese Einheit sein. Sie würde darin nur zum Bilde einer zwar großartigen Objektivität geworden sein, zu der ich die Beziehung des bewundernden Betrachtens habe, in deren Glanz ich ruhe. Aber es fehlt, was im Dasein Einheit stört und wirklich ist als mich ergreifend und vernichtend. Denn in dieser Einheit zeigt sich nicht mehr die Transzendenz, zu der ich in Trotz und Hingabe, Abfall und Aufschwung, Gesetz des Tages und Leidenschaft zur Nacht durch unlösbare Antinomien bezogen bin.

c) Numerische Eins und Einheit eines Ganzen sind für ein Subjekt, das sie sieht und denkt, aber nicht für sich selbst. Sie wirken nicht auf sich im Bewußtsein ihres Sichaufsichbeziehens. Bewußtsein, *Selbstbewußtsein* und Persönlichkeit sind die *Einheit, die wir sein können,* die aber als Gegenstand nicht mehr logisch adäquat zu denken ist.

Die Transzendenz als Einheit kann uns nicht in einer ungenügenderen Einheit erscheinen, als die wir selbst sein können. Persönlichkeit ist insofern das Minimum, das der Gottheit als Einheit zukommen müßte. Jedoch Persönlichkeit ist nur mit anderer Persönlichkeit, die Gottheit aber nicht mit ihresgleichen. Persönlichkeit ist Existenz, noch nicht Transzendenz, sondern grade das, wofür allein Transzendenz ist.

In der Einheit der Persönlichkeit als der in ihrer Gegenwärtigkeit zugleich unergründlichen Einheit ist zu transzendieren. Dadurch erhält diese Einheit Gewicht ihres Seins und den Schimmer der sie übergreifenden Bedeutung, aber die Transzendenz wird nicht Persönlichkeit.

4. Transzendieren zum Einen. — Blicken wir auf die uns zugänglichen Gestalten der Einheit zurück, so war in jeder ein möglicher Bezug auf Transzendenz. Das metaphysische Ergreifen des

Einen selbst wurzelt im *existentiell* Einen. Der Bezug auf Transzendenz hat seinen Daseinsraum in dem *Einen der Welt und der Geschichte*. Die *logischen* Gestalten des Einen sind Ausdrucksmittel, die ihren rationalen Sinn auch ohne Transzendenz haben.

Das Eine ist nicht die eine Welt, nicht die eine Wahrheit für alle, nicht die Einheit des alle Menschen Verbindenden, nicht der eine Geist, in dem wir uns verstehen. Die Geltung des Einen in der Logik und Weltorientierung und dann das Transzendieren in diesen Einheiten hat seinen metaphysischen Sinn erst aus dem Einen der Existenz.

Die Frage ist: Warum ist die Gottheit als die Eine von solchem Zauber und hat das Eine eine Selbstverständlichkeit, als ob es gar nicht anders sein könnte? Warum ist es wie eine Beeinträchtigung und Verlorenheit, wenn die Transzendenz als Gottheit nicht die Eine wäre? Weil ich im Einen der Transzendenz mein eigentliches Selbstsein finde, und weil das Selbstsein erst vor der einen Transzendenz, und nur hier wahrhaftig, vergeht.

Wird mir als möglicher Existenz im Dasein das Eine offenbar, mit dem identisch werdend ich zu mir selbst komme, dann treffe ich aus seiner Erscheinung auf das undenkbar Eine des einen Gottes. Während alle Einheiten ihre Relativität kundwerden lassen, bleibt das existentiell Eine in seiner Unbedingtheit der Ursprung, aus dem Gott als der eine Grund der Geschichtlichkeit aller Existenz gesehen wird. In dem Maße, wie ich das Eine im Leben unbedingt ergreife, kann ich dem einen Gott glauben. Daß ich als Existenz zum Einen transzendiere in der geschichtlichen Wirklichkeit meines Lebens, ist Bedingung des Transzendierens zur einen Gottheit. Daß ich nach diesem letzten Sprung mit der Gewißheit des einen Gottes lebe, ist umgekehrt Ursprung, daß ich auch das Eine in meiner Welt unbedingt nehme. Für mich ist nur so viel Transzendenz, als das Eine in der Kontinuität meines Daseins ist.

So ist der eine Gott durch das existentiell Eine jeweils *mein* Gott. Nur als ausschließend Einer ist er nah. Ich habe ihn nicht in der Gemeinschaft aller Menschen. Die *Nähe* des Einen ist der Aspekt meines Transzendierens; aber auch die gewisseste Gegenwart ist objektiv nur eine Möglichkeit, ein Hinabreichen zu mir, die Weise allein, wie er für mich Einer sein kann. Diese Nähe hebt nicht auf, was aus der Welt an mich herantritt an fremdem Glauben und anderen Göttern für andere. Blicke ich aber auf diese Welt, so ist das Eine mir in der *Ferne* und schlechthin unzugänglich. Wenn im Einen der Existenz die eine Gottheit fühlbar wird, so tritt sie entweder in die unübertragbare, inkommunikable Nähe der Geschichtlichkeit dieses Augenblicks, oder sie tritt in die abstrakteste Unerreichbarkeit der Ferne. Niemals zwar wird sie mit mir identisch. In größter Nähe hält sie absolute Distanz. Und doch ist ihre Nähe wie Gegenwart. Dagegen ist die Ferne jenseits der zunächst zu bewältigenden Aufgabe des transzendierend zu durchdringenden Weltdaseins in seiner Ungeschlossenheit, Zerspaltenheit, Vielfältigkeit, Unbeherrschbarkeit. Erst hinaus über die Aspekte der Mächte, deren Gestalten sich im Weltdasein als Transzendenzen bekämpfen, wäre der eine Gott zu finden.

Wie der Drang zum Ganzen im Dasein auf das Andere stößt, so der Drang zur Einheit in der Transzendenz auf die Gottheit, welche nicht allen das gleiche Angesicht zeigt. Handle ich, im Blick auf das Eine meine Kraft gewinnend, gegen andere, so ist es ein Übermut, meinen Gott für den einzigen zu halten. Wahrhaftige Existenz kann über den Gott der Nähe den der Ferne nicht aus dem Auge verlieren. Sie will noch im Bekämpfen auch die Gottverbundenheit des Anderen sehen. Gott ist der meine so gut wie der meines Feindes. Toleranz wird positiv im grenzenlosen Kommunikationswillen — und bei dessen Versagen in dem Schicksalsbewußtsein des Kampfes: es muß Entscheidung sein.

Ob nah, ob fern, die eine Gottheit ist schlechthin *unerkannt*. Sie ist *als Grenze* und nur als *das Eine* absolut. Werden die *vielfachen Gestalten*, die Mannigfaltigkeit der Chiffreschrift für die Gottheit gehalten, so verfällt man der Beliebigkeit: die vielen Götter geben allem, was auch immer ich möchte, irgendwie recht. Meine Willkür geht vom Einen zum Anderen; aber das Eine, in die kleine Münze des Vielen zerstückelt, ist nicht mehr unbedingt. Gegenüber der Vielheit der Transzendenz weiß ich noch immer, daß ich sie selbst hervorbringe. Das Eine als Grenze aber ist das Sein, das in keiner Weise ich selbst bin, sondern zu dem ich mich verhalte, indem ich mich zu mir als eigentlichem Selbst verhalte. Wäre es nicht von mir verschieden, so würde ich mich nicht zur Transzendenz verhalten, sondern nur zu mir, doch ohne selbst zu sein. Einzig durch mein Sein als durch die Wirklichkeit des Einen der Existenz, das von mir abhängt, kann ich mich dem Einen öffnen, das nicht ich selbst bin.

Im ästhetisch Vielen geht mit der Einheit die Unbedingtheit verloren. Wenn das Viele auch immerhin objektiv im schönen Bilde zur gegenständlichen Einheit gebändigt ist, es zeigen sich mir sogleich auch andere schöne Bilder. Wie das Eine, das in der Existenz das jeweils Ausschließende wird, nicht für den Verstand gegenständlich bestimmbar ist, so ist der eine Gott als gegenständlich Einer unzugänglich. Um das Eine ohne Verrat zu bewahren, ist grade seine Objektivierung zu meiden. Für Wissen und Anschauen ist der Reichtum des Daseins und der Chiffren, aber er bleibt Vorbau und Spiel, wenn er nicht in konkreter Gegenwart geschichtliche Gestalt des Einen wird.

Was gewiß ist, ist das, was ich erfahre und tue: die faktische Gemeinschaft mit Menschen, das faktische innere Handeln im Sichverhalten zu sich selbst, die Handlungen, die nach außen treten. Was Gott ist, werde ich nie erkennen, seiner gewiß werde ich durch das, was ich bin.

Wie die Transzendenz des Einen nicht die allgemeine für alle ist, so bleibt sie auch nicht die absolut inkommunikable des isolierten Einzelnen, sondern wird, was tiefste Kommunikation stiftet, aber keine universale. Es ist für Existenz eine Banalisierung der Transzendenz, wenn man für die wahre Gottheit diejenige erklärt, welche die Menschheit universal verbinden kann. Die eindringendste Kommunikation ist nur in eng begrenzten Kreisen möglich. Hier allein offenbart Transzendenz ihre Tiefe in je geschichtlicher Gestalt. Was heute alle verbindet, ist nicht mehr die Gottheit, sondern sind Daseinsinteressen und Technik, Rationalität des allgemeingültigen Verstandes und allgemeinmenschliche Triebhaftigkeit tiefsten Niveaus oder gewaltsame Utopien einer Einheit, oder die negative Einheit einer Bereitwilligkeit zur Toleranz im Miteinandersein des sich gegenseitig nichts angehenden Wesensverschiedenen. Im Universellsten als der Transzendenz zu leben, heißt diese selbst verlieren. Vielmehr wird das Eine im Dasein zur Erscheinung nur durch Ausschließen. Die Visionen der einen Welt und Transzendenz für alle zerrinnen vor der wirklichen Kraft der Existenz in den Grenzsituationen des Kampfes, in der sie erst die Transzendenz als die ihre zu eigen machen muß, um aus echter Kommunikation dann in die geschichtliche Weite möglicher Einheit mit Allen zu greifen.

5. Polytheismus und der eine Gott. — Das Viele will sein Recht. Ursprünglich ist überall der Polytheismus. Er hat seinen im Dasein unaufhebbaren Sinn. Denn für Existenz im Dasein ist die Erscheinung der Transzendenz in immer verschwindender und darum unabsehbar mannigfaltiger Gestalt möglich. Aber gleich ursprünglich

wurde mit dem Polytheismus die Gottheit als Eine vorgestellt, nicht im Alltag und nicht im Kult, nur im Hintergrund und nicht im existierenden Bezogensein auf sie als gegenwärtige Gottheit. Der mythische Allvater der Naturvölker; bei den Griechen das allen Personifizierungen und Bestimmtheiten zugrunde liegende, sie übergreifende und in ihnen nur vertretene Göttliche überhaupt als ϑεῖον; das Zusammenbringen der Götter zu einheitlichen Gruppen, zum Götterstaat, der einen obersten Gott hat; schließlich der eine Gott, der nicht bloß der oberste, nicht bloß der eine, neben dem andere Völker andere Götter haben, sondern der einzige allbeherrschende Gott ist: der durch philosophische Vernunft gedachte eine Gott der griechischen Philosophie und der ursprünglich ohne alle Philosophie in der Einsamkeit der Seele erfahrene Gott der jüdischen Propheten — das sind historische Gestalten dieses Einen, wie es sich im geschichtlichen Prozeß aus dem Polytheismus befreit.

Die schlichten *Vorstellungen von dem Einen Gott*, an den ich mich wende — ob er sich mir offenbart oder verbirgt —, sind als ausgesprochene wieder naiv. Die Vorstellung wird eine bestimmte der Gottheit als allmächtiger, allgegenwärtiger, allwissender, als liebender und zorniger, als gerechter und gnädiger usw. Ohne Vorstellung oder ohne Gedanken ist aber die Gottheit nicht einmal für unser Nichtwissen. Wenn es wahr ist, daß das Nichtwissen der Ausdruck existentieller Beziehung zur Gottheit ist, so ist es auch wahr, daß die Gottheit der Existenz in Gestalt von verschwindenden Vorstellungen und Gedanken zur Erscheinung kommt.

Offenbar aber kann der Gedanke nicht dabei stehenbleiben, den einen Gott als den *absolut einen*, in sich ruhenden zu denken, der nichts außer sich hat, das nicht er selbst ist: denn es ist die Welt, ich selbst bin und bin frei in der Möglichkeit zu Trotz und Hingabe, zu Abfall und Aufschwung; ich erfahre die Transzendenz nicht nur im Gesetz des Tages, sondern im Dunkel der Nacht; es steht das Viele gegen das Eine auf, die Mannigfaltigkeit der Daseinswelten gegen die Einheit der menschlichen Geschichte. Aber es ist ebenso unmöglich, das Viele als solches zum Sein zu machen. *Das Viele wird in die Gottheit selber aufgenommen*, um aus der Antinomie den Aufschwung in das wahre Sein zu finden.

Hier aber entstehen Gedanken und Vorstellungen, die, klar gedacht, reine Absurditäten, in geschichtlicher Concretion signa des tiefsten, unwißbaren Geheimnisses werden. Die eine Gottheit soll gleichsam in einen Prozeß ihres Werdens treten, unbeschadet ihrer Einheit eine Vielheit zulassen. Die *Trinitätslehre* denkt die *Einheit* Gottes im *Unterschied* seiner selbständigen Personen, die *Gleichheit* der drei Personen trotz *Abhängigkeit* des Sohnes vom Vater und des Geistes von beiden, das ewige *Sein* trotz des *Werdens* in der Zeugung von Sohn und Geist. Wird der Gedanke auf der inadäquaten Ebene der Zahl gedacht, so wird in ihm der Glaube gefordert, daß eines gleich drei sei. Diese Absurdität wird nicht gehoben durch das Gleichnis des persönlichen Selbstbewußtseins, in dem ich mich spalte und zu mir zurückkehre, um mich sofort neu zu spalten und in einem Kreisprozeß mein in der Ruhe dieses Sichschließens stets unruhiges Dasein zu haben; ich selbst bin einer und drei. Denn in diesem Gleichnis wird die Einheit des Selbstbewußtseins als Weg des Transzendierens hinzugenommen; dieses aber ist nur mit anderem Selbstbewußtsein, und die Absurdität bleibt in der Gestalt, daß eine Person drei Personen, und drei selbständige doch nur eine sein sollen.

Es sind grübelnde Gedanken, die wahr sein können, solange in Unmöglichkeiten transzendiert wird, unwahr aber, wenn sie als Glaubensinhalte fixiert werden.

6. Transzendenz der einen Gottheit. — Der eine Gott, gedacht in notwendige Absurditäten führend, in deren Transzendieren ich ihn spüren soll, ist in existentiellem Bezug die Hand, die mir erwidert, wo ich wahr und eigentlich ich selbst bin. Er ist der nahe Gott, der mir bei dem fernen Recht verschafft. Das kindliche Frommsein ist ein Überspringen aller Problematik und aller Chiffren und durch beide unzerstörbar: in ihm ist Vertrauen und kein Fragen mehr — wo ich im Aufschwung bin, und wo ich dem Gesetz des Tages folge, wo ich in der Welt bleibe, und wo ich zustimme, was die Gottheit auch schicken möge.

Dieser Gott kann durch das Bewußtsein von seinem Sein die Sterblichkeit ertragen lehren. Mag Unsterblichkeit in einer Verwandlung bleiben als Seinsbewußtsein im Aufschwung: der Schmerz, daß in der Welt alles, was ich liebe, und ich selbst restlos sterblich bin, dieser Schmerz wird anerkannt und ohne Täuschung ergriffen. Die Kraft dazu aber ist möglich angesichts der Ewigkeit des einen Gottes, der ist, wenn er sich auch unzugänglich verbirgt.

Dann löst sich die Verzweiflung der Nichtigkeit des Menschenlebens im Aufschwung. Daß das Sein des Einen ist, ist genug. Was mein Sein ist, das als Dasein restlos vergeht, ist gleichgültig, wenn ich nur im Aufschwung bleibe, solange ich lebe. In der Welt gibt es keinen wirklichen und wahrhaften Trost, der mir die Vergänglichkeit von allem und meiner selbst verständlich und ertragbar erscheinen läßt. Statt des Trostes ist das Seinsbewußtsein in der Gewißheit des Einen.

In der Gewißheit des Einen weiß der Mensch, daß das Eine *Wahrheit will*. Die Schrecken, die durch Angst des Menschen und deren priesterliche Deutung in aller Welt verbreitet wurden, die Höllenängste wegen einer möglichen Beleidigung Gottes fallen hinweg, wenn ich wahrhaftig wahr bin. Gott will keine Täuschung. Alles, was in dieser Welt erscheint, und gebe es sich für Stellvertreterschaft Gottes aus, unterliegt der Frage, wie es wirklich sei, wie es entstand, was und wie es wirke. Ich beleidige Gott nicht, wenn ich irgendein Gotteswerk — so sei alles, was Welt ist, einen Augenblick genannt — unerbittlich durchforsche. Jener eine Gott ist für mein naives Bewußtsein im Hintergrund, in einer kindlichen Vorstellung — denn Kind bleibt, wer eigentlich Mensch bleibt —, wenn ich Gott in der Welt fragwürdig finde, wenn ich trotze, und wenn ich im Dunkel der Leidenschaft zur Nacht Gottes Zorn erfasse. Wahrheit bleibt, daß Gott als der Eine nicht erkennbar ist in der fragwürdigen und zerspaltenen Welt; in ihr bietet er so viele von meiner Wahrhaftigkeit anerkannte Aspekte, daß das Eine immer wieder zu versinken scheint.

Der eine Gott ist blaß, sofern ich ihn denke. Er ist als Gedanke gar nicht zwingend. Alles spricht gegen ihn. Er ist unter Überspringen aller Zwischenglieder nur wie in einer Antizipation erfaßt. Daher ist die kindliche Vorstellung allein angemessen; sie am wenigsten kann als sinnliche Wirklichkeit in täuschender Objektivität genommen werden.

Aber der eine Gott ist der Grund, in dem ich nach allen Zweifeln den Widerhall finde für meinen guten Willen, für mein Sein im Tage; der mir in meiner Einsamkeit naht, und doch nie da ist.

Wenn er mir als Grenze fühlbar ist, so steht er über aller Relativität und trägt die echte Kommunikation. Er scheint nichts für sich zu verlangen, als was wahre Existenz für sich selbst im Aufschwung in Kommunikation mit anderer Existenz ist, nicht Preis, Kultus, Propaganda. In der Welt begegnet mir nur Existenz. Gott ist nicht in der Welt als er selbst.

Gebet ist eine in die Verborgenheit einbrechende Zudringlichkeit, die der Mensch in höchster Einsamkeit und Not wagen mag, die als tägliche Gewohnheit und geformte Sitte eine fragwürdige Fixierung ist, der sich Philosophie versagt. In der alltäglichen Sicherheit der Gottesnähe würde die Gottesbeziehung ihrer Tiefe beraubt, die sie im Zweifel hat; die Überweltlichkeit würde aufgehoben, eine von der Existenz zu leicht befundene Ruhe und Zufriedenheit gewonnen. Denn die Verborgenheit Gottes scheint zu fordern, daß der Mensch sich quälen soll in Zweifeln und Nöten.

Die Hilfe der Gottheit hat für Existenz nicht den Charakter, daß sie auf meinen Anruf etwas herbeiführen oder verhindern würde. Sie zeigt sich in der Chiffre und bleibt doch verborgen. Die Chiffre, in der sie sich am unmittelbarsten und entschiedensten zeigt, ist mein eigenes Handeln. Gebet aber als Vergewisserung des absoluten Bewußtseins in seiner transzendenten Bezogenheit ist inkommunikable, auf keine objektive Form zu bringende existentielle Gegenwart in seiner je geschichtlichen Einmaligkeit — als Aufschwung zum Einen.

Jedoch schon solche Worte sind *zu viel*, wenn sie als Ausdruck endgültiger Ruhe gelten. Der Aufschwung zum Einen würde zu einer *Geborgenheit*, in der ich die Daseinswelt in ihrer endlosen Vielfältigkeit, ihrer Fragwürdigkeit und Vieldeutigkeit liegen lasse; in dieser Untreue gegen die Welt entzöge ich mich der Wirklichkeit zu erleichternder Harmonie. Denn das Eine ist *wie eine Gottheit, die fremd in diese Welt kommt* und mir hilft, sofern ich aus dem existentiell Einen mich ihr einig fühle. Aber ihre Nähe, die zu mir aus einer anderen Welt zu kommen scheint, darf mich ihre Ferne nicht vergessen lassen, durch die diese Welt in ihrer Zerrissenheit ist, was sie ist.

Das Eine, höchster und letzter Zufluchtsort, kann *zur existentiellen Gefahr* werden, wenn es nicht aus der Wirklichkeit in der ganzen Spannung möglicher Existenz ergriffen ist. Es ist nur wahr auf dem Grunde, aus dem es getroffen wird: der Unbedingtheit des Einen im Dasein der Existenz. Nie wird es eine dauernde Ruhe, mit der alles Frühere überwunden wäre. Aus der Einigung mit meiner Transzendenz muß ich im Dasein wieder heraustreten und finde zurück zum Trotz, zu den Möglichkeiten von Abfall und Nacht und zum Vielen — dieser Weg muß wiederholt werden, solange ich im Zeitdasein bin. Denn alle Ruhe verwandelt sich schnell in den Glückswillen bloßen Daseins, das sich nicht stören lassen möchte.

Viertes Kapitel.

Lesen der Chiffreschrift.

Erster Teil.

Das Wesen der Chiffren.

Die metaphysische Gegenständlichkeit heißt Chiffre, weil sie nicht als sie selbst die Transzendenz, sondern deren Sprache ist. Sie wird als Sprache nicht vom Bewußtsein überhaupt verstanden oder auch nur gehört, sondern Art der Sprache und die Weise, wie sie anspricht, sind für mögliche Existenz.

Die drei Sprachen.

Wahrer Gehalt als *unmittelbare Sprache der Transzendenz* ist nur dem absoluten Bewußtsein der Existenz gegenwärtig; die Sprache wird von dem Einzelnen im Augenblick geschichtlicher Einmaligkeit vernommen. — Die *Mitteilung* dieser Sprache aber geht den Weg einer Verallgemeinerung, in der auch der ursprünglich Hörende sie erst versteht. Diese *zweite Sprache* einer anschaulichen Mitteilung unter Existenzen löst von jenem Ursprung und macht als Erzählung, Bild, Gestalt, Gebärde zu einem übertragbaren Inhalt, was inkommunikabel schien. Was ursprünglich Sprache der Transzendenz war, wird gemeinsam und kann vermöge der Überlieferung dieser zweiten Sprache in Rückbeziehung auf den Ursprung sich wieder erfüllen. — Richtet sich schließlich auf diese nur anschauliche Sprache der Gedanke und dringt durch sie hindurch auf ihren Ursprung, so faßt er in die Form metaphysischer Spekulation, was zwar unerkennbar ist, aber im Denken eine *dritte Sprache philosophischer Mitteilung* wird.

1. Unmittelbare Sprache der Transzendenz (erste Sprache). — Vom Sein ist zu erfahren in den Chiffren des Daseins. Erst die Wirklichkeit offenbart die Transzendenz. Von ihr ist nicht im Allgemeinen zu wissen; sie ist nur geschichtlich aus der Wirklichkeit zu hören. Erfahrung ist die Quelle wie vom empirischen Wissen so von Vergewisserung der Transzendenz.

Erfahrung ist als *„Sinneswahrnehmung"* das Gegenwärtighaben der Sache als eines räumlich-zeitlichen Gegenstandes. Sie ist als *„Erleben"* im Dasein, das seiner selbst inne wird. Sie ist als *„Erkenntnis"* die methodisch ausgebildete deduktiv-induktive Forschung in ihren jeweiligen Ergebnissen; als solche ist sie ein Versuchen dessen, was ich machen und was ich voraussagen kann. Sie ist als *„Denken"* das Vollziehen von Gedanken in ihren Folgen für mein Bewußtsein. Sie ist als *„Einfühlen"* ein Spüren des Ganzen einer gegenwärtigen Wirklichkeit in ihren Situationen mit dem Kriterium, darin das für Andere und für mich selbst Entscheidende treffen zu können. Auf dem Grund aller dieser Erfahrungen *wird* erst *metaphysische Erfahrung*. In ihr stehe ich vor dem Abgrund; ich erfahre den trostlosen Mangel, wenn die Erfahrung bloße Daseinserfahrung bleibt; in ihr ist erfüllende Gegenwart, wenn sie transparent und damit zur Chiffre wird.

Diese metaphysische Erfahrung ist das Lesen der ersten Sprache. Sie zu lesen ist nicht ein Verstehen, nicht ein Erschließen des Zugrundeliegenden, sondern ein wirkliches selbst dabei sein; nicht rationale Vergewisserung, sondern über diese hinaus eine Durchsichtigkeit des Seins im Dasein, die in primitivster Unmittelbarkeit der Existenz anhebt und in höchster Vermittlung durch Denken doch nie dieses, sondern durch es eine neue Unmittelbarkeit ist.

Die metaphysische Erfahrung entbehrt jeder Nachprüfbarkeit, die sie zu einer gültigen für jedermann machen könnte. Sie wird zur Täuschung, wenn ich meine, daß ich sie im Bewußtsein überhaupt beliebig herbeiführen und haben kann, wenn sie als Wissen behandelt wird, aber auch wenn ich sie leichtfertig als bloß subjektives Gefühl behandle. Es ist in ihr eine andere Seinsweise, als das nur positive

130

Dasein ist, ergriffen. In ihr ist eine Seinsübersetzung aus bloßem Dasein in Ewigkeit, zu der kein Wissen dringt.

War im Erfahren der Weltdinge, des Erlebens und Denkens als solchem ein Nichtwissen die negative Grenze, so wird jetzt das Nichtwissen erfüllt in der Rückkehr zur gegenwärtigen sinnlichen Wirklichkeit, aber nicht als Daseinsinhalt, sondern als Chiffre. Suche ich das Sein der Transzendenz, so will ich daher alle nur mögliche Erfahrung als leibhaftige, selbst zu verwirklichende, um in ihr Transzendenz offenbar werden zu lassen. Die Wißbegierde zu sehen, was sichtbar ist, zu tun, was möglich ist, ist zwar noch existentiell blind, aber sie ist der Antrieb, den Weg zum Sein zu finden. Über die Mannigfaltigkeit des dem Wissen Zugänglichen hinaus führt der Eintritt in die Welt durch Ergreifen der Aufgabe des Verwirklichens als der Bindung an Verantwortung. Dieser Eintritt, durch ein aufweisbares Endziel nie genügend zu begründen, ist von dem tieferen Impuls getrieben, zur Selbsterfahrung eigentlichen Seins zu kommen — sei es im Ergreifen, sei es im Sichenthalten und Begrenzen. Ich will an das Wirkliche stoßen unter Aufhebung der Möglichkeit. Von Möglichkeiten erfüllt schreite ich zur Wirklichkeit, selbst einzeln und begrenzt werdend, weil ich dahin kommen will, wo keine Möglichkeit mehr ist, sondern das entschieden Wirkliche, das nur ist, weil es Sein schlechthin ist. Dieses kann mir im Zeitdasein nie selbst begegnen. Aber seine Chiffre zu lesen, wird der Sinn allen anderen Tuns und Erfahrens.

Die erste Sprache zu lesen, *fordert Erfahrung*. Nicht der abstrakte Gedanke, sondern die Chiffre in geschichtlicher Besonderheit der Gegenwart offenbart das Sein. Nicht eine metaphysische Hypothese, in der ich erschließe und errechne, was das Sein sein könne, zeigt es mir, sondern die Leibhaftigkeit der Chiffre, über die ich nicht hinausdenke, weil in ihr das Sein leuchtet. Aber was Erfahrung sei, ist vieldeutig. Der apriorische Gedanke selbst wird eine Erfahrung. Die Forderung der Erfahrung richtet sich nur gegen den leeren Gedanken, nicht gegen die Seinserfahrung in der Chiffre des faktisch sich vollziehenden substantiellen Denkens.

Erfahrung der Transzendenz ist, je allgemeiner sie wird, um so blasser, dagegen um so entschiedener, je mehr sie den Gipfel eines nur hier und jetzt sich Erfüllenden erklimmt. Naturerfahrung z. B. wird zum Lesen der Chiffreschrift mit der Zunahme der Deutlichkeit des ganz Individuellen: wo ich die konkreteste Kenntnis der kleinsten Wirklichkeit in der Gegenwart des Ganzen einer Welt gewinne.

2. Die in der Mitteilung allgemein werdende Sprache (zweite Sprache). — Im Widerhall der Sprache der Transzendenz, welche nur in der Unmittelbarkeit augenblicklicher Gegenwart vernehmbar ist, werden die Sprachen als Bilder und Gedanken geschaffen, welche das Gehörte mitteilen sollen. Neben die Sprache des Seins tritt die Sprache des Menschen.

Die objektiv gewordenen Gestalten der Sprache metaphysischen Gehalts haben drei anschauliche Formen. Sie treten auf als *„sondergestalteter Mythus“*, als *„Offenbarung eines Jenseits“*, als *„mythische Wirklichkeit“*:

a) Die griechischen Götter sind nicht transzendent, sondern noch in der Wirklichkeit. Erst das philosophische Transzendieren von Xenophanes bis Plotin dringt über die Welt und diese Götter hinaus, die, ein *Mythus in der Wirklichkeit*, von der anderen Wirklichkeit verschieden sind. Die Götter können dem Menschen in der Welt begegnen; denn sie sind als Gestalten Wirklichkeit neben der empirischen Wirklichkeit. Das wirkliche Meer ist uns Chiffre eines Unergründlichen; in der Gestalt von Meeresgöttern als sprechenden Symbolen wird es *sondergestalteter Mythus*.

Mythen erzählen Ereignisse, welche Grund und Wesen des Daseins bestimmt haben sollen. Sie führen zur Lösung existentieller Spannungen nicht durch rationale Erkenntnis, sondern durch Erzählung einer Geschichte. Mythen enthüllen in neuen Verhüllungen und bleiben als wirkende Gestalten. Diese sind anonyme Schöpfungen von Jahrtausenden. In übermenschlicher Welt sieht der Mensch, was er selbst ist. Als Tat göttlichen Wesens schaut er an, was er als eigenes Sein und Tun noch nicht in seine Reflexion erhebt, aber faktisch unter die Bestimmung des Geschauten stellt. Die Bedeutung des Mythus wandelt sich. Er ist kein eindeutiges logisches Gebilde und nicht ausschöpfbar durch Deutung. Die ewige Wahrheit des doch immer geschichtlichen Mythus bleibt, auch wenn er als Mythus erkannt und unterschieden ist. Der Sinn der Mythen aber enthüllt sich nur dem, der noch an die Wahrheit glaubt, die in ihnen ihre eigentümliche und als solche verschwindende Gestalt gewann. Deutet man sie, so entsteht immer eine falsche Vereinfachung, ihr geschichtlicher Gehalt geht verloren und die Deutung wird zu einer Verschiebung, weil wie wißbar notwendig aussieht, was als notwendig in ihnen gar nicht erkannt sein soll.

b) Der Mythus einer *jenseitigen Welt* entwertet die empirische

Wirklichkeit zu bloß sinnlichen Inhalten, zu einem eigentlich Nicht-seienden. Aber das Jenseits tritt darin auf, tut Zeichen und Wunder. Ein übersinnliches Ganzes öffnet sich. Statt in der Wirklichkeit mit ihr als göttlicher vertraut zu werden, dringt Existenz in ein Jenseits der Wirklichkeit als andere Welt und eigentliches Sein, welches ihr durch *Offenbarung* vermittelt ist. Diese ist entweder historisch fixiert, wiederholt sich nicht, sondern geschieht als ein einziges umfassendes Weltdrama in der Folge einmaliger Akte, wenn jeweils die Zeit erfüllt ist, bis mit der Vollendung der Offenbarungen in göttlichem Wort und göttlicher Tat die Welt aufhören kann. Oder es finden wieder-holte Offenbarungen statt, das Weltdrama ist nicht in der Ökonomie eines Ganzen geordnet. Endlose Weltperioden lösen sich ab. Zwar wird der Weg geöffnet, aus dem Dasein endgültig sich zu erheben, aber wann und ob es für alle und alles gelingt, ist dunkel.

c) Ist die *Wirklichkeit* selbst zugleich *mythisch*, so ist das Wirk-liche weder entwertet noch durch objektive Sondergestalt ergänzt. Das Wirkliche wird als Wirkliches zugleich in der Bedeutung ge-sehen, die ihm Transzendenz verleiht. Es ist weder die einfache empi-rische Wirklichkeit des Erforschbaren (sondern als Wirklichkeit alles Erforschbare übergreifend), noch ist es Transzendenz ohne empirische Wirklichkeit. Als ganz gegenwärtig ist sie bis ins letzte wirklich und transzendent zugleich. Van Gogh werden Landschaft, Dinge und Men-schen in ihrer faktischen Gegenwart zugleich mythisch; daher die einzigartige Kraft seiner Bilder.

Wenn ich in sinnlicher Gegenwart nicht zugleich existierend in ihr als einer Transzendenz lebe, ist die Sehnsucht erweckt, die so merkwürdig ist, weil sie nach dem sucht, was doch hier und gegen-wärtig ist. Sie strebt nicht über die Dinge hinaus in ein anderes Land, sondern muß solches Streben in ein Jenseits als Verrat ansehen, weil das existentiell Mögliche nicht im Gegenwärtigen vollzogen ist. Diese Sehnsucht ist nicht das nervöse Phänomen, in welchem ich die Dinge nicht als wirklich, mich selbst nicht als daseiend erfasse, den Augen-blick nicht als reale Gegenwart erleben kann. Die Sehnsucht, die in mythischer Gegenwart ihre Befriedigung fände, besteht grade trotz vollendeter sinnlicher Gegenwart als bloß empirischer Wirklichkeit in vital erfülltem Daseinsgefühl. Nicht der Mangel an Wirklichkeit, son-dern der Mangel an Transzendenz ist ihre Qual.

Durch Kommunikation mit dem Anderen, auf mich selbst und ihn als Erscheinungen ursprünglichen Selbstseins gerichtet, komme ich näher und näher, und meine Sehnsucht wächst, um sich allein in jenen Augenblicken zu erfüllen, für die kein Tod mehr ist. Einem Menschen empirisch nah zu sein, und darin seine Sehnsucht nur zu steigern, um durch die empirische Nähe ohne imaginäres Jenseits mit ihm transzendent verbunden zu werden und darin erst die Sehnsucht zu stillen, ist metaphysische Liebe: für sie ist mythische Wirklichkeit.

3. Die spekulative Sprache (dritte Sprache). — Wenn der Gedanke die Chiffreschrift sich deutet, kann er offenbar weder die Transzendenz als das Andere erkennen, noch die Weltorientierung als Wissen vom Dasein als Dasein erweitern. Er denkt jedoch, seinem eigenen Formgesetz gehorchend, notwendig in Gegenständlichkeiten. Er *liest die ursprüngliche Chiffreschrift,* indem er eine *neue schreibt:* er denkt die Transzendenz nach *Analogie* mit dem ihm anschaulich und logisch gegenwärtigen Weltdasein. Das Gedachte ist selbst nur Symbol als eine Sprache, die nun mitteilbar geworden ist. Sie ist auf vielfache Weise zu sprechen.

Entweder halte ich die Wirklichkeit als solche im Auge. Es wird überall an sie die Frage gestellt: warum ist dieses? Aber nicht als die rationale Frage in der Weltorientierung, die nach der Ursache forscht, sondern als die transzendierende Frage, welche keine Antwort will, weil sie diese als unmöglich erkennt; sie will das Wirkliche zur vollen existentiellen Gegenwart bringen, es gleichsam durchdringend: *so ist das Dasein, daß dieses darin möglich ist; so ist das Sein, daß dieses Dasein möglich ist.* Im Verwundern, im Haß, im Schaudern und Verzweifeln, in Liebe und Aufschwung wird gesehen: *so ist es.* Es ist eine Weise des Erfassens des Seins im Dasein, die, von der forschend erkennenden Weltorientierung wesensverschieden, doch nur in deren Material möglich ist. Die Mitteilung kann zwar, da sie sich ausschließlich im Wirklichen bewegt, verstanden werden auch ohne Transzendenz, so die Naturbeschreibung als Wiedergabe des im Raume Vorkommenden, die Geschichtsdarstellung als eine Form zusammenfassender Mitteilung empirischer Forschungen über die menschliche Vergangenheit. Aber wenn in ihnen die Sprache eines transzendierenden Erfassens spricht, sind sie Medium metaphysischer Mitteilung, ohne daß es für den Verstand entscheidbar wäre, ob sie es sind. Denn es ist hörbar nur für die selbst transzendierende Existenz.

Oder ich spreche ausdrücklich vom eigentlichen Sein der Transzendenz. Was es sei, wird in Analogie zu bestehendem Sein, zum Selbstsein, zum Geschichtlichsein gedacht. Es rundet sich ein Ganzes in

134

einem Gedankenbilde. Aber der Gedanke ist auch in der Ausbildung zu einem *metaphysischen System* nur Denksymbol, nicht Erkenntnis der Transzendenz. Er ist selber Chiffre, eine Möglichkeit, gelesen zu werden, daher nicht mit sich selbst identisch, sondern er selbst erst im jeweiligen Angeeignetsein.

Oder ich halte mich an das Dasein, das ich selbst in meiner Welt bin, um den Weg zum Sein der Transzendenz zu finden. In Gedankengängen, die unter dem Namen der *Gottesbeweise* ein Lehrgut sind, vergewissere ich mich des Seins in faktischer Korrelation zu der Substanz meiner selbst, durch welche die an sich als Erkenntnis gleichgültigen, leicht zur logischen Spielerei entarteten Gedanken eine existentielle Überzeugungskraft gewinnen, die ihnen als objektiven Beweisen gänzlich mangelt.

Oder ich ergrüble in *transzendierender Erinnerung und Voraussicht* Ursprung und Ende.

Diese und andere Weisen analogischen Denkens der Transzendenz in der Chiffre von Denksymbolen sind in einem, was *Spekulation* heißt: weder Erkennen eines Gegenstandes, noch Appell an Freiheit durch existenzerhellende Reflexionen, noch ein kategoriales Transzendieren, das nichts ergreift, aber befreit, noch eine Interpretation existentieller Bezüge zum Transzendenten, sondern ein kontemplatives Sichversenken zur Berührung mit der Transzendenz in selbstergriffener, ergrübelter, gestalteter Chiffreschrift, welche sie als metaphysische Gegenständlichkeit vor den Geist bringt.

Spekulation ist ein Denken, das kontemplativ bei der Transzendenz zu sein versucht; sie wurde darum von Hegel *Gottesdienst* genannt. Da sie aber ohne Ergebnis, das Erkenntnis wäre, bleibt, wurde sie von F. A. Lange als *Begriffsdichtung* charakterisiert. Sie ist in der Tat wesensverschieden von allem anderen Denken, das sie für sich voraussetzt, benutzt und auflöst. Sie läßt es verdampfen in der eigenen denkenden Bewegung, die keinen Gegenstand als einen festen behält. An Stelle der stets verschwindenden Gegenständlichkeit setzt sie eine gegenstandslose Funktion und verwirklicht im eigentlichen Dabeisein das absolute Bewußtsein des so Denkenden. Daher ist sie nicht schon zu verstehen in den Denkakten des Verstandes, sondern durch diese nur im Gegenwärtigwerden des darin zu gewinnenden Absoluten. Sie ist ein Denken, das denkend über das Denkbare hinaustreibt, Mystik für den Verstand, der erkennen möchte, Helligkeit für ein Selbstsein, das darin transzendiert.

Aber Spekulation wird mit Unrecht *Gottesdienst* genannt. Sie ist nur ein Analogon des Kultus in der Philosophie. Es ist ihr mit diesem Namen zuviel gegeben, denn sie kommt nur zu Chiffren, nicht in eine reale Beziehung zur im Gebet angesprochenen Gottheit des echten Kultus. Durch den Namen wird der Sprung verschleiert, der zwischen diesem und dem Gedankenspiel der Metaphysik besteht.

Trotzdem trifft auch der Name *Begriffsdichtung* nicht, wenn damit die Unverbindlichkeit dieses Spiels gemeint wäre. Einer unverbindlichen ästhetischen Kunst des l'art pour l'art würde die ebenso unverbindliche Metaphysik der Welthypothesen entsprechen, welche eine nur rationale Richtigkeit und abschätzbare Wahrscheinlichkeit erstrebt, wie die Kunst einer vermeintlich aus sich lebenden ästhetischen Sphäre die Richtigkeit einer Form. Aber auch die Kunst, wo sie eigentlich ist, ist nicht unverbindlich. Sie spricht vielmehr selbst als Chiffre. Begriffsdichtung ist jedoch trotz dieser Analogie der Spekulation zur Kunst als anderer Sprache der Transzendenz ein irreführender Name, da er das Spezifische beider in eins vermengt: die *anschauliche* und die *gedankliche* Aufhellung absoluten Bewußtseins.

Da Spekulation immer nur bei einer Chiffre ist, so kann ihr keine Seinsgestalt als solche die Transzendenz werden. Dieser ist sie in ihrem Symbol nur *näher und ferner*. Sie hat ihre als Chiffreschrift sprechende Welt nicht auf einer gleichmäßigen Ebene. Die Tatsächlichkeit des Positiven, die sie akzentuiert, ist fern als Ausläufer des Seins in mir fremdem Dasein, sie ist näher als das mich von außen entscheidend Ergreifende, sie kommt am nächsten in dem, was ich selbst tue. Die Seinsregionen des Daseins — in den Kategorien übersichtlich werdend —, sind nicht von gleicher Relevanz im analogischen Denken der Spekulation. Keine trifft auf gleiche Weise wie die andere als Chiffre das Sein, keine trifft es eigentlich und ganz.

4. Immanenz und Transzendenz. — Sein ist für uns, sofern es im Dasein zur Sprache wird. Ein bloßes Jenseits ist leer und so gut, als ob es nicht wäre. Daher fordert die Möglichkeit der Erfahrung eigentlichen Seins *immanente Transzendenz*.

Diese Immanenz aber hat einen offenbar paradoxen Charakter. *Immanent* ist grade in *Unterscheidung vom Transzendenten* im Bewußtsein überhaupt das für jedermann übereinstimmend Erfahrbare, die Welt. Immanent ist dann die *existentielle Gewißheit des Selbstseins*, welches zwar keinem Bewußtsein überhaupt mehr zugänglich, aber sich selbst gegenwärtig ist im *Unterschied vom Sein der Tran-*

136

szendenz, das für Existenz als das ist, worauf als eigentliches Sein sie sich bezieht. Wird aber das Sein der Transzendenz der Existenz gegenwärtig, so nicht als es selbst — denn es besteht keine Identität von Existenz und Transzendenz —, sondern als *Chiffre* und auch so nicht als Gegenstand, der dieser Gegenstand ist, sondern gleichsam *quer zu aller Gegenständlichkeit*. Die immanente Transzendenz ist *Immanenz*, die sogleich wieder *verschwand;* sie ist *Transzendenz*, die im Dasein *Sprache als Chiffre* wurde. Wie im Bewußtsein überhaupt das Experiment der Mittler zwischen Subjekt und Objekt ist, so die Chiffre zwischen Existenz und Transzendenz.

Die *Chiffre* ist das Sein, das Transzendenz zur Gegenwart bringt, ohne daß Transzendenz Sein als Objektsein und Existenz Sein als Subjektsein werden müßten. Es ist vielmehr der Abfall vom Ursprung echter Gegenwart in die Sphäre des Bewußtseins überhaupt, wenn die Transzendenz in gedeuteter Chiffre als gekanntes Sein Objekt wird, oder wenn Verhaltungsweisen der Subjektivität als Organe der Wahrnehmung und des Hervorbringens metaphysischer Erfahrung aufgefaßt und gezüchtet werden.

In beiden Fällen würde die unergründliche Dialektik des Chiffreseins aufgehoben. Es bliebe ein Jenseits als Transzendenz und ein Diesseits als empirisches Erleben. Objektiv stünden Gott und Welt als fremde sich gegenüber. Die Spaltung wäre die Aufrichtung einer Kluft ohne Beziehung der Getrennten. Es bliebe ein toter Abgrund zwischen schlechthin Anderem, der zunächst durch Mittelglieder phantastisch ins Endlose spielend ausgefüllt werden könnte, dann aber, da nur die Welt allein Dasein hat, bald erlauben würde, die Gottheit und alle zwischengeschobene Phantastik zu streichen. Es gibt nur eine Welt, die ohne Abschluß und Ganzheit der Raum der unendlichen Erfahrung des Seins als Daseinsbestandes ist. Sind Immanenz und Transzendenz sich völlig heterogen geworden, so fällt für uns die Transzendenz. Nachdem Transzendenz und Immanenz als das einander schlechthin Andere gedacht sind, müssen sie vielmehr in der Chiffre als *immanente Transzendenz* ihre gegenwärtige Dialektik für uns werden, wenn nicht Transzendenz versinken soll.

Die Bewegung der Chiffre wandelt sich in den drei Sprachen:

Das ursprünglich gegenwärtige Lesen der Chiffreschrift hat keine Methode, ist ungewollt, nicht durch Plan hervorzubringen, sondern wie ein Geschenk aus dem Ursprung des Seins. Wenn es aus der Wurzel möglicher Existenz als Vergewisserung der Transzendenz in der Welt zur Helle drängt, ist in ihm kein Fortschritt des Wissens, sondern die geschichtlich wahre Transparenz des Daseins.

Methode hat nicht die ursprüngliche Erfahrung, sondern deren Mitteilung in der zweiten Sprache. In *Mythus* und *Offenbarung* geht sie den Weg, die ursprüngliche Chiffre umzusetzen zu einer spezifischen Gegenständlichkeit in Personifikationen, Visionen, visionärer Geschichte und dogmatischen Bestimmungen; diese Sprache geht als Gleichnissprache nicht verloren, wenn ihre ursprüngliche Wirklichkeit in dieser Form für uns nicht mehr erreichbar ist. Ein anderer Weg ist das Sprechenlassen des Wirklichen *als Wirklichen*, in solcher Gestaltung und Betonung, daß es als Wirklichkeit Chiffre wird; dann wird erfahrene Transzendenz durch immanente Tatsächlichkeit mitgeteilt, indirekt, verborgen für mich, solange ich nur empirisch Wirkliches sehe, offenbar für Existenz, welche darin hört, worum es sich eigentlich handelt. Die Wahrheit ginge verloren, wenn sie, in allgemeines identisches Sein für alle verwandelt, der Indirektheit der Sprache entbehren würde.

Die Mannigfaltigkeit der Symbole ist keine in sich geschlossene Welt als System eines Ganzen. In jedem Symbol schon ist als Erscheinung der Transzendenz Totalität und Einheit. Ich bin in ihm einswerdend mit dem, zu dem ich mich zugleich als auf mich selbst zurückgeworfen verhalte. Es gibt daher Unterschiede der Nähe und Ferne, aber jedes Symbol bleibt ein einziger Aspekt der Transzendenz. Während Dasein in den Beziehungen von Einem zum Anderen Bestand hat und begriffen wird, daher systematische Erkenntnis identisch ist mit Daseinserkenntnis, steht das Symbolsein quer zum Dasein. Es wahrnehmen, heißt das verschlungene Netz des Empirisch-Wirklichen und Zwingend-Gültigen durchbrechen, um gradezu vor dem Ungewußten zu stehen.

Welt und Transzendenz sind von der ersten Sprache an, auf die jede spätere sich als ihre Erfüllung bezieht, Einheit ohne Identität. Will in der *dritten Sprache* der Gedanke ihr Verständnis hervorbringen, so beginnt er als Verstand. Für den Verstand überhaupt, der auch die Transzendenz nur als Dasein auf derselben Ebene mit der Welt denken kann, ist entweder die Welt alles: die Welt ist Gott, oder es ist Welt und Transzendenz: dann sind sie zwei und die Transzendenz das jenseitige andere Dasein, das nicht hier ist. Für den Verstand gilt diese Alternative zwischen Pantheismus und jenseitiger Transzendenz; wenn aber Existenz sich der Transzendenz vergewissert, so trifft sie sie nur in Einheit mit der Welt. Da diese Einheit zugleich das gegenüber dem Dasein schlechthin Andere der Transzendenz bewahrt, ist sie weder als bloße Welt noch als reine Transzendenz zu sehen. Für das Transzendieren der Existenz ist *die Alternative des Verstandes die Abgleitung,* sei es zur transzendenzlosen pantheistischen Immanenz, sei es zur jenseitigen weltlosen Transzendenz. Im echten Transzendieren vollzieht sich die tiefste Weltbejahung, welche möglich ist, gegenüber dem Weltdasein als Chiffreschrift, weil in dieser als Weltverklärung heimlich die Sprache der Transzendenz gehört wird. In der Trennung aber wäre ohne Täuschung keine Weltbejahung möglich, denn das transparenzlose Dasein ist ohne Befriedigung in sich.

Daher sucht der Glaube *in der dritten Sprache* in der *Überwindung des Verstandes,* der den Unterschied zwischen Welt und Transzendenz entweder als absoluten fixiert oder ganz leugnet, die Dialektik zu objektivieren, welche, ursprünglich in der Chiffreschrift gegenwärtig, der Spekulation nur in der Form des in der Bewegung sich selbst aufhebenden Denkens zugänglich ist.

5. Wirklichkeit in den Chiffren. — Das Kind kann das Sein der Transzendenz im Medium der zweiten Sprache als fraglose Wirklichkeit erfahren. Es wächst sehend und handelnd mit seinem eigenen Leben hinein in die Welt, die es als die eine Wahrheit entschieden und beglückt mit seinem ganzen Wesen kennt, wenn es sie auch nur unbestimmt weiß. Dann trübt die Daseinserfahrung den frühen Blick. Es sieht nicht mehr die eine Gottbezogenheit aller, sondern schärft den Sinn für menschliche Begrenztheit, Mißbrauch, Zerstörung. Es muß um das Sein kämpfen, das ihm zu entrinnen droht und das es verlieren kann.

Während es für das Kind im ursprünglichen Erwachen keine historische Objektivität gibt, sondern nur die reine Gegenwart des Wahren und Wirklichen, wird ihm erst rückblickend in der Zersetzung seines Bewußtseins für sein von der Wirklichkeit sich schon lösendes Wissen zur überkommenen Tradition seiner besonderen Geschichtlichkeit, was ihm das wahre Sein schlechthin war. Das ursprüngliche Bewußtsein setzt sich um in ein geschichtliches Bewußtsein. Was als Wirklichkeit die Existenz begründet, sieht als Prozeß für Betrachtung wie ein typisches Geschehen aus:

Die Objektivität der metaphysischen Überlieferung zieht erst die werdende Existenz zu sich hinauf, bevor sie in der gewordenen Existenz wiederum sich auflöst. Objektivität hat als historische die Seite des Beständigen; sie vermag erst sinnvoll in Frage gestellt zu werden, wenn Existenz als einzelne zu ihrem Selbstsein kommt. Dem erwachenden Bewußtsein gab sich ein überkommener Bestand als Autorität. Der Anspruch auf Anerkanntwerden wurde schon erfüllt, bevor gefragt werden konnte. Gegen ihn wendet sich mit der sich erweiternden Weltorientierung eine Daseinserfahrung, welche dahin treiben kann, nichts zu glauben als das Endliche und Empirische. Wenn dieser Positivismus dann an seinen von ihm selbst erfaßten Grenzen zusammenbricht, kann jene zuerst nur autoritativ bestehende Objektivität neu ergriffen werden. Eingeschmolzen in die Bewegung der existentiellen Vergewisserung der Transzendenz dient sie als Funktion, in welcher der substantielle Grund zur Gegenwart kommt. Denn die Objektivität der Transzendenz in den Chiffren der zweiten Sprache kann weder aus Prinzipien erfunden noch beliebig ad hoc erdacht, sondern nur geschichtlich erworben werden. In historischer Tradition zunächst anerkannt, dann durch Fragen versucht, dann verworfen oder angeeignet, hilft sie zur Prägung der neuen Existenz. Die überlieferte metaphysische Gegenständlichkeit ist ein einziges, kostbares, unersetzliches Gut: es wurzelt in vorgeschichtlichen Ursprüngen und ist ein Erwerb der Menschheit in ihren Schicksalen durch die Jahrtausende.

Nach der großen Krisis der Reflexion ist die frühere Wirklichkeit der Chiffren der zweiten Sprache, der Mythen und der Offenbarung, nicht mehr identisch zurückzugewinnen. Sondergestalteter Mythus, Offenbarung und mythische Wirklichkeit sind gegenständliche Gehalte, deren Formen sich auszuschließen scheinen; sie kämpfen auch tatsächlich miteinander, aber im einzelnen Bewußtsein, in dem sie zueinander sprechen, obgleich sie sich abstoßen. In der Krisis ist dieser Kampf von dem Ernst, in dem es sich um mich selbst handelt; die Krisis stellt den Einzelnen auf sich, weil er die autoritative Tradition in Mythus und Offenbarung der Frage unterwirft und nun sich gegenüber sich ausschließenden Ansprüchen zurechtfinden muß. Der Kampf sinkt am Ende zur Abwehr der Möglichkeit einer täuschenden Verschleierung zusammen, wenn nur noch mythische Wirklichkeit entschieden und unzweifelhaft Sprache der Transzendenz ist; dann haben der sondergestaltete Mythus und die Offenbarung wohl noch eine relative Bedeutung als geschichtliche Erinnerung. Bewahrte Gehalte sprechen in vergangenen Gestalten, aber blasser, nicht mehr in vollendeter, selbst Wirklichkeit gewordener Gegenwart.

140

Dann wird die Frage dringlich nach der Unterscheidung von *Vorstellung der Transzendenz* und *Transzendenz*. Alle Sprache der Chiffren kann zu bloßen Vorstellungen im traumhaften Spiel versinken; es kommt aber darauf an, wo die Sprache Wirklichkeit ist. Die Wirklichkeit der Transzendenz, entschieden nur noch in der ersten Sprache, zieht gleichsam alle bloße Vorstellung in sich hinein. Vorstellungen sind fließend, in unablässigem Wandel; die Wirklichkeit der Transzendenz aber ist ohne alle Möglichkeit sie selbst in der ursprünglichen Chiffre, die zu lesen die Gestalten der zweiten und dritten Sprache dienen, wenn sie eigentlichen Sinn behalten.

Chiffre ist als Chiffre sonach nicht Transzendenz. Führt das Lesen der Chiffre zu mythischen Gestalten, mythisiere ich in der transparent werdenden Wirklichkeit der Natur und Geschichte die Ideen zu objektiven Mächten, heroisiere ich Existenzen, so vermag ich doch erst jenseits der besonderen Mythik und jeder Chiffre in den eigentlichen Abgrund der Transzendenz als Grund aller Mythik, der nicht mehr selbst mythisierbar ist, zu transzendieren.

Die Vieldeutigkeit der Chiffren.

Wenn die Chiffre jeweils die Einheit eines Weltseins und der Transzendenz ist, so hört sie auf, wenn sie als Bedeutung für ein Anderes gedacht wird. In der Chiffreschrift ist *Trennung von Symbol und dem, was symbolisiert wird, unmöglich.* Sie bringt Transzendenz zur Gegenwart, aber sie ist *nicht deutbar.* Wollte ich deuten, müßte ich, was nur zusammen ist, wieder trennen: ich würde sie mit der Transzendenz vergleichen, welche mir doch nur in ihr erscheint, aber sie nicht ist. Es wäre die Abgleitung vom Lesen der Chiffreschrift zu einem Auffassen rein immanenter Symbolverhältnisse. Lesen der Chiffreschrift ist trotz hellen Bewußtseins ein Stehen in unbewußter Symbolik: diese ist für mich nicht noch einmal *als* Symbolik wißbar. Bewußte Symbolik als das Haben von Dingen in der Welt durch Bezogenheit von einem auf das andere als das auch sonst Seiende im Sinne von Zeichen, Metapher, Vergleich, Repräsentation, Modell ist nicht Chiffreschrift. Während diese bewußte Symbolik ihre Helligkeit grade erst im Deuten bekommt, wird die unbewußte Symbolik der Chiffreschrift durch Deuten gar nicht berührt: was ein Deuten in ihr faßt, ist nicht sie, sondern eine zu bloßer Symbolik zerstörte und denaturierte Chiffreschrift. Sie wäre klar geworden wie das Symbol, dessen Bedeutung eines irgendwo Vorhandenen aufgezeigt werden könnte. Chiffreschrift aber ist als sie selbst und kann nicht noch einmal klar werden durch ein Anderes.

Symbolik überhaupt ist ein Verhältnis, mit dem und über das transzendierend das Wesen der metaphysischen Chiffreschrift *ausgesagt* wird, welche jedoch kein Verhältnis mehr, sondern Einheit im Dasein der Transzendenz ist. Über *Symbolik überhaupt* klar zu sein, ist daher Bedingung für ein entschiedenes und täuschungsloses Ergreifen der Chiffreschrift der Transzendenz.

1. Symbolik überhaupt (Seinsausdruck und kommunikativer Ausdruck). — Das gesamte Dasein ist durchdrungen von möglicher Symbolik: Mir kommt nichts vor und begegnet niemand, ohne Ausdruck sein zu können. Dieser Ausdruck ist entweder ein stummes Bestehen als ein *Seinsausdruck*, der, wenn ich frage, ohne Antwort bleibt; oder er ist *kommunikativer Ausdruck*, der mich anspricht und wenn befragt Rede steht und Antwort gibt. Der Seinsausdruck ist universal, der kommunikative Ausdruck ist beschränkt auf Personen.

Seinsausdruck nehme ich wahr in der *Physiognomik* und unwillkürlichen *Mimik* des *Menschen*. Das Wahrgenommene und der Wahrnehmende bleiben ohne Gegenseitigkeit im Austausch des Sprechens. Es ist ein nur unbewußter Ausdruck eigenen Wesens ohne Willen zum Mitteilen oder Verschlossenbleiben. Mich selbst nehme ich so in meinem Ausdruck wahr und bin mir darin fremd, wie ein Anderer. Dann erst werde ich betroffen, weil ich es selbst bin, und nun Appell an mich wird, als was ich mir in Erschrecken oder Zustimmung erscheine.

Was so wahrnehmbar ist, kann ausgesprochen werden in Feststellungen über Charakter, Stimmung, innere Haltung, Temperament eines Menschen. Diese können nachgeprüft werden durch Beobachtung des betreffenden Menschen in seinem Verhalten und durch Vergegenwärtigung seiner Biographie. Das so im Ausdruck Wahrgenommene ist etwas *Empirisches*, sofern darunter verstanden wird, was nicht nur gegenständlich erlebt, sondern in Zusammenhängen erforscht und nach Kriterien als richtig oder falsch gesehen beurteilt werden kann. Es ist darum in dem Wahrnehmen von Mimik und Physiognomik eine Seite empirischer Psychologie, weil es sich um Ausdruck eines Seins handelt, das als Dasein auch auf anderen Wegen zugänglich ist.

Auf keinem Wege aber ist selbst dieses Dasein, obgleich empirisch, ein jederzeit und für jedermann identisches. Das Wahrnehmen des

Ausdrucks ist nicht nur ein Wahrnehmen von seiten des Bewußtseins überhaupt, sondern ein *Sehen der Freiheit durch Freiheit.* Denn was hier sichtbar ist, ist abhängig von eigenem Wesen, ist im Ausgesagtsein immer noch Möglichkeit (sowohl für den Anderen als Appell, wie als solcher an mich, in eigenem Selbstwerden tiefer zu blicken). Das empirische Dasein, das durch den Ausdruck erfaßt und festgestellt werden soll, ist daher nicht schlechthin bestehend. In dem Maße, als ich es objektiviere zu einem Nurdasein, beschränke ich mit meinem Einsatz an ursprünglicher Beziehung auch meine Wahrnehmungsfähigkeit. Ich verliere den Menschen und behalte nichts als die Charakterschematik bestehender Eigenschaften. In dem Maße aber, als ich wahrhaft eindringe, wird der Ausdruck im Sprunge zur Möglichkeit in einem tieferen Sinne: ich dringe zur Freiheit, die ich als Adel und Rang gegenwärtigen Daseins sehe, bis zu dem Seinsgrund des Menschen, welcher wie eine vergangene Wahl seiner selbst vor der Zeit ist. Während für objektive Erkenntnis etwas da ist oder nicht da ist, nichts vornehmer ist als das andere, ist im Sehen des Ausdrucks Rang und Niveau Bedingung, der alles Sehen im Verstehenden und im Verstandenen unterworfen ist. Feststellung bestehenden Daseins ist nur die eine und im Sinne allgemeingültiger Erkenntnis immer auch fragwürdige, in Wahrheit nicht isolierbare Seite des Ausdrucksverstehens, das als solches vielmehr ein Dasein erfaßt, hinter dessen Bestand Freiheit steht.

In diesem Ausdrucksverstehen des *Menschen* war sowohl ein empirisches Dasein wie Freiheit getroffen, eins nicht ohne das Andere, war darum Nachprüfbarkeit eines Empirischen und Appell an Freiheit, wenn auch beides in Grenzen. Aber nicht nur der Mensch hat Ausdruck; *alle* Dinge scheinen ein Sein auszudrücken; sie scheinen gleichsam zu sprechen, haben ihren Rang und eigentümlichen Adel und ihre Verkommenheit. Diese Physiognomik allen Daseins, von uns in Natur und Landschaft, in den dunklen Wirklichkeiten auch des Menschen und seiner historischen Gesellschaft erlebt, in Liebe und Haß ergriffen, innig zu eigen gemacht oder qualvoll verworfen, unterliegt jedoch keiner Nachprüfbarkeit als empirische Wirklichkeit und kann uns nie als eine Wesenheit begegnen, an deren Freiheit wir appellieren. Sie bleibt stumm. Es enthüllt sich eine Wirklichkeit, die doch nie erkannt wird und nicht identisch für jedes Bewußtsein und nicht für mich selbst in der Folge der Zeit ist. Sie erscheint in einer Durchsichtigkeit, welche nicht fixiert werden kann, obgleich für mich in allem Dasein der Rang des Edlen und Unedlen ist, die Dinge ihren Glanz und ihre Großartigkeit haben, oder in ihrer Indifferenz mich nicht berühren, oder als das Gemeine und Häßliche abstoßen. —

Der *kommunikative Ausdruck* will im Unterschied vom bloßen Seinsausdruck mitteilen. Er allein ist Sprache im eigentlichen Sinne, von dem her aller andere Ausdruck nur gleichnisweise Sprache genannt werden kann. In ihm ist ein gemeinter Sinn als übertragbarer Inhalt, aus ihm kommt Anruf und Forderung, Frage und Antwort.

Im kommunikativen Ausdruck wird auch die *Mitteilung des eigenen ursprünglichen Symbolwahrnehmens* gesucht. In der Kommunikation mit sich selbst kommt durch die zweite Sprache zum Verständnis, was unmittelbar zwar wirklich aber nur dumpf ist. Erst die kommunikativ gewordene Symbolik ist eigentlich da. Im Widerhall des Wahrnehmenden wird die Symbolik allen Daseins nach ihrer Seite des Allgemeinen mitteilbar. Erst als reproduziert ist das ursprünglich nur Unmittelbare bewußt. Die unmittelbare Symbolik bleibt Quelle; aber sie selbst wird meistens nur wahrgenommen in dem Maße, als sie schon Sprache geworden ist; allein die Augenblicke schöpferischen Seinssehens erweitern die Sprache dadurch, daß sie sie hervorbringen.

Der *kommunikative Ausdruck* ist der umfassende, insofern durch ihn auch aller andere Ausdruck erst in mitteilbare Sprache umgesetzt wird. Der *Seinsausdruck* aber ist der umfassende, insofern der kommunikative nur eine Enklave im Dasein und selbst jeweils als das Ganze seines Daseins noch einmal wieder Ausdruck eines Seins wird, für das er dann unbewußt Symbol ist. Kommunikativer Ausdruck ist die helle Verstehbarkeit, die ihrerseits Ausdruck einer Unverstehbarkeit des Seins bleibt, wenn sie eigentlich ist und nicht losgelöst in die leere Klarheit zergeht.

2. Symboldeutung (beliebige Vieldeutigkeit). — Von der mitteilenden Sprache her wird der unmittelbare Seinsausdruck erst gleichsam eine Sprache. In der im Widerhall geschaffenen Symbolik wird seine Bedeutung erfaßt. Wird aber diese Bedeutung im *Gedanken* fixiert oder zu bestimmen gesucht, so ist jene *Symboldeutung* am Werk, die in so disparaten Gebieten wie Traumdeutung, Astrologie, Mythendeutung, Physiognomik, Psychoanalyse, Metaphysik in einer äußerlich vergleichbaren Weise geschieht. Welches dabei die erfragte Bedeutung ist, das wechselt nach der Richtung der gemeinten Symbolik: etwa in der uralten Traumdeutung die kommenden Ereignisse und Schicksale, in der Astrologie Vergangenheit und Zu-

kunft, Eigenschaften, Berufe, Glück und Unglück des einzelnen
Menschen, in der Physiognomik Charaktere — aber auch alles wech-
selweise zwischen diesen Gebieten —, in der Psychoanalyse verdrängte
Trieberlebnisse, welche in Phantasien, Träumen, Verhaltungsweisen
sich kundgeben; in deutender Metaphysik wäre es das Sein der Transzendenz. Was jeweils nur in Symbolen zur Erscheinung kommt, wird
selbst nicht mehr als Erscheinung, sondern als das Sein gemeint.
Alles wird gedeutet, sowohl die ursprünglichen Symbole wie die Symbole der Symbole. Deuten ist, seit Menschen leben, in unabsehbarer
Fülle der Gestalten und Gedanken geschehen. Darin ist ein Gemeinsames die *Endlosigkeit* und *beliebige Vieldeutigkeit:*

Wenn gesagt werden soll, was eine Bedeutung ist, so öffnet sich
die Endlosigkeit des Möglichen und Beliebigen, wenn nicht ein Wille
als Willkür Einhalt tut und beschränkend den deutenden Geist fixiert.
Ob es sich um antike Traumdeutung, um Mythendeutung, um psychoanalytische Deutung von Träumen oder um metaphysisch-logisches
Weltdeuten handelt, immer werden übersehbare Regeln und Prinzipien aufgestellt, welche im Besonderen schlechthin Alles möglich bleiben lassen und jede etwaige Gegendeutung mit in sich hineinnehmen,
alle Gegnerschaft schon vorwegnehmend deuten und als Beweis für die
eigene wahre Deutung zum Baumaterial machen. Bayle sagte: „Die
allegorischen Deutungen sind Augen des Geistes, welche man ins
Unendliche vervielfachen kann, und durch welche man in jeder Sache
alles, was man will, findet." Die Mythendeutungen belegen diesen
Satz nicht weniger als die Psychoanalyse. Die eigentümliche Sicherheit der Verfechter solcher Deutungen kommt daher, daß sie sich
unwiderleglich fühlen, aber vergessen, daß, wenn *jeder* Gegengrund
vermöge ihrer Prinzipien als Grund *für* sie verwendbar ist, ihnen
auch jede Beweismöglichkeit für ihre vermeintlichen Einsichten fehlt.
Unter den metaphysischen Gedankensystemen, welche als Chiffreschrift ihren möglichen Sinn hätten, aber als Wissen angewandt
scheinbar alles verstehen, ist Hegels Logik das großartigste Beispiel.
Deren Dialektik erlaubt es in einzigartiger Weise, jedes Gegenargu-
ment von vornherein zum Glied der eigenen Wahrheit zu machen.
Der Widerspruch ist selbst einbezogen und in jeder Gestalt begriffen
und überwunden; er kann nicht mehr von außen kommen. Die Bedeu-
tungen bedeuten sich selbst und ihr Gegenteil.

3. Symbolik und Erkenntnis. — Es ist unwahr, Symbolik für
Erkenntnis zu nehmen. Das Verfahren, das Dasein zu deuten nach

wenigen Prinzipien, welche vermöge beliebig herbeizuholender Hilfshypothesen aller Dinge mächtig zu sein scheinen, wird eintönig. Man
scheint mit ihm der tiefsten Gründe seiner selbst und der Welt Herr
zu werden und bewegt sich doch nur in einem selbstgemachten Kreise
von überall irgendwie passenden Formeln. Symbol ist als Erkenntnis
nichts. Daß eine *Symbolik durch Konvention* eine Zeichensprache
wird als technisches Mittel mannigfacher Gestalt, widerspricht dem
nicht. Die Zeichen in der Mathematik, die Modelle in den Naturwissenschaften, die Symbole in der Biologie haben ihren festlegbaren
eindeutigen Sinn *im Dienst rationaler Erkenntnis*. Aber sie sind nicht
die Erkenntnis selbst.

Metaphysisches Symbol dagegen ist ein Sein als Chiffre und in
dieser es selbst. *Wirklichsein* für empirisches Wissen ist nur als ein
Sein in Zusammenhängen und Abhängigkeiten, durch die es begriffen
wird. Genese und Kausalität zeigen, ob und wie etwas da ist. Nichts
Daseiendes ist es selbst, sondern alles in Beziehungen. *Symbolsein* als
Chiffre der Transzendenz dagegen ist nicht in Beziehung, sondern
nur gradezu für den, der seiner ansichtig ist. Es steht gleichsam quer
zur Wirklichkeit in einer Tiefendimension, in die man sich versenken,
aus der man aber nicht heraustreten kann, ohne sie sogleich ganz zu
verlieren.

Daher ist keine Symbolforschung möglich, sondern nur ein Symbolerfassen und Symbolschaffen. Die Erforschung der Sprache historisch gewordenen und gewesenen Symbolsehens ist selbst nur möglich
unter subjektiven Bedingungen im Forscher, der Symbol zu sehen und
vor aller Forschung sich ihm offenzuhalten vermag.

4. Deutbare Symbolik und schaubare Symbolik. — Sobald
man dem Bedeuten denkend nachgeht, indem man das Bedeuten von
dem, was es bedeutet, trennt, gerät man nur in das Endlose einer
universalen Symbolik. Alles kann alles bedeuten. Es ist ein Hin und
Her in einer universellen Vertretbarkeit je nach dem Gesichtspunkt,
aus dem gewisse Regeln und Schematismen gelten. *Deutbare Symbolik* ist objektiv, ihr Sinn ist auflösbar. Sie ist ein Vergleichen und
Bezeichnen, und besteht in ihrer Festigkeit nur durch Konventionen
oder durch psychologisch begreifbare Gewohnheiten.

Sobald man aber dem Symbol als Chiffre der Transzendenz sich
nähert, ist es *schaubar*. Schaubare Symbolik läßt nicht Zeichen und
Bedeutung trennen, sondern ergreift beides in Einem. Sich das Erfaßte zu verdeutlichen trennt man wohl wieder, aber nur durch neue

146

Symbolik, nicht durch Deuten von einem aus dem anderen. Es wird nur heller, was man schon hatte. Man kehrt zurück und blickt in neue Tiefe. Schaubare Symbolik als Sprache der Chiffreschrift ist nur dieser Vertiefung für eine Existenz zugänglich. Deutbare Symbolik besteht für das Bewußtsein überhaupt.

Frage ich, was denn Symbole zuletzt bedeuten, so nennt mir die *deutende Symbolik* in der Tat solch *ein Letztes:* eine Mythentheorie behauptet etwa Naturvorgänge und menschliches Tun in Ackerbau und Handwerk als das, worum eigentlich alles sich handle, Psychoanalyse die libido, Hegelsche Metaphysik die Bewegung des dialektischen logischen Begriffs. Das Letzte kann so die platte Realität sein wie der Logos. Es ist, wie auch geartet, eindeutig bestimmt. Die am Ende des vielfachen Deutens dieses Eindeutige bedeutenden Symbole aber bleiben als alles bedeutend vieldeutig und unbestimmt.

Die *schaubare Symbolik* kennt *kein Letztes.* In ihr ist eine Offenbarkeit gegenwärtig, welche wohl tiefere Erfüllung, aber kein Anderes kennt, durch das sie sich begreift. Sie ist nicht von vornherein zentriert auf das schon sonst bekannte Sein, von dem sie Erscheinung ist, sondern bleibt in ihrer Offenbarkeit, welche dem gegenwärtigen Augenblick sich öffnet, zugleich von unergründlicher Tiefe, aus der das unbestimmte Sein nur durch sie selbst leuchtet.

Diese schaubare Symbolik ohne eigentliche Deutungsmöglichkeit kann nur sein als Chiffreschrift der Transzendenz. In ihr wird das Denken, das sich als ein Deuten gibt, selbst Symbol. Im Durchschauen des Logos dringt der die Chiffreschrift lesende Blick in den Grund des Logos. Alles Deuten wird das Sprechen einer Chiffre, welche lesbar ist für Existenz, die darin das Sein wahrnimmt, das sie als ihre Transzendenz glaubt.

5. Deuten im Zirkel. — Wenn das Deuten als Erkenntnis die Endlosigkeit und Beliebigkeit hat, die in ihm Beweis und Widerlegung unmöglich machen, und es daher als Erkenntnis vernichten, kann doch das Deuten als jeweilig in sich kreisender Zirkel selbst den Symbolcharakter der dritten Sprache gewinnen, welche spekulativ die Chiffreschrift liest. Der Zirkel, welcher als logischer für Erkenntnis leer ist, in dem Argumentation sinnlos wird, ist, erfüllt durch den Gehalt einer Existenz, in anderer Dimension die Gegenwart des sich in dieser Sprache mitteilenden Blicks in die Transzendenz. Von hier gesehen sind alle Deutungen, welche das Ganze ergründen wollen, in der Tat Weisen eines Schaffens und Lesens von Chiffreschrift.

Während sich der Anspruch des Symbols auf Erkenntnisbedeutung wissenschaftlich selbst vernichtet, geht an seinen Charakter als Chiffre die Frage möglicher Existenz, ob sie *ihre* Transzendenz darin wiedererkennt. Da die Wahrheit des Zirkels einem nicht logischen, sondern existentiellen Kriterium untersteht, so fragt es sich überall, wo ich dabei bin, wo ich der Wahrheit durch mein Selbstsein inne werde. Es fragt sich z. B., ob ich das psychoanalytische Lesen des Seins oder das logisch-dialektische Ergründen mit Hegel aus meiner Freiheit akzeptiere, nicht ob es richtig ist; denn sie sind weder richtig noch falsch, sondern als Erkenntnis nichts. *Ich überzeuge mich durch das, was ich selbst bin und will, nicht durch Verstand und empirische Beobachtung.* Der Maßstab ist nicht mehr der einer wissenschaftlichen methodischen Untersuchung mit einem Endergebnis, sondern die Frage ist die nach existentiell wahrer und existentiell ruinöser Chiffresprache. Was als Erkenntnis gefallen ist, bleibt als das Symbol für eine Weise, in der Selbstsein seine Transzendenz wußte. Ihre Wahrheit vertrete oder bestreite ich wiederum durch mein eigenes Lesen der Chiffreschrift, in dem ich die Transzendenz erfahre. Dadurch fällt jeweils für mich die Entscheidung darüber, was tiefenlose Deutung als bloßes Beziehen von Dingen in der Welt ist, bei dem ich stets nur wieder an den Boden stoße, den ich schon kenne, und was Chiffre des Seins wird, in die ich, ohne Grund zu finden, mich versenken kann.

6. Beliebige Vieldeutigkeit und Vieldeutigkeit der Chiffre. — *Deutbare* Symbolik macht jeden Einzelfall endlos vieldeutig, ist aber von eindeutiger Nichtigkeit in dem erdachten Letzten, das gedeutet wird. *Schaubare* Symbolik der echten Chiffre aber hat eine andere Vieldeutigkeit.

Wenn die Chiffre *gedeutet in ein Wissen verwandelt* wird, also objektiv und gültig werden soll, so ist ihre Vieldeutigkeit in dieser existentiell entwurzelten Gestalt zwar dieselbe wie die aller deutenden Symbolik. Sie hat aber *diese* Vieldeutigkeit nicht, wenn sie überhaupt nicht gedeutet, sondern in ihrem Ursprung bewahrt wird.

Wird aber eine *Deutung* ursprünglicher Chiffre im Gedachtwerden selbst wieder *Chiffre,* so ist die Vieldeutigkeit nicht geringer, doch nicht beliebig, sondern in der Vielfachheit der möglichen existentiellen Aneignung. Als Möglichkeit der Aneignung wird sie erst im Augenblick geschichtlicher Gegenwart der Existenz für diese in unübertragbarer und für sie selbst unwißbarer Weise *eindeutig.* Diese

Eindeutigkeit ist in der Unvertretbarkeit der für diese Existenz erfüllenden Transzendenz.

In dem beliebigen Deuten als einem vermeintlichen Wissen ist der jeweilige *Ausgang bestimmt,* die *Deutung endlos,* das *Deutungsziel* ein *endliches Sein;* im Deuten der Chiffreschrift ist der *Ausgang in sich unendliche Selbstgegenwart der Transzendenz,* die *Chiffre endlich und bestimmt,* das *Deutungsziel unbestimmt* jene schon gegenwärtige Unendlichkeit.

In der ein Wissen suchenden Deutung ist das *Endliche das erste;* aus ihm wird der Weg zur Bemeisterung des Unendlichen vergeblich in Gestalt der Endlosigkeit des Deutens gesucht; die Deutung geschieht nie wirklich, sondern nur scheinbar durch die der Faktizität keineswegs Herr werdenden, sich nur wiederholenden oder häufenden Formeln. Im Deuten der Symbolik als vermeintlicher Erkenntnis wird alles schal, weil nur endlich. Das Unendliche ist verloren, während man dem Endlosen widerwillig verfällt. Im Ergreifen der Chiffreschrift dagegen ist das *Unendliche das erste;* aus ihm als der Gegenwart der Transzendenz wird erst das Endliche zur Chiffreschrift.

Die *Eindeutigkeit* unendlicher Selbstgegenwart der Transzendenz ist ein jeweils vollendender Gipfel im Zeitdasein der Existenz. Wo überall die Chiffre jedoch eine Seite des Allgemeinen gewinnt, mitteilbar mir begegnet, und auch in der Weise, wie jene Gipfel in der Folge ansprechen, da ist die *Vieldeutigkeit* durch die Möglichkeit des existentiellen Aneignens und Verwirklichens.

Für die metaphysische Haltung des Fragens ist daher *nichts endgültig* in der Chiffreschrift. Sie ist, wo Freiheit in ihr die Transzendenz zur Gegenwart bringt. Immer kann die Chiffre noch anders gelesen werden. Nie ist in ihr ein Schluß auf die Transzendenz, die nun gleichsam errechnet wäre. *Von mir her* gesehen behält sie eine *bleibende Vieldeutigkeit. Von der Transzendenz her* gesprochen aber heißt es: *sie kann sich noch anders mitteilen.* Im Zeitdasein könnte Chiffreschrift nicht endgültig werden. Es bliebe keine Möglichkeit, sondern es würde eindeutige Vollendung an die Stelle treten. Jetzt ein Raum des noch Unverbindlichen, möglicherweise Verbindlichen, und dann die Verbindlichkeit für diese Existenz, würde sie weder das Eine noch das Andere bleiben, nicht mehr Chiffreschrift sein, sondern das alleinige Sein der Transzendenz werden. Jetzt stets ein Besonderes ohne Möglichkeit, ganz zu werden, würde sie in der Totalität sich aufheben. Jetzt verschwindend und geschichtlich, würde sie bestehend und absolut.

Die unendliche Vieldeutigkeit aller Chiffre zeigt sich im Zeitdasein als ihr Wesen. *Deutung* der Chiffre durch andere Chiffre, der anschaulichen durch spekulative, der wirklichen durch hervorgebrachte, *hat kein Ende* als das Medium, in dem Existenz sich ihrer Transzendenz vergewissern und vorbereitend sich Möglichkeiten schaffen möchte. Ein *System* der Chiffren ist *unmöglich*, da in dieses sie nur in ihrer Endlichkeit, nicht als Träger der Transzendenz eingehen würden. Die unendliche Vieldeutigkeit schließt ein System möglicher Chiffren aus. Ein System kann selbst eine Chiffre sein, aber nie als Entwurf die echten Chiffren sinnvoll umgreifen.

Existenz als Ort des Lesens der Chiffreschrift.

1. **Chiffrelesen durch Selbstsein.** — Im Lesen der Chiffreschrift wird so wenig ein unabhängig von mir bestehendes Sein erfaßt, daß vielmehr dieses Lesen nur mit meinem Selbstsein möglich ist. Das Sein der Transzendenz an sich ist unabhängig von mir, als solches aber nicht zugänglich. Diese Weise der Zugänglichkeit eignet nur Dingen in der Welt. Von der Transzendenz aber vernehme ich nur soviel, als ich selbst werde; erlahme ich, so trübt sie sich in ihrer an sich steten Gegenwärtigkeit; erlösche ich bis zum Dasein eines bloßen Bewußtseins überhaupt, ist sie verschwunden; erfasse ich sie, so ist sie für mich das Sein, das allein ist und ohne mich bleibt, was es ist.

Wie die Sinnesorgane intakt sein müssen, damit die Wirklichkeit der Welt wahrgenommen werden kann, so muß das Selbstsein der möglichen Existenz gegenwärtig sein, um betroffen zu werden von der Transzendenz. Bin ich existentiell taub, so ist im Gegenstand die Sprache der Transzendenz unhörbar.

Daher dringe ich in die Chiffreschrift noch nicht durch forschende Einsicht, durch Sammeln und rationale Aneignung, sondern erst mit diesem Material durch die Bewegung des existentiellen Lebens. Die Erfahrung der ersten Sprache *fordert sogleich das Sichselbsteinsetzen möglicher Existenz.* Sie ist nicht als Erfahrung, welche heranzutragen und jedermann identisch demonstrierbar ist; denn sie wird erst durch Freiheit errungen. Sie ist nicht beliebige Unmittelbarkeit des Erlebens, sondern Widerhall des Seins durch die Chiffre.

Wenn alles Chiffre werden kann, dann scheint Chiffresein etwas Beliebiges. Hat es Wahrheit und Wirklichkeit, dann muß es *verifizierbar* sein. In der *Weltorientierung* verifiziere ich dadurch, daß ich etwas wahrnehmbar oder logisch zwingend mache, daß ich etwas herstelle und leiste. In der *Existenzerhellung* verifiziere ich durch die Weise, wie ich mit mir selbst und dem Anderen umgehe, wie ich darin meiner selbst gewiß bin durch die Unbedingtheit meines Tuns, durch die Bewegungen, die ich innerlich erfahre im Aufschwung, in Liebe und Haß, im Michverschließen und in meinem Versagen. Die *Wahrheit der Chiffre* aber kann ich nicht gradezu verifizieren, denn sie ist als ausgesprochene in ihrer Objektivität ein Spiel, das keinen Anspruch auf Geltung macht und daher auch keiner Rechtfertigung bedarf. Für mich selbst ist sie kein bloßes Spiel.

Wo ich Chiffre lese, bin ich verantwortlich, weil ich sie nur durch mein Selbstsein lese, dessen Möglichkeit und Wahrhaftigkeit sich für mich in der Weise des Chiffrelesens zeigt. Ich verifiziere durch mein Selbstsein, ohne daß ich dafür ein anderes Maß hätte als dieses Selbstsein selbst, das sich an der Transzendenz der Chiffre erkennt.

Das Lesen der Chiffreschrift vollzieht sich also im inneren Handeln. Ich suche mich herauszureißen aus dem steten Abfall, nehme mich in die Hand, erfahre die Entscheidung, die von mir ausgeht; aber dieser Prozeß des Selbstwerdens ist in Einheit mit dem Horchen auf Transzendenz, ohne die er nicht wäre. In meinem Handeln, in Widerstand, Erfolg, Versagen und Verlieren, schließlich in meinem Denken, das dies alles auffaßt und wieder bedingt, mache ich die Erfahrung, in der ich die Chiffre vernehme. Was geschieht, und was ich darin tue, ist wie ein Fragen und Antworten. Ich höre aus dem, was mir widerfährt, indem ich mich zu ihm verhalte. Mein Ringen mit mir und mit den Dingen ist ein Ringen um die Transzendenz, die allein in dieser Immanenz als Chiffre mir erscheint. Ich dränge in die sinnliche Gegenwart faktischer Welterfahrung, in das wirkliche Tun im Siegen und im Unterliegen, weil hier allein das Feld ist, wo ich höre, was ist.

Torheit zu meinen, das Sein wäre, was jedermann wissen könne. Was Menschen waren, als was sie Transzendenz gewiß hatten, wie sie von ihr erfüllt waren, welche Wirklichkeit ihnen die eigentliche bedeutete, wie sie darum innerlich lebten, was sie liebten, das alles wird niemals von einem Einzelnen gegenwärtig ergriffen werden können. Auf keine Weise ist Sein für jedermann. Alles bleibt dunkel dem, der nicht selbst ist.

Ich ergreife also im Lesen der Chiffreschrift der Transzendenz ein Sein, das ich höre, indem ich um es *kämpfe*. Zwar habe ich nur beim Sein der Transzendenz das Bewußtsein eigentlichen Seins; nur hier ist Ruhe für mich. Aber ich bin stets wieder in der Unruhe des Kämpfens, bin allein gelassen und wie verloren; ich verliere mich selbst, wenn ich das Sein nicht mehr spüre.

Philosophische Existenz erträgt es, dem verborgenen Gotte nie direkt zu nahen. Nur die Chiffreschrift spricht, wenn ich bereit bin für sie. Ich bleibe philosophierend in der Schwebe zwischen Anspannung meiner Möglichkeit und dem Geschenktwerden meiner Wirklichkeit. Es ist ein Umgang mit mir selbst und der Transzendenz, aber selten nur ist es, als ob im Dunkel ein Auge blicke. Das Alltägliche ist, als ob nichts wäre. Aus seiner unheimlichen Verlassenheit sucht der Mensch den direkteren Zugang, objektive Garantien und festen Halt, ergreift betend gleichsam Gottes Hand, wendet sich an Autorität und sieht die Gottheit in persönlicher Gestalt, als welche sie überhaupt erst Gott ist, während die Gottheit in unbestimmter Ferne bleibt.

2. Existentielle Kontemplation. — In der philosophischen Verlassenheit bleibt die existentielle Kontemplation aus dem absoluten Bewußtsein. Sie ist nicht Gebet, das vielmehr die Grenze des Philosophierens, philosophisch unzugänglich und darum fragwürdig ist; aber sie ist als *Phantasie* das Auge möglicher Existenz, eingesetzt ihrem aktiven Ringen, Wegerhellung und Erfüllung.

Die Wirklichkeit des Daseins wurde im Bewußtsein überhaupt aufgelöst zu den Gegenständen in der Weltorientierung. Jedoch Phantasie sieht in der nicht rational aufgelösten Wirklichkeit und noch wieder in deren Auflösung das Sein; nicht so, als ob ein faktisches Sein hinter dem Dasein stecke und aus ihm phantastisch erschlossen würde, sondern so, daß es für sie anschaubar gegenwärtig ist in der Chiffre.

Ich kann nicht wissen, was Sein ist, wie ich das Dasein weiß. Sondern ich kann das Dasein als Chiffre nur lesen, sofern ich über seinen Symbolcharakter nicht hinausgehe. Ich erkenne das Dasein in der Weltorientierung durch *Begriffe*, aber ich lese das Sein im Dasein nur durch *Phantasie;* sie ist das Paradox, daß Existenz, was auch immer da sei, nicht für alles Sein zu nehmen vermag; sondern um in der Transzendenz sich zu bewahren, sich von allem Daseinssicheren als solchem loslöst. Zwar auch die philosophische Phantasie bedient sich der Begriffe; jedoch sind sie ihr nicht die Bausteine eines Gebäudes des Daseins. Weil sie die Begriffe nicht als diese selbst meint, werden auch sie ihr wie alles zur Chiffre. Dieses Erblicken des Daseins in der Transparenz ist wie das physiognomische Anschauen, aber nicht wie schlechte Physiognomik, die, die Form des Wissens als Ziel suchend, aus Zeichen auf ein Zugrundeliegendes schließt, sondern wie die wahre Physiognomik, der, was sie „weiß", nur im Anschauen ist. In der Chiffre habe ich als Sein mir gegenüber, was mit der Wurzel meines eigenen Seins zusammenhängt und doch mit mir nicht eines wird. Ich bin wahrhaftig, indem ich als ich selbst in der Chiffre bin, ohne einen Zweck zu verfolgen oder einem Daseinsinteresse zu dienen.

Die Wirklichkeit der dem physiognomischen Bilde vergleichbaren Chiffren des Seins wird sowohl *gegeben* als *geschaffen*. Gegeben, weil sie nicht erfunden wird oder aus dem Leeren der Subjektivität kommt, sondern erst im Dasein spricht. Geschaffen, weil sie nicht als Objekt, zwingend und allgemeingültig, für jedermann identisch, sondern auf dem Boden der Existenz als deren Seinsnähe in anschauender Phantasie da ist. Weder psychologisch als ein Produkt der Seele zu begreifen, noch real-gegenständlich als Wirklichkeit durch Wissenschaften zu erforschen, ist die Chiffre objektiv, sofern ein Sein in ihr spricht, subjektiv, weil das Selbst sich in ihr spiegelt, aber jenes, das in seinen Wurzeln zusammenhängt mit dem Sein, das als Chiffre erscheint.

In der Chiffre *verweile* ich. Ich erkenne sie nicht, aber ich vertiefe mich in sie. Alle ihre Wahrheit ist in der konkreten jeweils geschichtlich erfüllenden Anschauung. In der Natur offenbart sich mir dieses Sein nur, wenn ich die ganz einmaligen Konfigurationen als die gar nicht zu verallgemeinernde Intimität des gerade hier so Daseienden zu mir sprechen lasse.

Das Lesen der Chiffreschrift ist gerichtet auf *Dasein in der Zeit*. Es darf dieses weder verflüchtigen, denn dann würde es mit der Wirklichkeit auch das Sein verfehlen, noch darf es das Dasein als Bestand wie weltorientierende Forschung fixieren, denn dann würde es mit der Freiheit, die als Dasein nicht angetroffen wird, den Weg zur Transzendenz verlieren. Es kommt der existentiellen Phantasie vielmehr darauf an, alles, was ist, als von Freiheit durchdrungen zu erfassen. Das Lesen der Chiffre hat den Sinn eines Seinswissens, in dem Sein als Dasein und Sein als Freiheit identisch werden, um gleichsam für den tiefsten Blick der Phantasie weder das eine noch das andere, sondern beider Grund zu sein.

Der *spekulative Gedanke* ist die zur Mitteilbarkeit gewordene Chiffreschrift. Sie deutet, aber ihr Deuten ist kein Verstehen des

Seins, sondern im Verstehen ein Berühren des eigentlich Unverstehbaren der Seinssubstanz. Den spekulativen Gedanken, den ich nur verstehe, verstehe ich darum nicht, wenn ich nicht durch ihn *an das
Unverständliche stoße* als das Sein, durch das und mit dem ich eigentlich bin. Ich verstehe durch das Medium der gedanklichen Sprache, in
dem ich mir verständlich mache, wo ich auf das Unverständliche traf.
Aber dieses Verstehen ist nicht ein besser Begreifen dessen, was
schließlich im unendlichen Progreß ganz begreifbar würde, sondern
ein entschiedener zur Gegenwart Bringen dessen, was jenseits des
Gegensatzes von verstehbar und unverstehbar als das Sein liegt, das
in der Verstehbarkeit verschwindend zur Erscheinung kommt. Die
Selbstgegenwart der Existenz trifft im Verstehen auf das Unverständliche, und in beidem auf das Sein. Verstehen wird Abgleitung, wenn
das Verständliche für das Sein genommen wird; das Ergreifen des Unverständlichen wird Abgleitung, wenn das Unverständliche unter Vernichtung der Sprache des Verstehens als das nur brutal Gegebene
fraglos hingenommen und getan wird.

Als Bewußtsein überhaupt sehe ich nichts als *nur Dasein*. Die
existentiellen Bezüge zur Transzendenz sind innerlich *antinomisch;*
durch sie ist noch keine Vollendung in der Zeit. Aber durch das Auge
der Existenz, die kontemplative Phantasie, wird im Lesen der Chiffre
das Bewußtsein der *Vollendung* als Erfüllung in der Zeit einen verschwindenden Augenblick möglich. Durch Phantasie findet Existenz
Ruhe beim Sein; Chiffre ist Weltverklärung. Alles Dasein wird die
Erscheinung der Transzendenz, jedes Daseiende in dieser liebenden
Phantasie als ein Sein seiner selbst wegen gesehen. Kein Nutzen, kein
Zweck, keine kausale Genese bestimmen sein Sein für mich, sondern,
was es auch sei, als Erscheinung gelangt es zu seiner Schönheit, weil
es Chiffre ist.

In der Dumpfheit eines Bewußtseins, in dem noch alles eins, weder
Selbstsein noch Nichtselbstsein ist, ist nicht Chiffreschrift. Erst in
der Helle des Bewußtseins kommt mit den Trennungen die Möglichkeit. Jetzt wird alles Dasein zuerst die *Positivität* des empirisch Wirklichen, und die Rationalität des Gültigen; es verliert die Transparenz,
hört auf, zu täuschen durch Traum und Phantastik. Doch wird es so
nicht Chiffreschrift. Diese muß in einem neuen Sprung erst eigentlich offenbar werden und wird es durch Selbstsein, das jene Positivität
und Rationalität entschieden ergriff, um sie ohne Verwechslung mit
dem transzendierenden Blick zu durchdringen.

In der Zeit bleibt die *Zweideutigkeit der Kontemplation.* Die Wirklichkeit des kontemplativ gesehenen Seins im Dasein wird als nur kontemplative schnell *unverbindlich.* Kontemplation ist eine Weise der Existenz, die verbindlich nur bleibt in der Umsetzung zur entschiedensten Einheit mit der Existenz in ihrer zeitlichen Wirklichkeit. Bei einer Trennung zu zwei Lebenssphären, zwischen denen ich hin und her gehe, einer ideellen der Transzendenz und einer realen des Daseins wird sie unwahr.

Umgekehrt ist *Existenz ohne das Auge der Phantasie auch ohne Helle in sich selbst;* sie bleibt in der Enge positiven Daseins. Ohne Lesen der Chiffre lebt Existenz blind.

Weil die Abgleitung stets nahebleibt, ist sie, wenn ich ihr nicht verfallen will, in der Selbsterhellung bewußt zu überwinden. Mich in der Symbolwelt bewegen, von ihr ergriffen werden, ist zunächst nur das Erleben einer Möglichkeit. Ich mache mich darin bereit, aber täusche mich, wenn ich diese Möglichkeit in der Lebhaftigkeit der Gemütsbewegung schon für die Wirklichkeit des geschichtlichen Augenblicks halte, in der mir Transzendenz ursprünglich offenbar wird.

Was als Chiffre spricht, liegt an der Existenz, die hört. Der Möglichkeit nach spricht sie überall, aber nicht überall wird sie aufgenommen. Das Ergreifen der Chiffre ist als Wahl aus der Freiheit des sie Lesenden. Darin überzeuge ich mich, daß mein Sein so ist, weil ich so will — obgleich ich darin schlechthin nichts erzeuge, sondern empfange, was ich wähle.

Was Chiffre ist, liegt nicht auf einer Ebene. Was noch von fern mich berührt oder in das Herz trifft, in welchem Rang eigentlichen Seins ich die Sprache höre, ob ich in meiner größten Bedrängnis wie im höchsten Glück mich an Natur oder Mensch halte, bestimmt mein Sein durch mich selbst.

3. Glaube an Chiffren. — Alle Chiffre verschwindet für die Existenz, die sich in ihrer Freiheit zu Aufschwung und Abfall erfaßt, in der sie nicht vereinzelt ist, sondern mit anderen solidarisch einem umgreifenden Unbegriffenen angehört. Der existentielle Ursprung des Ergreifens der Transzendenz wird sich verständlich in den unfixierbaren mythischen und spekulativen Gestaltungen, deren starrer Besitz aber den Aufschwung verhindern würde. Dieser fordert freie Aneignung im existentiellen Wagnis durch rückhaltloses Einsetzen in der faktischen Wirklichkeit; er erlaubt nicht den Halt durch ein bestehendes Objektives, das nur zustimmend anzuerkennen wäre.

Auf die Fragen: Glaubst du wirklich an deinen Genius? glaubst du an Unsterblichkeit? glaubst du an Transzendenz als das Eine? wäre zu antworten:

Ist von einem Bewußtsein überhaupt gefragt, so gibt es das alles nicht, denn es ist nirgends anzutreffen. Ist aber die Frage von der Existenz an mich als mögliche Existenz gerichtet, so kann ich nicht antworten in allgemeinen Sätzen, sondern nur in der Bewegung existentieller Kommunikation und faktischen Verhaltens. Erweist sich für Existenz darin nicht der Glaube, so ist er nicht. Ihn inhaltlich auszusprechen, ist existentiell fragwürdig, weil es der erste Schritt ist, um sich durch Objektivität aus der Aufgabe herauszuziehen. Ich kann sowenig einen Glauben objektiv aussprechen, wie ich versprechen kann, was nur sein wird, wenn es aus Freiheit der Existenz kommt. Ausgesagter Glaubensinhalt und inhaltlich bestimmtes Versprechen sind endlich, weil äußerlich faßlich. Wie das Nichtversprechen dann ein viel gewisserer Grund unseres Seins im Dasein ist, wenn es aus der Scheu entspringt, vorwegzunehmen, was nur als Freiheit wirklich werden kann, und wenn es mit dem Bewußtsein einer über alles Versprechbare hinausgehenden inneren Bindung geschieht, so wird der Glaube seinem Wesen nach als Inhalt in allen Aussagen zugleich in der Schwebe gehalten, wenn er in der Gewißheit seiner Transzendenz gebunden ist.

Darum ist die Antwort: ich weiß nicht, ob ich glaube; für das Philosophieren aber gibt es die Mitteilung von Gedankenbewegungen als Weisen indirekten Sichbindens und Appellierens.

Es ist existierend nicht möglich, unser Leben zu führen in rein rationalen Zwecken und bestimmbaren Glückszielen. Denn als Existenz erfahren wir etwa beim Ausbleiben der transzendent bezogenen Kommunikation eine Öde des Daseins, die sich weder adäquat aussprechen noch zweckhaft beheben läßt. Die Kommunikation aber vollzieht sich im Alltag als Offenheit und als nicht nur rationale Bereitschaft, im Unterscheiden von Wesentlichem und Nichtwesentlichem, in Einstimmung darin oder in Widerstreit, der sich sogleich in Frage und Hörenkönnen umsetzt. Darin ist ein philosophisches Leben möglich, das durch den Drang zur Direktheit zugleich in seiner Wahrhaftigkeit gefährdet ist. Mag auch oft genug nur unsere Armut die Direktheit nicht erlauben, sie allein ist es nicht. Was einem Propheten im Durchbruch durch alles geschichtliche Dasein und gleichsam im Wiedereintritt von einer anderen Welt her vielleicht gestattet ist, kann Philosophie als sich fremde Möglichkeit vergegenwärtigen, doch nicht selbst tun. Glaube an Chiffren ist nicht, indem er ausgesagt und verkündet wird.

Chiffreschrift und Ontologie.

Wer wissen will, was eigentlich Sein ist, sucht dieses Wissen begrifflich zu fixieren: Ontologie als Lehre vom Sein schlechthin müßte tief befriedigen, wenn mein Sein zu sich selbst kommen könnte in einem Wissen, das als Wissen schon seine Wahrheit ausweist.

1. Ontologie in den großen Philosophien. — Ontologie war die Grundabsicht der meisten Philosophien, soweit sie im Banne der zum traditionellen Gerippe des philosophischen Denkens gewordenen prima philosophia des Aristoteles standen. Ontologie war auch dann noch die Form der Philosophie, wenn die Grundabsicht im Prinzip verworfen wurde. Sie läßt uns nicht los, und sie wird nicht aufhören; denn es ist in uns der unzerstörbare Hang, auch das Eigentliche durch ein Wissen zum Besitz zu machen. Daß Philosophien trotz ihrer ontologischen Struktur als echtes Philosophieren ansprechen, beruht in dem Ineinsfassen dessen, was erst in unserer Situation getrennt wurde: Sie geben im gleichen Gedankengang *ein zwingendes Wissen* vom Dasein, *transzendieren* über alles Weltdasein auf dessen Grund, *appellieren* an den Hörenden, der aus Freiheit ergreifen oder verweigern kann, und gestalten eine *Chiffre*, die zu einer Offenbarkeit transzendenten Seins wird. Es ist die unerhörte Macht der großen Philosophien, in ihrem Grundgedanken diese Seiten zugleich und damit den ganzen Menschen zu treffen, der durch sie in einem weiß, will und schaut. In der Folge ist es dann die Isolierung einzelner Seiten, das dadurch entstehende endlose Argumentieren, die Verwandlung in Lehrstücke, kurz, eine trostlose existentielle Verwirrung, welche es erschwert, zu einem entschiedenen Erwerb dieser Philosophien durch eine klare und ursprüngliche Auffassung zu gelangen. Sie werden in den Hülsen genommen, ihres Gehalts beraubt und müssen so verkümmern.

Kant begreift die Form allen gegenständlichen Daseins und die Weisen seiner Geltung für uns aus den Bedingungen in den Vermögen des menschlichen Gemüts, welche im Selbstsein des Ich ihren Angelpunkt haben. Er macht die Freiheit fühlbar; er versteht die Notwendigkeit der Schönheit wie deren Gehalt im übersinnlichen Substrat der Menschheit; er begreift die Wissenschaft, ihren Sinn und ihre

Grenzen. Sein Gedankengebäude ist als zwingende Einsicht gemeint, sofern es das Dasein des Menschen und seine Beziehung auf das Sein an sich erhellt. Er stellt, was ist, nach seinen Möglichkeiten fest, und nimmt im Schema vorweg, was in diesem Dasein im Prinzip vorkommen kann. Er transzendiert mit diesem gleichen Gedanken über das Dasein, dessen Erscheinungshaftigkeit er dadurch, daß er die Grenzen des Daseins als Wissensgegenstand und als Vollendbarkeit abschreitet, zum Bewußtsein bringt. Alle Gedanken aber sind ihm nur Bedingung dafür, den echten Appell an die Freiheit zu tun, welcher nur möglich ist, wenn jenes erste Transzendieren zur Erscheinungshaftigkeit des Daseins vollzogen wurde. Von daher hat noch die peripherste sachliche Erörterung bei ihm ein Gewicht durch das Pathos dieses alles durchdringenden Appells. Jedoch am Ende ist unausgesprochen auch dieses Gedankengebäude eine Chiffre, die zu sprechen scheint: So ist das Sein, daß dieses Dasein möglich ist. Wissenwollen, das Selbstbewußtsein der Freiheit, metaphysische Kontemplation finden in Einem Befriedigung: Ich lerne etwas, das ich nun habe, ich erfahre den tiefsten Impuls für mein Tun, ich werde leise berührt von der Chiffre der Transzendenz.

Hegels dialektischer Kreis des Selbstseins, das sich zur Objektivität sich gegenüberstellt, aus dem Anderen zu sich zurückkehrt, daher in ihm bei sich selbst bleibt, sagt in seinen reichen Abwandlungen zugleich aus, was Dasein ist, welche Seinsbestimmungen möglich und notwendig sind und was die Transzendenz des eigentlichen Seins bedeutet: nämlich die Offenbarkeit Gottes in der Gegenwart philosophischen Denkens. Bei ihm ist der Hörende vor allem aufgefordert, die Chiffreschrift dieses Philosophierens zu lesen, aber zugleich erhält er ein Wissen, das besteht, erfährt den kontemplativen Aufschwung vom Dasein zum Sein und einen leiseren Impuls zum Selbstsein, wenn dieser bei Hegel auch manchmal lautlos zu verhallen scheint.

Im Vordergrund der Einheit des alle Möglichkeiten in sich schließenden philosophischen Gedankens steht also einmal das Sein als Daseins*erscheinung:* Kant umschreitet das Sein, das ich selbst bin. Oder es steht im Vordergrund das Sein als Sein *an sich:* Hegel hat dieses im Auge und sieht das Dasein als darin beschlossen. Seinsstrukturen des Seins an sich sind aber nur Chiffren. Sie müssen als erkannter Gegenstand in sich scheitern, weil ich als Dasein sie denke, dem dieses Sein über die Grenze seiner Denkbarkeiten geht. Das Dasein ist zwar metaphysisch nur wie ein Seinsschatten, aber dieser

Schatten ist für uns das Gegenwärtige, in dem allgemeingültig erkannt werden kann. Trotzdem hat fast alle Philosophie den Standpunkt im Sein selbst und nicht in diesem Schatten gesucht. Aber wenn sie Philosophie war, sind ihre Gedanken stets auch umzukehren. Was vom Sein gesagt wird, ist als vom existentiellen Aufschwung des Menschen gesagt auszusprechen. So hat *Plotin* eine großartige ontologische Philosophie gedacht, die, in Lehre verwandelt und damit ihrer Verstehbarkeit beraubt, gleichsam ein Weltbild allen Seins und Daseins gibt; aber ursprünglich in ihren Sätzen mitgedacht ist sie zugleich Appell an mögliche Existenz und Gestalt einer Chiffreschrift. Zwar stellt Plotin, statt in Existenzerhellung auf den Boden unserer menschlichen Situation, sich metaphysisch in das Sein selbst; dies gelingt ihm aber nur, weil seine Konstruktion und Deduktion des Seins zugleich Existenz- und Daseinserhellung ist, welche in den zur Wißbarkeit verwandelnden Referaten seines Denkens verlorengeht.

Dies Ineinsfassen der großen Philosophien, für uns zwar unwiederholbar, ist keineswegs ein Mangel. In ihnen ist die gehaltvollste spekulative Chiffreschrift geschrieben. Nur durch Ineinsfassen war das so möglich. Auch der Appell der Existenzerhellung war ihnen ein Glied in dem Denken, das selbst zur Chiffre wurde. Es waren nicht die leeren logischen Formen, als welche die Gedanken leicht zu isolieren und schal zu machen sind, sondern das Denken, statt Denken von Etwas zu sein, war selbst durchglüht vom Sein. Freilich hat, daß Sein und Denken dasselbe seien, in der Spaltung des Bewußtseins keinen Sinn: denn in ihr richtet sich das Denken auf etwas Anderes. Aber, sofern Denken Chiffre wird, hat es Sinn. Wo im Denken der Mensch das eigentliche Sein erfaßte, war das Sein dieses Denkens weder Sein an sich noch Subjektivität eines beliebigen und zufälligen Gedankens, aber diese Identität in der Chiffre, und dann so, daß sie geschichtlich blieb. Der Gedanke war darin die Seite des Allgemeinen, aber als ganzer Gedanke diese Seite mit der Gegenwart des darin denkenden und gedachten Seins. Als allgemeiner Gedanke für sich ausgesprochen wurde er nichtig oder trivial, ein Scherz oder eine Kuriosität. Die großen philosophischen Grundgedanken, in denen Denken und Sein eines und als solche Einheit gedacht wurden, von Parmenides an, waren entweiht, wo sie logisiert wurden. Sie bedürfen der Beseelung mit neuem Selbstsein, um überhaupt als Sprache zugänglich zu bleiben. Dann wird fühlbar, was eigentlich gemeint und getan war. Die unreflektierte Selbstverständlichkeit eines Denkens, das selbst

Wirklichkeit war, war dessen Stärke. Seine Grenze blieb, daß es immer nur einmal wahr sein konnte. Denn der Mangel rationalen Selbstverständnisses eigenen Tuns wurde zur Unwahrheit bei jedem Nachfolger, der noch dachte, aber dieses Denken nicht mehr selbst war. Dann wurde Chiffre nicht mehr für Chiffre genommen, sondern das Denken für zwingend gehalten und einseitig objektiviert, nicht mehr mit dem Selbstsein, sondern nur noch mit dem Verstand gedacht, nicht mehr mit dem eigenen Schicksal in seiner Geschichtlichkeit erfüllt, sondern als weiter zu gebendes Wissen behandelt.

2. Unmöglichkeit der Ontologie für uns. — Ontologie muß zerfallen. Denn das Wissen vom Dasein ist auf Weltorientierung, das gegenständliche Wissen überhaupt ist auf mögliche Denkbestimmungen in einer Kategorienlehre begrenzt; das Wissen in Existenzerhellung hat sein Wesen durch Appell an Freiheit, nicht durch Haben eines Resultats; das Wissen von Transzendenz ist als kontemplatives Sichversenken in unbeständige und vieldeutige Chiffreschrift. Auch das Wissen um die Bewegung in den inneren Haltungen meines Seins als Bewußtseins überhaupt und als möglicher Existenz ist nicht Ontologie; vielmehr ist dieses Wissen als Klarheit in der Gliederung des Philosophierens ein Sichselbsterfassen, nicht Seinserfassen. Das Sein wird auf allen diesen Wegen unabschließbar gesucht, aber besteht nicht durch sie schon als Sein. Mit der Einsicht in die Zerrissenheit des Seins für mich, sofern ich Dasein und mögliche Existenz bin, hört daher das Verlangen nach Ontologie auf, um sich in den Impuls zu verwandeln, das Sein, das ich nie als Wissen erwerben kann, durch Selbstsein zu gewinnen. Zwar handelt es sich in diesem Sichgewinnen zunächst nur um das Sein, das noch entschieden wird, um Freiheit der Existenz, nicht um Transzendenz. Aber Transzendenz ist nur diesem in Entscheidung gewonnenen Sein zugänglich. An die Stelle des Seins der Ontologie tritt das immer geschichtliche, nie schlechthin allgemeingültige Dasein der Chiffre.

War es für den ursprünglichen philosophischen Gedanken Tiefe und Größe, alles in einem zu tun, so ist dies für uns nicht mehr möglich. Nachdem wir durchschaut haben, durch welche Ineinsfassung die einzige Bedeutung dieser Philosophien unbewußt erreicht wurde, würde uns eine Wiederholung verwirren. Unsere Stärke ist die Trennung; denn wir haben die Naivität verloren. Was in ihr einmal wunderbar möglich und wirklich war, wiederherstellen zu wollen, würde unechte Gebilde entstehen und uns selbst unwahrhaftig werden lassen.

Die Einheit des Ineinander ist uns Täuschung, wenn sie nicht bewußte Chiffreschrift ist. In diese hebt sich uns alle Ontologie auf, welche nicht zu partikularer Seinsbestimmung von Seinsweisen in der Welt oder zu methodischer Bewußtheit der Wege der unabschließbaren Seinsvergewisserung geworden ist.

Ontologie als Wissen und Wissenwollen dessen, was das Sein eigentlich ist, in der Form einer Begrifflichkeit, welche es konstruktiv darbietet, würde für uns zur Vernichtung des eigentlichen Seinssuchens möglicher Existenz in der transzendenten Bezogenheit ihrer Entscheidung werden. Ontologie täuscht durch die Verabsolutierung von Etwas, wovon das Andere sich herleiten soll. Sie fesselt an objektiv gewordenes Sein und hebt Freiheit auf. Sie lähmt die Kommunikation, als könnte ich meinen Daseinssinn von mir allein aus erreichen; sie macht blind für eigentlich gehaltvolle Möglichkeit, hindert das Lesen der Chiffreschrift und läßt die Transzendenz verlieren. Sie sieht ein Sein als eines und vielfaches, aber nicht als das Sein möglicher Existenz, das nur dieses sein kann. Deren Freiheit verlangt die Trennung, durch welche Ontologie aufhört.

Da die Ontologie der großen Philosophen uns nicht von der Art der kritisch zu verneinenden Ontologie ist, sondern dazu erst, aber auch sogleich, bei ihrer Übertragung wird, so verlangt die Aneignung dieser Philosophen von uns zunächst ein Zerschlagen ihrer Gebäude. Wir trennen in ihrem Gebäude Daseinserhellung, kategoriale Bestimmung, materiale Weltorientierung, appellierende Existenzerhellung, Lesen der Chiffreschrift. Diese Trennung läßt uns erst in eigentlicher Helligkeit zur Einheit dieser Chiffreschrift zurückkehren. Als solche Einheit, wiederhergestellt aus ihren Elementen, steht sie uns gegenüber, um nun erst mit eigenem Selbstsein geschichtlich angeeignet oder abgestoßen zu werden. Jetzt erst hören wir deutlich die Wirklichkeit eines geschichtlichen Selbstseins zu uns sprechen, wie es seine Transzendenz kannte. Diese Philosophien bringen durch das, was sie zugleich auch sind, durch Daseinserhellung, Weltorientierung, Kategorienlehre, Existenzanspruch, in Berührung mit dem Sein der Existenz, wie es für den war, der so denken konnte.

3. Lesen der Chiffreschrift in Unterscheidung von Ontologie. — *Ontologie* ist der Weg der Verfestigung eigentlichen Seins in ein *Wissen* vom Sein, *Lesen der Chiffreschrift* dagegen Erfahrung des Seins im *Schweben:*

Ontologie setzt im Erfassen des Seins fort, was als zwingendes

Wissen von endlichen Dingen möglich ist. Zwar ist auch dieses schon in seiner Festigkeit begrenzt: wird empirisches Dasein als das faktische unausweichlich erkannt, so ist doch das Sein als erkanntes empirisches Dasein nie endgültiger Bestand, sondern nur bis zu seiner jeweiligen Grenze und dann noch mit Fehlern erfaßt; werden die Kategorien die Bestimmtheiten von allem, was im Dasein an Dingen vorkommen oder als Person begegnen kann, so ist doch jede dieser Bestimmtheiten endlich; zeigt die Daseinserhellung Strukturen des Daseins, das wir sind, so ist sie doch, trotz ihres prinzipiellen Auffassens des Ganzen des Bewußtseins überhaupt, in ihrem Getragenwerden von der Vitalität eines jeweiligen Eigenseins eine selbst abhängige: gedacht unter Gesichtspunkten, die wieder einzeln sind, und aus existentiellen Interessen, die den erhellenden Gedanken schon in der Richtung einer Chiffreschrift formen. *Ontologie* jedoch geht den Weg, alle diese objektiven Bestimmtheiten und Gewißheiten nicht in ihren Grenzen zu erfassen und aufzuheben, sondern sie zu vollenden.

Lesen der Chiffreschrift dagegen bleibt bei der in jeder Gestalt bestimmten Wissens zu erwerbenden Grunderfahrung: Wo ich das Sein fasse, wird es relativiert durch ein Sein, das ich nicht fasse. Das Sein der Ontologie wird ihm zur geschichtlich verschwindenden Chiffreschrift zersetzt. Denn wo ich zu dem Sein transzendiere, über das hinaus kein Weg mehr führt, dem eigentlichen, das ich nicht bin, aber nur als Selbstsein wahrnehme, da hört die Festigkeit und Bestimmtheit auf, die im Gedachtsein des der Chiffre vorhergehenden Seins eine Seite des Bleibenden ist. Wo es sich um das eigentliche Sein handelt, wird auch das Maximum des Schwebens erreicht, da es in der verschwindendsten Weise gegenwärtig ist. Gewinne ich Teilnahme an ihm, so bin ich von aller verstrickenden Festigkeit gelöst, die nun selbst als Chiffre wieder um so entschiedener ergriffen werden kann. Das absolut Bestehende und als Gedachtsein Zwingende ist relativ auf ein bloßes Bewußtsein überhaupt. Das eigentliche Sein ist nur in der Gelockertheit der möglichen Existenz so zu erfassen, daß alle Relativität, in die sich die Seinsweisen aufheben, diesem einen Schweben dient, in dem ich des Seins inne werde. Verstand und vitaler Wille wollen mich im Dasein verfestigen und vom Sein der Transzendenz lösen. Sie lehren mich in der Dauer und im zeitlosen Gedanken das Sein zu sehen. Sie drängen mich zur Ontologie als dem Wissen vom Sein schlechthin. Als mögliche Existenz aber schwinge ich mich frei aus diesen Fesseln, die nun Material des Seins werden,

162

im Lesen der Chiffreschrift, als welche das Sein für Existenz gegenwärtig ist. —

Ontologie war in ihrem Ursprung das Ineinsfassen aller Denkweisen zu dem einen umgreifenden seinsdurchglühten Denken, aus dem dann die Lehre wurde, der das *eine* Sein *wißbar* ist. *Lesen der Chiffreschrift* dagegen läßt die wahre *Einheit für das Tun* der existentiellen Wirklichkeit frei, weil sie in ihrem Denken die Zerrissenheit für das Wissen nicht verschleiert:

Nachdem die Ontologie zerschlagen ist in die Methoden und Inhalte, die sie in eins faßte, wodurch sie faktisch in jeweils geschichtlicher Einmaligkeit das Lesen einer Chiffreschrift war, scheint das bewußte Lesen der Chiffre die Einheit auf neuem Grunde wiederherzustellen. Sie wird im Versenken inneren Handelns in den Grund des Selbstseins erfahren. Sie schließt alles in sich, wenn sie als das Sein gelesen wird. Objektiviert aber ist sie eine Einheit, die nach ihrer Seite des Allgemeinen sofort nur Möglichkeit ist; nicht, daß das Sein der Transzendenz möglicherweise so sein könnte (das unwahre Verfahren metaphysischer Welthypothesen), sondern daß eine Möglichkeit der Erfüllung dieses Allgemeinen in dem Einen der Existenz ist.

Eigentliche Einheit ist daher für uns erst die geschichtliche Wirklichkeit *im Tun jeweiligen Selbstseins,* für das das Ineinsfassen der Denkweisen in der Chiffreschrift erfüllbar wird. Ontologie muß aufgelöst werden, damit die Rückkehr zur Konkretheit gegenwärtiger Existenz dem Einzelnen offen wird. Geht er diesen Weg der Seinsverwirklichung, so wird ihm das Sein der Transzendenz in der Chiffreschrift, zu der sein gesamtes Dasein wird, erst vernehmbar. Die klare Trennung in den gedachten und ausgesagten Gedanken ist Bedingung dieser existentiellen Einheit. Daß, was zusammengehöre, zerrissen werde und nur im Zusammen wahr sei, ist richtig; aber dieses Zusammen selbst ist als gedachtes immer unwahr, wenn nicht das wirkliche Sein der denkenden Existenz dieses Einheitsdenken selbst und dann unübertragbar ist. Wahrheit ist im Selbstsein und seiner transzendenten Erfüllung, nicht in den philosophischen Gedanken, die objektivierend die Einheit als übertragbares Wissen denken. Indem der Gedanke zerreißt, wird erst die wirkliche Einheit möglich. *Ontologie* muß unwillkürlich das Dasein als vereinzelt vor dem Allgemeinen sehen, das sie als das All-einige weiß. *Lesen der Chiffreschrift* dagegen blickt aus der Einzigkeit der Existenz in das Einzig-Allgemeine der Transzendenz durch das innere Tun des Lesenden.

Soll daher von dem Gehalt der Chiffreschrift philosophierend *gesprochen* werden, so wird *die Zerrissenheit in sie selbst als allgemein werdende Sprache eindringen.* Nicht nur die weltorientierende Ordnung der Begrifflichkeit der metaphysischen Sprache, sondern auch die existentiell ansprechende Erhellung der Möglichkeiten bleibt ohne Einheit. In der Geschichtlichkeit und Vieldeutigkeit jeder Sprache ist das Sein der Transzendenz nicht das Sein, das gültig bestände. Es wird in Stufen gedacht, aber ohne Regel einer einzigen Stufenreihe. Die vielen Himmel und Vorhimmel, die Göttertypen in ihren Rangordnungen und Gegensätzen weisen ebenso darauf hin, wie die Goetheschen Sätze: „Ich für mich kann nicht an einer Denkweise genug haben; als Dichter und Künstler bin ich Polytheist, Pantheist hingegen als Naturforscher. Bedarf ich eines Gottes für meine Persönlichkeit, als sittlicher Mensch, so ist dafür auch schon gesorgt."

Das falsche Näherbringen der Transzendenz.

Transzendenz in Mythus und Spekulation zur Gestalt geworden, ist gleichsam näher gebracht; aber falsch näher gebracht, wenn statt einer Chiffre die Transzendenz selbst und gradezu ergriffen geglaubt ist.

Was die Transzendenz sei, abgesondert vom Menschen, für den sie ist, das ist gar nicht zu fragen. Aber die Transzendenz ist darum nicht etwa als sie selbst in das Dasein zu ziehen. Mystiker zwar wagten zu leugnen, daß die Gottheit auch ohne den Menschen sei; für Existenz aber, die sich bewußt wurde, sich nicht selbst geschaffen zu haben, ist der Satz, Gott als die Transzendenz sei auch ohne den Menschen, die unausweichliche Form, in der negativ gedacht werden muß, was keine positive Erfüllung mehr findet.

Die Chiffre ist das Sein der Grenze, als Sprache der Transzendenz, worin diese dem Menschen nahe ist, aber nicht als sie selbst. Weil unsere Welt als Chiffre sich nicht restlos lesen läßt, weil, mythisch gesprochen, die Chiffre des Teufels so sichtbar ist wie die der Gottheit, weil die Welt keine direkte Offenbarung, sondern nur eine Sprache ist, die, ohne allgemeingültig zu werden, nur der Existenz jeweils geschichtlich vernehmbar und auch dann nicht endgültig zu entziffern ist, darum zeigt sich die Transzendenz als verborgen. Sie ist fern, weil als sie selbst unzugänglich. Sie ist auch fremd und, weil mit nichts vergleichbar, das unvergleichliche ganz Andere. Sie kommt

164

wie aus ihrem fernen Sein als fremde Macht in diese Welt und spricht zur Existenz; sie tritt ihr nah, ohne je mehr als eine Chiffre zu zeigen.

Die Spannung der Existenz zu dieser verborgenen Transzendenz ist ihr Leben, in dem die Wahrheit in Frage und Antwort des Schicksals gesucht, erfahren, gesehen wird und doch verschleiert bleibt, solange das Zeitdasein währt. Diese Spannung ist die echte Erscheinung des Selbstseins, aber zugleich Qual. Der Qual zu entrinnen, will der Mensch sich die Gottheit eigentlich nahe bringen, die Spannung lösen, will er wissen, was ist, und woran er sich halten und hingeben kann. Was als Chiffre eine mögliche Wahrheit ist, verabsolutiert er zum Sein:

a) In völliger Immanenz würde sich *der Mensch* selbst *zum alleinigen Sein* machen. Außer ihm wäre nichts als das Material seines Tuns. Nur auf ihn noch kommt es an, er ist allein, was er ist. Es ist kein Gott; Gott zu denken ist kein Raum und lenkt den Menschen von sich ab, schläfert ihn ein und hindert ihn, seine Möglichkeiten zu verwirklichen.

In dieser unvollziehbaren Verabsolutierung wird gesprochen, als ob man wüßte, was der Mensch sei. Unwillkürlich schiebt sich hier der Mensch als Vitalität, als Durchschnitt, oder als ein bestimmtes Ideal unter. Sowie aber ernsthaft die Frage nach ihm gestellt wird, ist er das Wesen, das nur begreiflich würde, wenn seine Transzendenz begriffen wäre. Der Mensch ist das, was über sich hinausstrebt; er ist sich nicht genug. Wie Weltverklärung nicht Weltverabsolutierung bedeutet, so der Satz: daß alles im Menschen gegenwärtig werden muß, um für ihn zu sein — nicht, daß der Mensch alles sei. Der Mensch, obgleich für den Menschen das Faszinierende, ist doch nicht das letzte, wenn auch das in seiner Welt Entscheidende. Ihm handelt es sich zwar um ihn selbst, aber nur dadurch, daß es sich ihm um etwas Anderes handelt. Dieses erfährt er darin, daß er nie Ruhe findet bei sich, sondern erst beim Sein der Transzendenz.

b) In über das gegenwärtige Zeitdasein erweiterter Immanenz würde die Welt der *menschlichen Geschichte* zum Prozeß der Gottheit, die Welt der *werdende Gott*. In ihr dringt die Gottheit zur Wahrheit vor und schafft im Kampf sich selbst. Wir kämpfen für oder gegen diese Wahrheit. Sie hat in uns ihre bisher mögliche Höhe erreicht. Das Andere, um das der Mensch sich kümmert, wenn er selbst werden will, ist nicht Transzendenz, sondern die vergottete Menschheit.

Auch diese Verabsolutierung des Weltseins weiß im Grunde nicht, was Menschheit ist, was sie werden soll und will. Sie bleibt absolut in der Zeit; Transzendenz aber ist über die Zeit hinaus. Sie ist, obzwar gänzlich dunkel, nicht abhängig von dem, was für uns letzte Abhängigkeiten sind; sie ist der Abgrund, vor dem uns eigentliche Wahrheit möglich ist, obgleich wir sie selbst nicht erkennen.

c) Mythische Gestaltung oder spekulative Konstruktion machen die Gottheit zu einem besonderen Wesen, nunmehr zwar der Welt gegenüber, aber so, daß die Gottheit in dieser Antizipation selbst immanent bleibt. Mythisch wird sie *Persönlichkeit*, spekulativ *das Sein*.

Wendet der Mensch sich an die Gottheit *im Gebet*, so ist sie ihm ein Du, zu dem er aus seiner einsamen Verlorenheit in Kommunikation treten möchte. So ist sie ihm *persönliche Gestalt* als Vater, Helfer, Gesetzgeber, Richter. Weil das eigentliche Sein in seinem Dasein das Selbstsein ist, wurde nach dessen Analogie Gott unwillkürlich Person. Aber als Gottheit wurde sie gesteigert zur allwissenden, allmächtigen, allgütigen. Der Mensch ist das Geringere, aber insofern Verwandte, als er, nach dem Bilde Gottes geschaffen, ein Abglanz seiner Unendlichkeit ist. Nur in seiner Gestalt als Person ist Gott eigentlich nah.

Wenn diese mythische Persönlichkeitsvorstellung als Chiffre einen Augenblick zur Gegenwart werden kann, so wehrt sich trotzdem das echte Bewußtsein von Transzendenz dagegen, Gott schlechthin als Persönlichkeit zu denken. Ich weiche im Impulse, der die Gottheit mir zum Du macht, alsbald zurück, weil ich fühle, daß ich die Transzendenz antaste. In der Vorstellung selbst schon verwickle ich mich in Täuschung. Persönlichkeit ist doch die Weise des Selbstseins, die ihrem Wesen nach nicht allein sein kann; sie ist ein Bezogenes, muß anderes außer sich haben: Personen und Natur. Die Gottheit bedürfte unser, des Menschen, zur Kommunikation. In der Vorstellung der Persönlichkeit Gottes würde die Transzendenz verringert zu einem Dasein. Oder die Gottheit bleibt in der Vorstellung ihres Personwerdens nicht in sich geschlossen, sie ist sogleich als viele Personen, die ihr Reich des Selbstseins in Gemeinschaft haben, ob in unbestimmten und freien polytheistischen oder in gebundenen Trinitätsvorstellungen. Die Kommunikation zur Gottheit schließlich hat die Tendenz, die Kommunikation unter Menschen zu hemmen. Denn sie stiftet blinde Gemeinschaften ohne werdendes Selbstsein der Einzelnen. Kommunikation von Selbst zu Selbst als die wahrhaft gegenwärtige Wirklichkeit,

166

in der Transzendenz zum Sprechen kommen kann, wird gelähmt, wenn die Transzendenz direkt als ein Du zu nahe gebracht und zugleich degradiert wird.

Es ist hart, den persönlichen Gott auf sein Chiffresein zu reduzieren. Gott als Transzendenz bleibt fern. Er wird mir in dieser Chiffre, die ich als Mensch in zweiter Sprache selbst schaffe, einen Augenblick näher. Aber der Abgrund der Transzendenz ist zu tief. Diese Chiffre ist keine Lösung der Spannung. Sie ist erfüllend und fragwürdig zugleich, ist und ist nicht. Die Liebe, die ich der Gottheit als Person zukehre, ist nur gleichnisweise Liebe zu nennen. Sie wird erst als Liebe in der Welt zu dem je einzelnen Menschen und wird Enthusiasmus zur Schönheit des Daseins. Weltlose Liebe ist Liebe zu nichts als grundlose Seligkeit. Liebe zur Transzendenz ist nur als liebende Weltverklärung wirklich. —

Wird die Gottheit statt im Gebet *in spekulativer Konstruktion* nähergebracht, so ist sie eigentlich nicht mehr. Das „Sein" ist nicht „Gott", Philosophie nicht Theologie. Die Spekulation, als Spiel in der Chiffreschrift wahr, macht als Sein zu einem Gegenstand, was als Transzendenz über jeden fixierbaren Gedanken hinausliegt. Ob nach Analogie des Umgehens des Menschen mit den äußeren Dingen der Weltbaumeister gedacht wird, der die Maschinerie des Daseins hervorbringt, oder ob nach Analogie des dialektisch gedachten Selbstseins der Logos als Bewegung des Begriffs im Kreise mit sich zum Sein wird, oder wie sonst immer die Spekulation sich verfestigt: sie ist eine vermeintliche Gotteserkenntnis, in der die Transzendenz aufhört. Alles wird zur Gottheit oder die Gottheit wird zur Welt; Weltlosigkeit und Gottlosigkeit sind nur zusammengehörende Pole derselben Ebene, während Chiffreschrift das Sein der Transzendenz im Immanentwerden weder aufhebt noch zum erstarrten Besitz macht, sondern geschichtlich bleiben läßt als Erscheinung der Transzendenz für Existenz. —

In den drei gekennzeichneten und in anderen *Formen des Näherbringens der Transzendenz* wird sie *faktisch aufgehoben.* Was als Chiffre Möglichkeit hat, wird als Dasein der Gottheit fixiert; der Mensch gerät auf den Weg, mit der Transzendenz auch sein Selbstsein zu verlieren. Ob er sich, die Menschheit, den persönlichen Gott als absolutes Sein setzt, er gibt sich auf an ein anderes und läßt sich täuschen durch das augenblickliche Aufleuchten des Glücks einer Erleichterung von der Unfaßlichkeit des Selbstseins. Denn er selbst ist er nur in der Spannung von fernster Transzendenz und gegenwärtigster Gegenwart, von Chiffre und Zeitdasein, von Gegebenwerden und Freiheit. Es ist, als ob der Mensch sich wegliefe, wenn er sich an seine Idole hinwirft. Nicht sie fordern, sondern nur die Gottheit als wahre Transzendenz fordert das Selbstsein des Menschen in der Spannung. Der Mensch darf nicht nichts werden, weder vor dem Idol seiner selbst, wie er sich zum Bilde macht, noch vor der Menschheit, noch vor einer persönliche Gestalt gewordenen Gottheit. Er soll gegen alle diese und andere Gestalten, er soll auch gegen die Gottheit, die als Chiffre erscheint, sein Recht wahren, das die transzendente Gottheit aus der Ferne ihm gibt und bestätigt: Gott will als Transzendenz, daß ich selbst sei.

Damit der Mensch die Gottheit nicht antaste und, was er soll, selbst sein könne, muß er die Transzendenz rein erhalten in ihrer Verborgenheit, Ferne und Fremdheit. Ruhe beim Sein als die wahre ist ihm Ziel im Lesen selbst geschriebener wie empfangener Chiffre, nicht Ausruhen bei einem neben die Welt getretenen Sein von Illusionen.

Zweiter Teil.

Die Welt der Chiffren.

Übersicht.

1. **Universalität der Chiffren.** — Es gibt nichts, was nicht Chiffre sein könnte. Alles Dasein hat ein unbestimmtes Schwingen und Sprechen, scheint etwas auszudrücken, aber fraglich, wofür und wovon. Die Welt, ob Natur oder Mensch, ob Sternenraum oder Geschichte, das Bewußtsein überhaupt sind nicht nur da. Alles Daseiende ist gleichsam physiognomisch anzuschauen.

Versuche, ein Ganzes zu beschreiben, das in kein Fach des weltorientierenden Wissens paßt, sondern ergriffen wird als Zusammenhang eines jeweiligen Bildes, führten zu einer Physiognomik der Natur, der Gewächse, der Tiere, der Landschaften; dann der geschichtlichen Zeitalter, der Kulturen, der Stände und Berufe; dann der menschlichen Persönlichkeiten.

Für die Schilderung zu wissenschaftlich bestimmten Zwecken gibt es Methoden, nicht aber für die physiognomischen Daseinserfassungen. Was unter dem Namen Physiognomik geht, ist vielmehr in sich heterogen: Die intuitive Vorausnahme eines Wissens, das später, durchaus unphysiognomisch, rational und empirisch verifiziert wird; das Verstehen des Ausdrucks eines auch auf anderem Wege zugänglichen seelischen Daseins; das Erfassen des Charakters historischer Naturgebilde und des Geistes von Zeiten und Gruppen menschlicher Geschichte; die Stimmungen der Dinge, die man eingefühlt nennt, sofern man sie als ein Hineintragen eigenen seelischen Lebens auffaßt.

Wenn alles dies schon Ausdruck war, so doch noch nicht Chiffre. Es ist, als ob Ausdruck hinter Ausdruck in einer Schichtenfolge stände, die erst aufhört mit der *undeutbaren Selbstgegenwart der Chiffre.* Für diese gilt dann im Unterschied von den unbestimmten Möglichkeiten der Physiognomik: Erstens, daß in ihr nichts vorausgenommen wird, was später gewußt würde; alles Wissen macht vielmehr die Chiffre nur entschiedener, da das Lesen der Chiffre sich entzündet am Wissen, das es selbst nicht wird. Zweitens, daß sie nicht Ausdruck menschlicher Seelenwirklichkeit ist: diese Wirklichkeit samt ihrem Ausdruck wird vielmehr erst als Ganzes Chiffre. Drittens, daß sie nicht der Charakter von Naturformen und nicht der Geist menschlicher Gebilde ist: diese können vielmehr erst Chiffre werden. Viertens, daß sie nicht eingefühltes Seelenleben ist: sie ist für Existenz eine Objektivität, welche, durch nichts anderes ausgedrückt, nur mit sich selbst verglichen werden kann; in ihr spricht die Transzendenz, nicht bloß eine gesteigerte und erweiterte menschliche Seele. Was daher im Ausdruck verständlich wird, ist nicht Chiffre. Verständlichmachen heißt Aufheben der Chiffreschrift. Das Unverständliche als solches durch das Verstehen des Verstehbaren prägnant und gestaltet sehen, das läßt durch die Chiffre an Transzendenz rühren, wenn dieses Unverständliche transparent wird.

2. Ordnung der Welt der Chiffren. — Physiognomik sucht aus der jeweiligen Konkretheit des Daseins zu lesen, nicht um zu allgemeinen Sätzen als Ergebnissen zu kommen, wohl aber Allgemeines nutzend als Weg zur Charakteristik. Darum kann sie nicht als System, das ihren Inhalt ordnet, wahr bleiben. Eine Systematik der Bilder würde nur ihre äußeren Daseinsformen treffen. Man hat vergeblich versucht, die Physiognomik des Daseins zu logisieren und zum Wissen zu erheben. Man kann dann scheinbar wie Objekte wissenschaftlicher Einsicht unter Regel und Plan bringen, was doch als Gegenstand wissenschaftlicher Forschung sogleich aufgelöst wird und als Daseins-

ganzes verschwindet. Es gibt die konkrete Leistung sprechenden Verstehens, im übrigen nur formale Erwägungen über seine Möglichkeiten.

Wo aber das Physiognomische Chiffre wird, ist es der Verwandlung in geordnetes Wissen nicht nur wie Physiognomik wegen unbestimmter Vieldeutigkeit und konkreter Ganzheit unzugänglich; weil es aus existentiellem Ursprung erblickt wird, führt vielmehr wie überall, wo nicht nur Dasein ist, sondern Existenz eine Rolle spielt, so auch hier kein Weg zum Wissen.

Eine beabsichtigte *Ordnung der Chiffrenwelt* wird daher dieser durch keine Übersicht Herr, würde sie vielmehr selbst als Chiffren aufheben. Chiffren sind in geschichtlicher Erfülltheit als nicht übersehbare Tiefe, als allgemeine Daseinsformen werden sie zu Hülsen.

Will man sie trotzdem *in philosophierendem Tasten betrachten*, so ergibt sich als ein natürliches Nacheinander: Chiffre wird alles Dasein der *Weltorientierung*: der Reichtum von *Natur* und *Geschichte;* dann das ausdrücklich erhellte *Bewußtsein überhaupt* mit den das Sein artikulierenden Kategorien; schließlich der *Mensch*, der als Möglichkeit alles in einem und doch nie erschöpft ist.

a) *Weltorientierung* braucht für sich selbst kein Chiffrenlesen. Durch dieses wird sie als Weltorientierung nicht erweitert, gerät vielmehr in Gefahr, in sich selbst unklar zu werden, da sie sich grade in kritischer Loslösung von der Chiffrenatur des Daseins entwickelt hat. Chiffrelesen schafft nicht das geringste Wissen, das Gültigkeit in der Weltorientierung haben könnte, aber deren Fakta sind mögliche Chiffren. Was aber Chiffre ist und wie, entscheidet keine Wissenschaft, sondern Existenz.

Ohne weltorientierende Wissenschaft wird Metaphysik Phantasterei. Sie gewinnt nur durch Wissenschaft die Standorte und Wissensinhalte, welche ihr in ihrer geschichtlichen Lage zum Ausdruck wirklichen Transzendierens dienen können. Metaphysisches Suchen gibt rückläufig einen Impuls zur Weltorientierung, wenn diese mir dadurch wesentlich wird, daß ich in der Wirklichkeit die Chiffre sehe. Das Suchen der Transzendenz ist daher zugleich als unerbittliches Wissenwollen des Wirklichen, das sich als nie befriedigte Forschung in der Welt vollzieht. Die im Chiffrelesen gesehene Transzendenz, direkt ausgesagt als Metaphysik, wird schal. Von ihr werde ich erfüllt in meiner wirklichen Weltorientierung, nicht durch ein vermeintliches metaphysisches Wissen, das mir ein anderer auf Grund seiner Weltorientierung mitteilt.

Wenn allseitige Weltorientierung Voraussetzung wahren Chiffrelesens ist, das wahre Lesen in der Wirklichkeit geschieht, die durch
Weltorientierung deutlich geworden ist, so vollzieht sich das Chiffrelesen dennoch nicht an den Ergebnissen der Wissenschaften, die ich
mir sagen lasse. Sondern ich lese in der Wirklichkeit selbst, zu der
ich auf Grund methodischen Wissens, das sie mir überhaupt erst
zugänglich macht, zurückkehre — während ich vorher blind und unbewegt in ihr herumirrte. Nur wo ich methodisch das Wissen der
Weltorientierung in konkretem Dabeisein vollziehe, kann ich Chiffren
lesen. Wie Weltwissen und transzendierendes Lesen von Anfang an
zusammenhing, so ist nach ihrer kritischen Trennung die wahre Vereinigung nicht an Ergebnissen, fixierten Tatsachen und Theorien, sondern nur an den Wurzeln möglich.

Die *wissenschaftliche Weltorientierung* isoliert unter bestimmten
Gesichtspunkten ihre Gegenstände, *teilt sie auf*, verwandelt sie durch
Konstruktion und Hypothese und durch Reduktion, sei es auf Meßbarkeiten, sei es auf photographierbare Anschaulichkeiten, sei es auf
Begriffe mit einer endlichen Zahl von Merkmalen.

Das *Chiffrelesen*, das die Weltorientierung einer Existenz von
Anfang an begleitet und lange in unklaren Verwechslungen an ihre
Stelle tritt, hält sich an das jeweils *Ganze*, an die unmittelbare Gegenwart, an die unreduzierte Fülle.

Die bildhafte Objektivierung dieses Ganzen kann Symbol in der
zweiten Sprache sein und wird als Bild eine täuschende Entfernung
von den Sachen als Wißbarkeiten. Denn dieses Bildhafte, zum vermeintlich gewußten Gegenstand geworden, schiebt sich zwischen die
Welt und das Ich, die Welt für die Weltorientierung in Nebel hüllend,
das Ich zunichte werden lassend im Anschauen imaginär gewordener Bilder.

Mit der kritischen Klärung der Weltorientierung wird auch das
Chiffrelesen erst selbstbewußt und rein. Es hält sich nun an Tatsachen und an die durch die Schärfe der Tatsachen und Methoden
sichtbar werdenden Grenzen der Weltorientierung, d. h. an den nie
aufgehenden Rest des Wirklichen. Stellt aber das Chiffrelesen wieder
eine unmittelbare Ganzheit her, so ohne jeden Anspruch einer objektiven Bedeutung in der Weltorientierung, vielmehr nur im bildhaften
Anschauen von symbolischem Charakter.

Das Chiffrelesen ist ursprünglich bei einer einzelnen Wirklichkeit.
Wie jedoch das Weltwissen zu einer enzyklopädischen Einheit des

Wißbaren drängt, so das Chiffrelesen zum Ganzen der Unmittelbarkeit alles Wirklichen. Es will nicht ein Isoliertbleiben in besonderen Wirklichkeiten, sondern offen für alle Wirklichkeit ein unmittelbares transzendierendes Bewußtsein im Ganzen der geschichtlich zugänglich gewordenen Welt gewinnen. Es will keine Gegeninstanzen als Faktizitäten vernachlässigen, will nicht eine nur zufällige Reihe von Wirklichkeiten unter Blindheit gegen andere zu einem täuschenden Bilde herausgreifen.

Das Chiffrelesen hat darum zu Grundsätzen: alles Wirkliche wissen wollen, und: dieses Wissen in konkreter Wirklichkeit gegenwärtig selbst methodisch vollziehen wollen. Oder anders: ganz dabei sein, und sich nicht von den Dingen fernhalten, weder durch zwischengeschobene Ergebnisse als allgemeine Wißbarkeiten noch durch zwischengeschobene Bilder als erstarrte Symbole eines früheren Chiffrelesens.

Das Dasein als Chiffre ist das ganz Gegenwärtige, absolut Geschichtliche, das als solches das *„Wunder“* ist. Wunder, veräußerlicht und rationalisiert, ist das, was gegen die Naturgesetze oder ohne sie geschieht. Aber alles, was geschieht, ist als Dasein nach den Gesetzlichkeiten zu befragen, infolge deren es notwendig so geschehen mußte. Niemals wird etwas, das gegen oder ohne Naturgesetze geschehen würde, als ein zwingend feststellbares Faktum vorkommen. Das ist nach dem erhellbaren Wesen des Bewußtseins überhaupt, in dem allein mir alles Dasein vorkommt, unmöglich. Dagegen ist das unmittelbar geschichtlich Wirkliche nicht gewußt und nicht nur Faktum; es ist vermöge seiner Endlosigkeit nicht restlos auflösbar in das allgemein zu Wissende, wenn ich auch nicht zweifle, daß, soweit ich in forschendem Erkennen komme, alles mit rechten Dingen, d. h. nach einsehbaren Regeln und Gesetzen zugeht. Das steht jedoch nicht im Widerspruch dazu, daß Wirklichkeit in ihrer undurchdringlichen Gegenwart als Chiffre lesbar wird. Als Chiffre ist sie das Wunder, nämlich das hier und jetzt Geschehende, sofern es nicht in Allgemeines auflösbar und doch von entscheidender Relevanz ist, weil es für die transzendierende Existenz das Sein im Dasein offenbart. Daher ist alles Dasein Wunder, soweit es mir Chiffre wird.

In der Chiffre *hört das Fragen auf* wie in der Unbedingtheit existentiellen Tuns. Es gibt ein Fragen ins Endlose, das leere Intellektualität, weil ohne existentiellen Impuls ist. Fragen hat seinen wahrhaften Raum für uns und ist grenzenlos in der Weltorientierung. Aber

172

Fragen vergeht vor der Chiffre; denn was befragt würde, wäre sogleich nicht mehr die Chiffre, sondern deren Hülse und Abfall als bloßes Dasein, es sei denn, daß Frage und Antwort als solche Material eines darin transzendierenden Chiffrelesens würden. Wo Fragen das schlechthin Letzte sind, ist keine Chiffre mehr sichtbar. Fragen wird das Letzte im Denken als losgelöstem, objektivierendem Tun, aber dieses Denken ist, da es nur vom Bewußtsein überhaupt ausgeht, selbst nicht das letzte. Fragen kann wie ein Ausweichen sein vor dem hier und jetzt Gegenwärtigen der Existenz angesichts der Chiffre.

b) *Bewußtsein überhaupt* ist eine schon transzendierend gewonnene Seinsgestalt, welche ich nicht durch Weltorientierung erforsche, sondern im eigenen Tun mir verifiziere. Dieses Tun des Denkens, das sich selbst denkt, wird in seiner Aktivität und seinen logischen Gebilden Chiffre von einer Art, die allem in der Weltorientierung als Dasein zugänglichen Sein heterogen ist.

c) *Der Mensch* ist Dasein für die Weltorientierung, ist Bewußtsein überhaupt und ist mögliche Existenz in einem. Was der Mensch sei, wird in jeder Ebene eines Seinswissens gefragt und beantwortet und am Ende in der Chiffre seines einzelnen Seins in seiner Transzendenz offenbar.

Natur.

Natur ist als das innerlich unzugängliche, an mich herankommende Dasein, die in Raum und Zeit auseinandergezogene und in sich unübersehbar bezogene Wirklichkeit. Aber sie ist zugleich das, was übermächtig mich in sich schließt, sich für mich auf diesen Punkt meines Daseins konzentriert, mir als möglicher Existenz Chiffre der Transzendenz wird.

1. Natur als das Andere, als meine Welt, als ich selbst. — Natur ist einmal das schlechthin *Andere* für mich, das nicht ich bin und das auch ohne mich ist; sie ist dann als *meine Welt, in der ich bin;* sie ist schließlich *ich selbst,* sofern ich als mir gegeben mein dunkler Grund bin.

Die Natur als das schlechthin *Andere* hat ein Dasein *aus eigener Wurzel.* Was vor Jahrmillionen war, als die Saurier sich in tropischen Sümpfen tummelten und noch kein Mensch war, war doch eine Welt. Für uns ist sie nur Vergangenheit, aber es wäre absurd, ihre Reste anzusehen als etwas, das mit der Schöpfung des menschlichen

Weltdaseins zugleich als ein ewig Vergangenes geschaffen wurde, ohne je selbst Gegenwart gewesen zu sein. Eine Vernichtigung der Natur zugunsten des Menschseins nimmt ihr das Eigensein, das überall aus ihr spricht. Uns gibt dies Anderssein nur seine Aspekte, nicht sein Selbstsein. Aber an sich unbegreiflich ist Natur uns dennoch immer unsere Welt.

Meine Welt wird die Natur durch mein Tun in ihr. Dieses sucht sich ihrer entweder zu bemächtigen zu eigenen Daseinszwecken, sie zu bearbeiten von der einfachen Handarbeit in Feldbestellung und Handwerk bis zu der technischen Herrschaft. Oder die Tätigkeit ist ein Mittel, in der Natur zu Hause zu werden, wenn ich sie nicht *nutzen*, sondern *sehen* will. Ich wandere, reise, suche meine Orte besonderer Nähe zu ihr, dringe über jede Grenze und möchte sie ganz kennen. In der Natur hört die Spannung des schlechthin *Anderen* mit dem, was sie als *meine* Welt ist, nicht auf. Bei aller Herrschaft bleibe ich von ihr abhängig. Sie scheint wie auf mich hin gerichtet, mich zu tragen und mir zu dienen. Aber ich bin ihr offensichtlich auch ganz gleichgültig; nichtachtend zerstört sie.

Ich bin *selbst Natur*, aber nicht nur Natur. Denn ich kann mich ihr gegenüberstellen, kann die Natur in mir wie die außer mir meistern, anverwandeln, zu eigen übernehmen, in ihr heimisch sein, oder ihr erliegen, sie fernhalten und ausschließen. Selbstsein und Natursein stehen sich gegenüber als *zueinander* gehörig.

2. Das Chiffresein der Natur. — Liebe zur Natur sieht die Chiffre als die Wahrheit eines Seins, das nicht meßbar und allgemeingültig ist, aber in aller Wirklichkeit *mit ergriffen* werden kann. In der Straßenpfütze und im Sonnenaufgang, in der Anatomie eines Wurms und in einer Mittelmeerlandschaft ist etwas, was mit dem bloßen Dasein als Gegenstand wissenschaftlicher Erforschung nicht erschöpft ist.

Als Chiffre ist Natur stets ein *Ganzes*. Zunächst als die Landschaft, in der als einer bestimmten Situation des Erddaseins ich jeweils bin; dann als das eine Weltganze der eine unermeßliche Kosmos, wie ich ihn denke und vorstelle; dann als die Naturreiche der besonderen Wesen: der Gestalten der Minerale, Pflanzen und Tiere, der elementaren Erscheinungen des Lichtes, des Tons, der Schwere, schließlich der Lebenserscheinungen als der Weisen des Daseins in einer Umwelt. Das Ganze ist stets mehr als das zu Begreifende und zu Erklärende.

Natur als Chiffre ist in *geschichtlich besonderer Gestalt* die Erdgebundenheit meines Daseins, die Nähe der Natur, in der ich geboren bin und mich gewählt habe. Als solche ist sie inkommunikable Chiffre, weil in ihr einzig für mich und daher am eindringlichsten Natur als das Verwandte — die Landschaft meiner Seele — und im Unterschied als das ganz Fremde ist.

Von da zieht der Kreis weiter. Ich bin offen für den Geist der Orte, der mir in der Kommunikation mit der Verwurzelung der an mich herankommenden anderen Existenzen aus der Vergangenheit und Gegenwart aufgeht. Ich bin ferner offen für die fremde Landschaft, mich verlassend auf den Gehalt der Einsamkeit in der Natur, wo sie noch unberührt von Menschen ist. Der Erdball wird zur Heimat, der Drang zum Reisen die Suche nach den Chiffren in den Erdgestalten.

Die Geschichtlichkeit der Natur, obgleich erweiterbar ins Grenzenlose, konzentriert sich in immer neuen geschichtlichen Einmaligkeiten der Landschaften. Je allgemeiner jedoch der Typus gesehen wird (die Nordseeküsten mit Marsch und Heide und Moor, die homerische Meerlandschaft, die Campagna, der Nil, Gebirge und Wüste, die Polarwelt, die Steppen und Tropen...), desto unwirklicher ist er als Chiffre. Nur im Dabeisein bei der Unendlichkeit des Gegenwärtigen ist die Chiffre offenbar, zu der die Abstraktion des Typus nur erweckend hinlenken kann. Daher gibt es keine Überschau über Möglichkeiten, die als solche nicht die Chiffren sich verdunkeln ließe. In der Vertiefung an seinem Platz, in der Treue zu seiner Landschaft, in der Bereitschaft für das gegenwärtig werdende Fremde ist die geschichtliche Sprache der Natur zu hören.

Ich bin *angesprochen* von der Natur, doch gefragt bleibt sie stumm. Sie spricht eine Sprache, ohne sich darin zu enthüllen, als ob sie im Anheben stockte. Als Sprache des Unverständlichen ist sie nicht dessen blöde Tatsächlichkeit, sondern als Chiffre dessen Tiefe.

In der Chiffre ist das Bewußtsein gegenwärtiger *Wirklichkeit ohne objektive Wirkung.* Was erfahren wird in ihr, ist nicht empirisch da als erkennbar in Folgen und als abhängig von Ursachen, sondern ist reine Selbstgegenwart der Transzendenz in der Immanenz.

3. Das Lesen der Chiffre durch Naturphilosophie. — Allgemein zu sagen, was die Chiffre der Natur sei, wagte seit alters die Naturphilosophie. Sie suchte Natur dem Menschen näherzubringen, um dann gegen diese beseelte Nähe das Unnahbare der Natur zu erfühlen als das Andere, das erhaben ist über die Möglichkeiten des

Menschen. Daß unmöglich Natur für den Menschen gemeint sei, als ob sie nur für ihn wäre, daß es auch unmöglich sei, sie sei in sich selbst genug — in diese Unergründlichkeit drangen spekulative Gedanken. Zunächst sahen sie die Natur — als ob sie in sich geschlossen sei — als das *eine Alleben;* dann ließen sie im Wissen der Weltorientierung die Einheit der Natur *zerfallen* — so daß sie auf ein Anderes zu weisen schien —; schließlich dachten sie die Natur in neuer Einheit als eine in sich gegliederte *Stufenfolge* und sie selbst in einer *übergreifenden* Stufenfolge —, so daß Natur in einem Anderen aufgehoben wurde —:

a) Das *Alleben:* Die Natur ist der *Rausch des Werdens.* Ohne Frage nach dem Woher und Wohin ist sie im endlosen Vergehen das Sein, das sich in seinem Taumel ewig erhält. Nicht Person noch Schicksal kennend, ist Natur die Hingabe an den Strom ihrer Zeugung, dessen Entzücken in eins sich schlingt mit dem Schmerz des Sinnlosen: die Natur ist das *Rad der Qual,* das sich um sich selbst zu drehen scheint, ohne vom Fleck zu kommen. Natur ist Zeit, die keine eigentliche Zeit ist, weil in dem unablässigen Gebären und Verschlingen die Endlosigkeit ohne Entscheidung bleibt. Jedes Einzelne ist in der Unermeßlichkeit des Verschwendens wie nichts. Natur ist der Drang, der nicht weiß, was er will; sie blickt an als der Jubel des Werdens und als die Trauer der dumpfen Gebundenheit. Ihre Chiffre ist daher nicht endgültig, vielmehr zweideutig:

Sie klärt sich zur Ruhe des Bestehens im Gleichgewicht der Kräfte. Eine stille Harmonie scheint mich aufzunehmen, wenn ich ihr folge. Sie gliederte ihr Dasein werdend in der Gestaltenfülle, prägnant und unerschöpflich; sie vernichtete jedes Gewordene, unerbittlich und blind. Trotzdem vermag sie als ein unendlich tröstendes Sein zu erscheinen: das eine große schaffende Leben, unzerstörbar, ewig neu in der Erscheinung, immer dieselbe Urkraft der Weltseele. Das Alleben scheint mich an sich zu ziehen, lockt mich, mich aufzulösen in seine strömende Ganzheit. Seine Gestalten in Tier- und Pflanzenreich sind wie mir verwandt. Aber Natur antwortet nicht; so leide ich und sträube mich; es bleibt nur eine Ahnung von Geborgenheit, eine Sehnsucht nach ihr.

Die Unnahbarkeit der Natur wird die *andere Möglichkeit:* die entfesselten Elemente, die mich bedrohen; die Wucht der absoluten Fremdheit; der Abgrund der Tiergestalten, die, sofern ich mich in der Verwandtschaft mit ihnen einen Augenblick identifizieren lasse, mir eine furchtbare oder lächerliche Verzerrung werden. Wird das Alleben nach der einen Möglichkeit wie eine Mutter, der ich vertraue, so nach der anderen ein Teufel, vor dem mir graut.

Das Ruhelose ist der Aspekt des Allebens; die Starre der Felsen und Formen ist nur erstarrte Unruhe. In der Endlosigkeit des Schimmerns und Glitzerns, im Wellenkräuseln vor dem Licht, dem Glimmerplättchen am sonnenbeschienenen Felsen; im Springen der Tropfen im Regen, ihrem Strahlen im Tau; im Kreisen und Verschlingen der Farben auf der ziellos bewegten Wasserfläche; in der Brandung der Meeresküste; in Wolken mit ihrem keinen Augenblick verharrenden Dasein von geformter Räumlichkeit, in Weite und Enge, Licht und Bewegung; — überall ist diese Oberfläche des Naturseins ebenso bezaubernd wie vernichtend.

b) *Zerfall der Einheit der Natur:* Schien die Natur als das Alleben eine zu sein, so wird für ein *Wissen* die Einheit mir in besonderer Gestalt: Einheit des Mechanismus als der universalen Gesetzlichkeit der Natur, in der alles nach Zahl, Maß und Gewicht erfaßbar ist; die Einheit der morphologischen Gestalten, die in sich jeweils ein Ganzes möglicher Formen sind; die Einheit des Lebens als je individueller Lebendigkeit eines in sich unendlichen Ganzen. Aber die Einheit der Natur zerbricht grade durch dieses entschiedene Erfassen irgendeiner bestimmten Einheit. Die Einheit des Allebens ist nicht als eine gedachte auch beständig, sondern nur Chiffre einer Einheit, welche dem unmittelbaren Bewußtsein so selbstverständlich erscheinen kann, daß es die Einsicht in die Unmöglichkeit ihres Gedachtwerdens braucht, um an dieser Chiffre des Einen der Natur nicht festzuhalten. Das naturwissenschaftlich bestimmt gewordene Wissen läßt die Chiffre der Naturzerrissenheit deutlich werden.

c) *Stufenfolge:* Ist die Einheit des Allebens zerbrochen, so wird sie wiedergesucht im spekulativen Gedanken, der das in der Natur Heterogene zusammenbindet in der Stufenfolge eines geschichtlichen Werdens der Naturgestalten. Diese sind als zeitlose Folge (als ob sie sich aufeinander aufbauten und hervorbrächten) gedacht in den Reichen der Schwere und des Lichts, der Farben und Töne, des Wassers und der Atmosphäre, der Gestalten der Kristalle, der Pflanzen und Tiere. Der Gedanke einer zeitlosen Entwicklung sieht in der Stufenfolge des Naturdaseins eine zunehmende Lösung aus der Gebundenheit, eine zunehmende Verinnerlichung, Konzentration und mögliche Freiheit. Das Werden wird dann als zeitliche, zielhafte Entwicklung gesehen, und darin auch die mißratenen Versuche, die grotesken und absurden Ziele, die die Natur zu haben scheint und die wiederum die Schließbarkeit der Natur als der einen in sich selbst unmöglich machen.

Daher wird eine umfassendere Stufenfolge erdacht als Chiffre des Seins, in der die *Natur ein Glied* ist, das von sich zurück und voraus weist. In der Natur wird rückwärts der *Grund der Natur* als unzugängliche Tiefe der Transzendenz ergrübelt, aus welcher das Dasein als Natur möglich und dann wirklich werde. In der Natur wird vorausblickend der Keim dessen gesehen, was aus ihr als *Geist* werden wird. In der Natur scheint schon der Geist, der später aus ihr als er selbst hervorbrechen wird, als gebunden und unbewußt, in der Chiffre sichtbar. Er regt sich und kann sich noch nicht finden; daher die Qual. Er bereitet sich den Boden seiner Wirklichkeit: daher der Jubel. Die Natur ist der Grund des Geistes; er ist schon in ihr, wie sie noch in ihm, wo immer er wirklich ist.

In der Chiffre der Natur als keimendem Geiste scheint dann, was später Freiheit der Existenz im Medium des Geistes wird, schon als bewußtlose Wirklichkeit gegenwärtig. Ein schauendes Schaffen ohne Bewußtsein geht seinen Weg als Plan ohne planenden Verstand. In ihr ist mehr als Plan durch die Tiefe vernünftiger Bewußtlosigkeit; weniger als Plan, wenn sie ratlos zu werden scheint, wo sie, etwa ein Leben in neuen Daseinssituationen, plötzlich sich anpassen soll. In der Chiffre der Natur ist Vernunft und Dämonie, Vernunft als Mechanismus, Dämonie als Schöpfung und Zerstörung der Gestalten.

4. Das Täuschende und Dürftige der allgemeinen Formeln für die Chiffre der Natur. — Die Formeln der Chiffren können sich inhaltlich erfüllen durch alle Weisen bestimmten Wissens von der Natur, sofern dieses Wissen nicht *als* Wissen, sondern die darin erfaßte *Faktizität* als Sprache des Seins gemeint ist. Immer aber bleibt das Material der Chiffre der Natur das *Anschauliche*, die Weise, wie Natur meinen *Sinnen* in *meiner* Welt vorkommt. Das Wissen von der Natur wird erst wieder in Rückübersetzung zu einem anschaulichen Bilde sprechend; so wenn die etwa erkennbare Extension des gekrümmten Raumes der Einsteinschen Welt als eine ungeheure in Ursprung und Ziel dunkle Bewegung des Weltganzen die Grenzvorstellung der in sich ungeschlossenen Welt wird durch die Frage, was darüber hinaus der Grund der Bewegung und worin dieser gekrümmte Raum sei.

Aber die spekulativen Formeln der Chiffre der Natur — obgleich sie ihrem eigentlichen Sinn, nicht ihrer anschaulichen Erfüllung nach unabhängig sind von bestimmten Naturerkenntnissen in dem Fortschreiten der Wissenschaften — täuschen durch die *Verwechselbarkeit* mit weltorientierendem Wissen, wenn sie auftreten mit dem Anspruch, eine empirische Wirklichkeit zu erkennen. Denn durch sie findet keinerlei Erkenntnis der Welt statt. Verleiten sie weiter zu einem Handeln aus diesem Wissen von der Natur, so soll ein magisches Operieren etwas Erwünschtes herstellen, indem die gedachten Chiffren (z. B. das Alleben in Gestalt des Steins der Weisen und schließlich besonderer Mixturen) wie wirkende Kräfte in der Welt benutzt werden. Schließlich folgt aus der Verwechslung eine Leugnung des Wertes wissenschaftlicher, d. h. partikularer und relativer Weltorientierung, der als dem zwar bestimmten, aber vereinzelten und unzureichenden Wissen dieses vermeintliche Wissen vom Ganzen unendlich überlegen scheint. Aber wenn ich in der Welt durch Tun etwas erreichen will, habe ich Erfolg nur in dem Maße, wie ich partikulares methodisches Wissen mit dem Bewußtsein der Grenze planmäßig voraussehend anwende. Durch Chemie und Biologie lerne ich aus dem Acker herauszuholen, was möglich ist, nicht durch Lesen der Chiffreschrift in spekulativen Gedanken. Durch die Wissenschaft der Medizin lerne ich Bekämpfung und Heilung der Infektionskrankheiten, chirurgische Behandlung von Verletzungen und Geschwülsten, nicht durch sympathetische Mittel, Beschwörungen und andere Verfahren aus dem vermeintlichen Wissen des Allebens.

Die Formeln sind ferner *dürftig*, denn alle Chiffre der Natur ist nur in der geschichtlichen Gegenwart der wirklichen Natur, die hier so für mich ist. Die Chiffre lese ich, wo ich in einem bestimmten Bereich der Natur dessen Leben in Tages- und Jahreszeiten, in allen Witterungen durch eigene Tätigkeiten kennenlerne. Nur so verwachse ich mit dem Naturleben, indem ich mit ihm umgehe als dieser Örtlichkeit. Meine Beobachtungen und Veranstaltungen, in diesem Sein mit der Natur ohne ein zwischengeschobenes Anderes, ohne Regel und Mechanismus getan und erfahren, heben mich aus der Menschenwelt heraus. Es ist wie eine Rückkehr in unzugängliche Vorzeiten, aber auf dem Wege über das naturwissenschaftlich mögliche Wissen, das mir erst aufschließt, was ich erfahren kann. Dann fasse ich mit allen Sinnen die Natur auf, alles Sichtbare und Hörbare, Riechbare und Tastbare wird mir vertraut. Ich verwandle mich in eine Bewegung, welche die der Natur ist, ihr Erzittern in mir mitzittern läßt. Um einen Leitfaden meiner Tätigkeit mit der Natur zu haben, von dem ich aber abweiche, wenn ich ihr eigentlich nahe trete, bin ich Jäger, Sammler, Gärtner, Förster. Wenn die Rationalität der Weltorientierung mir die Sprossen der Leiter gibt und mich vor Verwechslungen schützt, gelange ich zur eigentlichen Chiffre, vor der alle Naturphilosophie als bloßer Gedanke verblaßt, wenn sie auch hinzuleiten und aufmerksam zu machen weiß. Indem ich über alle Zwecke hinaus einen Raum der Natur mir so zu eigen mache, stehe ich erst vor ihr selbst. Daher wird die unerläßliche Wiederholung weniger Gedankenmotive in der Naturphilosophie durch die Jahrtausende jeweils eingeschmolzen in die unendliche Lust des wirklichen Chiffrelesens, das mir eine unerschöpfliche Fülle darbietet und die Gedanken erst wahr macht.

5. Die existentielle Relevanz der Chiffre der Natur. — Ich bin in der Natur als mögliche Existenz. Daher *gleite ich* angesichts ihrer von der Substanz meiner Möglichkeit *nach zwei Seiten ab.* Lasse ich die Natur nur noch herankommen an mich als Gegenstand der Bearbeitung, als Widerstand, an dem ich mich bewähren, als Stoff, aus dem ich etwas herstellen soll, so gleite ich in eine substanzlose Aktivität; diese wird ein Formalismus des Daseins, der durch Naturfeindschaft mich auch mich selbst in meinen Lebensgehalten verlieren läßt. Es ist unmöglich, die Natur zu begreifen als bloßes Material für uns, ohne damit zugleich die Wurzel unserer selbst zum Verdorren zu bringen. Auch das steinerne Meer der Großstadt, ihr Lärm und ihr Licht — alles bleibt bearbeitete *Natur* und bewahrt die Möglichkeit, sie zu erblicken. — Mache ich hingegen umgekehrt die Natur zum eigentlichen Sein, mich selbst zu ihrem Produkt, so vergesse ich mich in der Naturschwärmerei als das Selbstsein, als das ich eigentlich bin.

Gegen beide Abgleitungen ist erst *das entschiedenste Selbstsein Wurzel der reinsten Liebe zur Natur*, ohne sie zu verwechseln: Natur kann weder Derivat unseres eigenen Daseins sein, noch das Bessere, in das wir uns zu verwandeln hätten. Vielmehr ist sie aus sich selbst für uns selbst. Kant sah im Sinn für Natur das Zeichen einer guten Seele. Roheit gegen Natur erschreckt uns meistens nicht wegen der verletzten Natur, sondern wegen der Gesinnung, aus der solches Verhalten möglich ist; wenn einer wegslang im Vorbeigehen mit seinem Stock Blumen köpft, sind wir angewidert, aber befriedigt, wenn der Bauer die ganze Fläche mäht.

Jedoch die Liebe zur Natur ist für den Menschen eine *existentielle Gefahr*. Gebe ich mich hin an sie als eine nie ergründete Chiffre, so muß ich mich aus ihr stets wieder zurücknehmen, denn sie will mich mir selbst entfremden in Gedankenlosigkeit. Ich bin selig im Anschauen des Reichtums dieser Welt und bin verraten, wenn ich mich mehr als einen Augenblick an sie verliere.

Der Mensch sucht, in der Isolierung sich verlierend, die Natur als *Ersatz für die Kommunikation*. Wer dem Menschen ausweicht, findet scheinbare Zuflucht, wenn er ohne Gefahr sich im Naturgefühl ausbreitet. Doch mit der Natur steigert sich seine Einsamkeit. Der Sinn für Natur hat den Charakter der Wehmut; sie, die nicht antwortet, scheint in ihrer Bewußtlosigkeit täuschend wie ein Gefährte des Leides. Wir messen alles an der Sprache, weil wir als mögliche Existenzen erst in Kommunikation zu uns kommen. Die Sprachlosigkeit der Natur ist das Reich der Kommunikationslosigkeit. Aus jeder Kommunikation gerissen eint sich Lear den Elementen, scheint dem wahnsinnig Gewordenen alles Sprache zu werden, das Unverständliche verständlich, er selbst unverständlich.

Das Leben *allein mit der Chiffre der Natur* ist der Schmerz bloßer Möglichkeit; es ist wie ein Versprechen von Zukunft, darum Hoffnung, angemessen der Jugend, die sich im Anblick der Chiffre der Natur bewahrt gegen vorzeitige Wirklichkeit als Vergeudung und gegen Ansprüche einer Menschenwelt, die sie noch nicht meistern kann. Ihr ist Natur wie ein Gefährte, mit dem sie an sich halten und leben kann; noch ohne entschiedene Kommunikation, erfährt sie die eigene unbestimmte Tiefe. Dann aber wird Natur die Welt, in der ich lebe, ohne daß sie in ihrer Chiffre für mich schon das Leben wäre. Sie wird der Raum, worin die Kommunikation des Selbstseins mit anderem Selbstsein sich vollzieht, das Feld meiner Tätigkeit, der Ort meines Schicksals. Darum bin ich ihr verbunden als der gemeinschaftlich erfüllten Welt, der geschichtlich beseelten Landschaft. Ich bin ihr sie verwandelnd wie ferner getreten, wenn sie Gefährte des Glücks wurde. Ich höre sie als die dunkle Chiffre des Hintergrundes, solange ich in der eigentlichen Nähe gegenwärtiger Existenz mit Existenz stehe.

Kehre ich wieder zur reinen Natur zurück, so ist nun die bloße Naturschönheit zu sehen schmerzvoll, wenn sie mir wie die Möglichkeit ist, die niemals wirklich wird. Es ist in der Freude an ihr die Wiederholung wie eine Erinnerung ohne Zukunft. Ich erleide die Sprachlosigkeit. Sie erweckt Sehnsucht im Bewußtsein des Mangels, eine Bewegung des Gemüts ohne gegenwärtige Befriedigung, weil die Chiffre der Natur für sich nicht mehr das Wesentliche ist, wenn Existenz ins Dasein trat.

Geschichte.

Für die *weltorientierende Forschung* ist Geschichte die Summe der Zustände und Ereignisse des Völkerlebens der Vergangenheit und dessen, was handelnde Menschen vermochten. Was empirisch vorkommt, ist in jeder Hinsicht endlos für die objektive Betrachtung. Es ist beliebig auswählend zu beschreiben und zu erzählen, auf vorausgesetzte Zielpunkte hin konstruktiv zu gliedern, als nur dem Dasein angehörig kausal zu untersuchen.

Werde ich innerlich *betroffen*, so spricht mich aus der Vergangenheit *Existenz* an. Die Geschichte lichtet sich als Gehalt für mich, einige Wirklichkeiten treten mir nah, das Andere tritt in dunkler werdenden Hintergrund, aus dem nur mattes Schimmern die Möglichkeit andeutet, daß mein Blick dahin gelangen könnte.

Über historisches Wissen und existentielle Betroffenheit hinaus, aber nur in beiden als Chiffren sich findend, dringt das *Transzendieren*. Ohne noch theoretische, deskriptive oder kausale Einsicht zu haben, und ohne noch den entscheidenden Entschluß von Existenzen wahrzunehmen, wird mir durch beides hindurch ein Ruck in den geschichtlichen Wandlungen als transzendentes Ereignis fühlbar. Als Historiker weiß ich: es ist geschehen und damit endgültig wirklich; als mögliche Existenz spüre ich die Taten der Menschen: es ist getan und nicht wieder rückgängig zu machen. Beides wird Chiffre. Es ist als ob die Transzendenz sich kundgebe, ein alter Gott entschleiert würde und stürbe, ein neuer Gott geboren würde. Da ist nichts zu überlegen und nichts zu begründen. Der Chiffrencharakter der Geschichte konzentriert sich mir vielleicht in bestimmten Ereignissen. Es wird mehr offenbar als ich weiß und sagen kann. Das sind die großen Geschichtsschreiber, die nur in Wirklichkeiten sprechen und sie ohne Absicht und Zweck indirekt diese Transparenz gewinnen lassen; — im Unterschied von rhetorischer Darstellung, die nur fesselt, und von mythisierender Geschichtsschreibung, die bewußt herstellt, was als gewollt unwahr wird.

Die Weise des Chiffrelesens, welche neben die empirische eine andere mythische Wirklichkeit setzte, ist uns fragwürdig geworden.

Wenn ein objektiver ergänzender Mythus erzählt und die empirische Wirklichkeit verlassen wird, so folgen wir nicht: die eingreifenden Mächte werden uns nicht mehr gesonderte Gestalten. Der Grieche konnte sagen: ein Gott tat es. Wir verstehen es, können es aber in unbedingtem Ernst so nicht mehr aussprechen. Wird schließlich in einem weiteren Sprunge das historische Einzelgeschehen zu einer einmaligen Artikulation in einem übersinnlichen Ganzen, das als die Geschichte der jenseits bleibenden Transzendenz erzählt wird, die sich in dem Material dieser Welt offenbart, so ist zuviel ausgesprochen. Wir kennen keine ursprüngliche Chiffre, die uns solchen Totalausdruck erfüllen könnte.

Die Chiffren der Geschichte zu lesen, suchen wir *an Anfang und Ende* zu dringen. Aber wir sehen, daß hier nur zu wissen ist, was durch Reste wie Dokumente, Monumente, Werkzeuge belegt wird, oder was aus Tatsachen als wahrscheinlich in der Welt vorausgesetzt werden kann; was aber die Zukunft ist, bleibt immer in sich ausschließenden Möglichkeiten. Daher dringen wir nie an *den* Anfang und *das* Ende. Die Chiffre ist nur in der Geschichtlichkeit *zwischen* imaginärem Anfang und Ende zu lesen. Anfang und Ende hat das, was uns geschichtlich relevant, weil existentiell appellierend und als Chiffre sprechend ist, eingebettet in die endlose Dauer. Chiffre der Geschichte ist das Scheitern des Eigentlichen. Es muß zwischen einem Anfang und einem Ende sein; denn Dauer hat, was nichtig ist. Wir sehen die Auffassung, die es mit dem Erfolge hält, das Gewordene als Gewordenes für das Beste nimmt und als notwendig rechtfertigt, die Macht als das allein Wahre preist und als die durch Sinn erfüllte Gewalt legitimiert. Aber wir sehen auch, wie diesem Auffassen das Chiffresein der Geschichte verlorengeht zugunsten eines nur positivistischen Wissens. Was wahrhaft ist, scheitert, aber es kann wiederholt und neu ergriffen wieder lebendig werden. Diese Möglichkeit ist nicht Bestand als Dauer, nicht die historische Bedeutung durch Wirkung auf die Weltgestaltung, sondern der fortdauernde Kampf der Toten, deren Sein noch nicht entschieden ist, solange neue Menschen die Fackel eines anscheinend Verlorenen ergreifen, bis das Scheitern endgültig wird. Die Weltgeschichte ist nicht das Weltgericht. Das glaubt der Triumph des übermütigen Siegers, glaubt die von ihrem Dasein stets befriedigte Menge und die pharisäische Selbstgerechtigkeit des faktisch Lebenden, welche meinen, daß sie leben, weil sie die Besten sind. Vieldeutig ist, was geschah. Die Weltgeschichte als Summe ist platte Tatsächlichkeit, sie als ein einziges Ganze zu denken, ist leere Rationalität; sie auf das gegenwärtig Wirkliche zu beziehen, ist treulose Vergeßlichkeit gegen das, was zusammengehört im corpus mysticum der selbstseienden Geister.

Verglichen mit der *Natur* als dem mir Fremden ist *Geschichte* das Dasein meines eigenen Wesens. Sie ist empirisch zwar ganz abhängig von der alles einstampfenden Natur; die Natur aber wird ein Gegenstand der relativen Überwältigung durch die Geschichte, wo sie ihr dienen muß. Die Natur ist ohnmächtig durch Zeitlosigkeit, ihre schließliche Herrschaft in der Zeit als bloßer Dauer Ausdruck ihrer Ohnmacht. Die Geschichte ist empirisch ohnmächtig, weil sie durch Natur überwältigt in der Zeit ihr Ende findet; aber diese Ohnmacht ist der Ausdruck ihrer Macht als geschichtlicher Erscheinung der Transzendenz in Existenzen. Die Natur ist mächtig als das in aller Zeit Bestehende und doch nicht Seiende; die Geschichte ist mächtig als das in der Zeit Verschwindende und doch Seiende.

Bewußtsein überhaupt.

Von der gesamten Weltorientierung mich zurückwendend auf das Dasein, in dem mir alles vorkommt, erhelle ich mir die Form dieses Daseins als Bewußtsein überhaupt. Es ist das Medium, worin für mich, was ist, allein sein kann, in unausweichlichen Formen, die ich als Kategorien vergegenwärtige, mit dem Sinn einer Geltung für jedermann. Das Bewußtsein ist nach dieser Seite identisch, so viele Male es auch da sein mag.

Was in der Natur die Ordnung nach Zahl, Maß und Gewicht ist, das ist in jedem Dasein eine irgendwie bestimmbare Artikulation gegenständlichen, kategorial geformten Seins. Wie die Naturforscher das Buch der Natur als in mathematischen Lettern geschrieben lasen, so ist alles Dasein in der Welt in irgendeinem Sinne objektiv für jedermann identisch faßbar. Das Bewußtsein überhaupt, an dem ich unpersönlich teilnehme, wenn ich überhaupt da bin, ist das, was eindeutiges Verständnis und damit die Gemeinschaft im objektiv Gültigen möglich macht. Wir leben im Vertrauen auf diese Ordnung: es geht alles mit rechten Dingen zu. Ein Grauen befällt uns, wenn ein Durchbruch dieser Ordnung wirklich scheint und nun alles ins Chaos zu stürzen droht. Aber wir können in der Erhellung des Bewußtseins überhaupt wissen, daß das unmöglich ist.

Ordnung, Regel und Gesetz von allem, grade das, was alle Symbolik aufzuheben scheint und die unerbittliche Scheidung von Wirklichkeit und Illusion erzwingt, wird selbst Chiffre: *daß das Dasein so ist, daß in ihm Ordnung und diese Ordnung ist, ist Chiffre seiner Transzendenz.* Diese Ordnung ist uns die selbstverständlichste, jeden Augenblick in irgendeinem Teil gegenwärtige und genutzte. Wir staunen erst, wenn wir sie in ihrer Universalität uns bewußt machen.

Ihre Richtigkeit ist wie eine Chiffre der transzendenten Wahrheit, das Rätsel der Geltung wie ein Widerschein des Seins der Transzendenz. Jede Richtigkeit als Wahrheit hat einen Glanz; sie ist nicht nur sie selbst, sondern das, wodurch sie möglich ist, scheint in ihr zu leuchten. Jedoch ist dieser Glanz täuschend; denn im Augenblick, in dem wir uns an dieser Wahrheit als geltender Richtigkeit genügen lassen wollen, erfahren wir eine Öde der Endlosigkeit des bloß Richtigen und verlieren sogleich die Chiffre. Was die Schutzwehr gegen Willkür und Zufall war, wird starres Netz, in dem ich nur gefangen bin.

Das Bewußtsein überhaupt mit seinen gültigen Formen ist der *Widerstand,* an dem alles andere sich bewähren muß. Es ist das *Gerüst* des Daseins, ohne das kein Verständnis und keine Kontinuität der Gewißheit ist. Es ist das *Wasser* des Daseins, ohne das nichts leben kann. Diese Vergleiche rauben ihm sein eigenständiges Sein, aber charakterisieren auf verschiedene Weise seine Unentbehrlichkeit. Jeder Schritt, mit dem wir es verlassen oder ignorieren wollten, geht gegen unser Dasein selbst, dessen Selbstachtung die Bindung an sein Allgemeines fordert. Jede Zufriedenheit mit ihm als eigentlichem Sein nimmt uns aber den Gehalt möglicher Existenz. Seine Richtigkeit ist Wahrheit und als solche Chiffre. Aber die Chiffre selbst läßt in einem den Glanz der Wahrheit und das Ungenügen des Daseins in dieser Gestalt spüren.

Die Notwendigkeit der universalen Gesetzlichkeit ist Halt und Trost. Wenn alles in Zufälligkeit zu zerrinnen droht, so habe ich im Gesetz den Ort, wo ich festen Fuß fassen kann. Wenn mir das Sein versinkt, ergreife ich es in diesem Gesetz allen Daseins. Aber dieses Gesetz ist dann Chiffre, und wie jede Chiffre vieldeutig. Diese lockt mich in die Leere des Richtigen und Endlosen, scheint mich vom Wagnis möglicher Existenz zu befreien, und gibt mir die Würde als Vernunftwesen. Ich kann mich an sie halten, aber nicht endgültig und absolut. Wie in jede Chiffre muß ich mich auch in diese vertiefen,

ohne jemals Grund zu finden. Ich sehe sie nicht mehr, wenn ich die
Geltung nur objektiv festhalte.

Jede *Kategorie* kann *in ihrer Besonderheit* Chiffre werden; das
ist die existentielle Bedeutung der einzelnen Kategorien. Was ich bin,
wird mir deutlich in Kategorien, die ich bevorzuge, weil sie mir in
eigentümlicher Weise transparent sind.

Insbesondere sprechen die Urgegensätze der Kategorien einen unergründlichen Sinn aus. Die letzte Spaltung im Bewußtsein überhaupt
ist die zwischen den logischen Formen und dem Material, das sie
erfüllt. Aber das logisch Undurchdringliche bleibt doch Materie des
Bewußtseins überhaupt. Materie ist nicht das Sein, sowenig wie die
Kategorien. Sie ist alogisch, aber nicht transzendent. Daß aber das
Dasein diese Spaltung aufweist, ist mögliche Chiffre. Spekulativ
möchte ich einen Augenblick durch die Materie, dann durch die logischen Formen auf die Transzendenz stoßen — aber nur wo beide eines
sind, wo die Materie selbst zur Form, und die Vielfachheit der Formen
selbst Materie wird, oder wo das spaltende Denken sich im formalen
Transzendieren aufgibt, leuchtet die Chiffre auf.

Der Mensch.

Was wir selbst sind, scheinen wir am besten wissen zu können, und
wissen es nie.

Man faßt den Menschen *anthropologisch* in seiner Leiblichkeit
als Glied im Reich des Lebendigen, in seinen Rassen als anato-
mischen, physiologischen und physiognomischen Artungen. Man faßt
ihn als *Bewußtsein*, sowohl als *Bewußtsein überhaupt*, das wir nur
im Menschen kennen, wie als seelisches *Dasein*. Wird er hier Gegenstand der Logik und Psychologie, so als Wesen, das jeweils erwächst
durch seine *Tradition* und im Wechselverkehr mit anderen, Gegenstand der Soziologie. Als Objekt erforscht, ist der Mensch nie nur
biologische Art, sondern — von den Tieren durch einen Sprung geschieden — das geistige Wesen, das spricht, sich der Natur bemächtigt und schließlich sich selbst in sein Machen einbezieht.

Die Weisen, in denen der Mensch sich zum Gegenstand macht, die
anthropologische, die Weise der bewußtseinserhellenden Logik, die
psychologische und soziologische Weise sind voneinander nicht zu
trennen; bei jeder wird fühlbar, was erst der anderen eigentlich zugänglich ist. Alle übergreifend aber ist der Mensch der *Wissende*, der

186

immer noch *mehr ist, als er von sich weiß*. Sein Wissen selbst bringt ihm wieder neue Möglichkeit, so daß er dadurch, daß er sich begreift, wieder ein Anderer wird. Daher ist der Mensch das, was er von sich weiß, nur nach dieser einen Seite seines Wesens; als gewußtes Sein ist er noch nicht, was er eigentlich selbst ist.

Weil der Mensch sich Natur, Bewußtsein, Geschichte, Existenz ist, ist das Menschsein der *Knotenpunkt* allen Daseins, worin alles sich uns verknüpft, von dem aus alles Andere uns erst erfaßbar wird. Als Mikrokosmos noch zuwenig, ist der Mensch vielmehr bezogen auf Transzendenz über alle Welt hinaus. Er ist zu denken als das *Mittelglied* des Seins, in dem das Fernste sich trifft. Welt und Transzendenz verschlingen sich in ihm, der auf der Grenze beider steht als Existenz. Was der Mensch sei, ist ontologisch nicht zu fixieren. Der Mensch, sich selbst nie genug, in keinem Wissen erfaßt, ist sich Chiffre.

Der Transzendenz kommt er am nächsten, wenn er sie durch sich selbst als Chiffre erblickt; daß er nach dem Bilde Gottes geschaffen sei, ist dafür der mythische Ausdruck.

Da kein Ganzes, das sich schließend das Sein wäre, dem Menschen zugänglich wird, sind Natur und Geschichte offen, ist Bewußtsein nur Erscheinung, bleibt Existenz Möglichkeit. Er schafft sich Bilder vom Ganzen; auf die Frage aber, ob es auf das Ganze und Eine oder auf den Einzelnen ankomme, gibt er die notwendig widersprüchliche Antwort: am Leitfaden des Verhältnisses zu einem Ganzen werde der Einzelne entwertet; aus dem Selbstsein des unabhängigen Einzelnen aber werde im Durchbruch wieder jedes Ganze, in das der Mensch doch nie aufgehe, entwertet. Jede Einheit: der Welt als Natur im Kosmos, der Geschichte in der Vorsehung, der Existenz des Einzelnen — werde fragwürdig. In sich selbst die Chiffre lesend erfaßt der Mensch die Einheit der *Transzendenz*, ohne sie zu wissen oder zu begreifen.

Alles Dasein und sein eigenes ist bewegt und unfertig. Wo er, alles in sich als dem Knotenpunkt zusammenschlingend, die Einheit der Transzendenz liest, wird sein Sein, da er diese Chiffre zugleich selbst ist, wieder bestimmt durch die Einheit, die er liest. Die *Einheit* dessen in ihm, was sonst getrennt für ihn ist, wird ihm *Chiffre*.

1. Chiffre der Einheit des Menschen mit seiner Natur. — Die Natur in mir, angeeignet und durchdrungen vom Selbstsein, ist mehr als Natur. Als Natur in der Natur zu leben, ohne Zweck gegenwärtig zu sein im vitalen Schwunge des bloßen Lebens, das kann schnell banal werden; aber es zu wagen, und es sich zu versagen, ist

eine Bedingung des Chiffrewerdens des Menschen für sich selbst. Was ich bin und weiß, muß mir leibhaftig werden. Die stets gegenwärtige Sinnlichkeit, das Sehen und Hören, in dem Auf und Ab von Anspannung und Ermüdung beglückt nicht nur mich als lebendige Natur, sondern hat zugleich ihre Tiefe als Möglichkeit. Die Chiffreschrift meines Daseins ist in der Weise der Sinnlichkeit geschrieben. Zwar ist die Sinnlichkeit nur Material der Sprache, aber ohne jeden Augenblick in sie einzutreten, ist das Übersinnliche nicht gegenwärtig.

Die *Erotik* ist das Dasein des Menschen als Natur, in der die Chiffre seines Seins am entschiedensten zum Ausdruck kommt. Sie kann die Gleichgültigkeit eines zu regelnden Naturvorgangs für ihn werden; dann ist sie vitale Spannung und Befriedigung, die leere Sättigung, die selbst in bacchantischer Steigerung nicht Chiffre wird. Wie bloße Wahrnehmung und bloßer Verstand blind sind, so ist die erotische Befriedigung als solche ohne Transparenz auch in der unabsehbaren Bereicherung durch den Reiz.

Erotik gewinnt ihren Charakter als menschliche Chiffre erst dort, wo sie existentiell ergriffen wird als Ausdruck der Kommunikation in ihrer Transzendenz. Was als bloße Natur mir mein Menschsein zerspaltet und im Anderen entwürdigt, wird in existentieller Kommunikation als Chiffre aufgenommen in das Menschsein. Die Art seiner Erotik entscheidet sein Wesen.

Wenn Liebe sich zur Erscheinung kommt, dann ist die erotische Hingabe als bedingungsloses Sichanvertrauen der eigenen Natur eine *einzige*. Biologisch und in erotischen Reizen für rationale Erwägung auswechselbar und wiederholbar und dann bloße Natur und künstlich geformte Natur, ist die Hingabe als Chiffre nur an einen Menschen als einzigen möglich. Kein Verstand und keine psychologische Klugheit begreift die Ausschließlichkeit, die aus dem absoluten Bewußtsein und von dem Sehen der Chiffre her doch die klarste Selbstverständlichkeit hat. Sie ist als Chiffre nur, wo sie zugleich gewollt ist, wenn auch nie durch Wollen allein, das als ausschließendes nur gewaltsam wäre, sondern als unbegreifliches Geschenk der Seinsnotwendigkeit. Darum ist Wiederholung im gleichen Sinn nicht möglich. Es ist der Ruin dieser Chiffre, wo von einer Seite, die nur den Reichtum des Lebens und seiner Möglichkeiten und darum auch den Wechsel kennt, der andere in seiner einzigen menschlichen Möglichkeit vergeudet wird, für beide vielleicht ohne Bewußtsein dessen, was getan wurde. Wie ich nur einen einzigen Leib habe und ihn nicht wechseln kann,

188

so bedeutet die Gemeinschaft des Leibes als Chiffre die einzige Zueinandergehörigkeit.

In der existentiellen Liebe zur Chiffre werdend, nur hier in einmaliger Bindung, jeweils unvergleichbar möglich, wird die Natur in der unaufhellbaren Gegenwart ihres Daseins zur Erfüllung der Existenz. Das Menschsein, in Gefahr Natur werden zu wollen, erringt in der Chiffre sein Wesen. Dieser Chiffre, die ebenso aus Freiheit wie dunkelster Natur sich hervorbringt, erwächst als Möglichkeit eine Zartheit in der Stille und in bedrängenden Situationen, ganz innerlich der Innerlichkeit der Anderen offen und dieser spürbar, gegen Rohheit durch Härte und Undurchdringlichkeit sich schützend, gegen konventionelle Humanität, welche nur Laxheit ist, durch Distanz sich in die Form der Unmenschlichkeit wagend. Wir als der Natur auch verfallende Menschen haben die Chiffre dieses Menschseins vor Augen, auch wenn die eigene Chiffre getrübt bleibt. Auf alle Haltung des Menschen aber wirkt bestimmend, ob er dieser Chiffre fähig und zu ihr bereit war.

Die bloße Erotik läßt den Menschen sein Selbst aufgeben; aber als die Vereinigung des einen mit dem einzig einen, die beide füreinander es sind, besiegelt sie die Absolutheit des Einen und wird durch ihre vernichtende Gegenwart in dieser Chiffre die nie sich vollendende Offenbarung des Seins der Liebenden, in der Gegenwart des Daseins, wie es beherrscht ist vom Selbstsein, das sich darin hingebend mit dem anderen neu gewinnt. Erotik ist Chiffre als das Sinnlichwerden des Menschseins in der unbedingten Kommunikation. Sie ist verschwindend das Pfand für immer, unübertragbar und nicht doppelt und vielfach zu verschenken.

2. Chiffre der Einheit des Menschen mit seiner Welt. — Menschsein der Existenz ist nur, sofern sie, *aufgenommen* durch eine Welt, in dieser sich *bildet* und von ihr erfüllt auf sie *wirkt.* Das Menschsein hört zwar nicht auf in der Losgelöstheit, in der ein Einzelner auf eigene Gefahr von vorn anfängt; aber es schrumpft zusammen. Es erfüllt sich zur fühlbaren Chiffre erst in der Gegenwart, in der Gesellschaft und Staat die positive Wirklichkeit des Menschen werden, der sich mit ihnen identifiziert. Dann wird er des Menschseins sich bewußt, das noch nicht ist in der universalen Betrachtung aller Möglichkeiten und Wirklichkeiten der Geschichte und Gegenwart, sondern erst in dem entschiedenen Jetztsein. Der Mensch wird Mensch als Einheit der Chiffre, indem er etwas schlechthin ist, nicht dadurch,

daß er alles als ein ihm zugleich anderes nur betastet und am Ende nicht selbst ist.

Wie die Natur im Menschen ihn an das Fremdeste zu fesseln scheint, so die geschichtlich-gesellschaftliche Lage seines Daseins. Wie die Natur nicht verleugnet werden kann, ohne daß der Mensch sich zerstört, und wie sie aus ihrer Tiefe leuchtet, wenn er sie unter Bedingungen stellt, unter denen er sie sich zueignet, so kann der Mensch Gesellschaft, Beruf, Staat, Ehe und Familie nicht verwerfen ohne verblasen zu werden, und kann er sich selbst nur finden, wenn er in sie eintritt. Er kann an sie verfallen, wie an die Natur, und im Betrieb nur noch arbeiten und sich vergnügen; aber wenn alles schal wird, sobald es nichts ist als das, was es objektiv für Verstand und Erfahrung ist, wird es Gefäß des Menschseins und damit Chiffre, sofern es von dem Menschen getragen ist, der darin zu sich kommt. Dann ist der Mensch als aufgenommen in diese gegenwärtige Wirklichkeit durch sie und ihre von ihm zu ergründenden Möglichkeiten zugleich gebunden. Er steht unter dem Gesetz eines Daseins, mit dem eines zu sein erst sein Menschsein erfüllt. Weil aber diese Identifizierung aus der Möglichkeit der Lösung von der Welt kommt, kann sie Zwischengestalten annehmen: in der Welt des Betriebs diesen mitzumachen, ihm zu geben, was ihm gehört, aber noch in Reserve, bis er einschlägt, wo an diesem geschichtlichen Ort in der Identifikation seine Substanz sich verwirklicht, und er sich nun in seiner Welt zur Chiffre wird.

3. Die Chiffre Freiheit. — Da die Einheit der Chiffre des Menschseins nicht im Menschen ist, der nur da ist, erwächst sie erst aus der Leidenschaft des Unbedingten, in welcher das Dasein zum Menschen als Existenz wird, die sich mit ihrer *Natur* und ihrer *Welt eint*. Wie ohne Sinnlichkeit und ohne Welt keine Gegenwart, sondern bloß Möglichkeit der Existenz ist, so ohne Existenz kein Menschsein eines sinnlichen Weltdaseins. Aus dem absoluten Bewußtsein Treue bewahren — auf lange Sicht, obgleich ganz gegenwärtig leben — warten können — Selbsterziehung üben, um sich brauchbar zu machen zu noch nicht gewußten Zwecken — Zeiten des Besinnens ergreifen — Entschiedenheit des Entschlusses — Wagnis —, diese und alle anderen Ausdrücke für das innere Tun der Existenz treffen den Menschen, der sich als Freiheit Chiffre sein kann, im Unterschied von dem Menschen als empirischem Dasein, dessen Chiffre nur seine Naturhaftigkeit, sein Bewußtsein überhaupt, aber nicht sein Menschsein ist.

Obgleich Freiheit nicht Gegenstand ist, ist sie als Selbstgegenwart des Seins, *für* das allein Transzendenz ist, *sich selbst* wiederum als Chiffre der Transzendenz, in doppelter Möglichkeit:

Freiheit erhellte sich als Eigenständigkeit, die sich nicht selbst geschaffen hat. In den Antinomien des Willens konnte sie ratlos werden und sich im äußersten Anderssein zur Transzendenz als *Verworfenheit* fühlen, die nur auf Gnade angewiesen ist; oder sie konnte in ihrer Gewißheit auf Transzendenz bezogen dem eigenen Grund *vertrauen.*

Ich kann leben mit dem Bewußtsein meiner *Verworfenheit,* zuschauend der Gemeinheit meines Daseins. Mein Selbsthaß versteht sich als Wissen von dem, was der Mensch überhaupt sei: ausgeliefert der Zweideutigkeit aller Motivation. Auch das Gute wird böse; denn ich nehme es als das Gute wahr und werde stolz auf mein Verdienst. Entweder bleibt die Eindeutigkeit des guten Willens aus; oder es geschieht, daß ich, obwohl ich das Gute weiß, es doch nicht tue. Was ich auch tue, es kehrt sich mir um. Meine mir immer wiederkehrende Verschuldung erkenne ich an, verzweifelt, solange mir nicht göttliche Gnade durch eine offenbarte Garantie den Ausweg zeigt, indem sie, ohne mein Verdienst, mir schenkt, was ich nie erreichen konnte; Anmaßung scheint es, sich für frei zu halten, während doch alles aus der Gottheit Willen ist.

Oder ich kann leben mit dem Bewußtsein *eingeborenen Adels,* der Ansprüche an mich stellt und mir Mut macht ihm zu folgen, weil ich ihm vertraue (de commendatione nobilitatis ingenitae, Julian; cit. bei Augustin X, 735, Migne). Ich habe Achtung vor mir. Das Gute liegt mir in meinem Sein, dem das Handeln folgt und dient. Ich kehre zu mir zurück, wo ich wahr bin. Ich habe mich verlassen, wo ich abfalle. Mich beherrscht nicht der Stolz auf ein Sein, das gegeben wäre, sondern das Vertrauen auf ein Sein, das sich verwirklichen will, wenn es auch darin in Gefahr ist. Ich ertrage keine Treulosigkeit, deren ich gegen mich schuldig werde. Ihre Wirklichkeit nagt an meinem Selbstbewußtsein, ohne mir Ruhe zu lassen. Ich übernehme, was ich tat, und suche gutzumachen, was ich ruinierte. Selbstzufrieden kann ich nicht werden. Aber als eine menschenunwürdige Selbstverkleinerung erscheint der Selbsthaß, der in der Gnade Rettung sucht, statt, wie die Gottheit durch Verborgenheit als ihren Willen kundzugeben scheint, aus eigener Freiheit mir zu helfen, weil ich in deren eigentlichem Sein mich lieben darf.

Der Gegensatz des *Gnadenbewußtseins* und *Freiheitsbewußtseins* deckt sich zwar nicht mit dem von *Verworfenheit* und Adel, doch ist

eine Beziehung zwischen ihnen. In der Verworfenheit suche ich die
Gnade, im Adelsbewußtsein bin ich mir der Freiheit gewiß. Wie
aber in der Verworfenheit noch irgendeine Freiheit sein muß, wenn
ich nicht hoffnungslos versinken soll in der Gleichgültigkeit dessen,
wofür ich nichts kann, so im Adelsbewußtsein ein Sichgeschenkt-
werden, wenn nicht ein stolzer Übermut den Menschen täuschend sich
zum Gotte werden lassen soll.

Doch werde ich mir geschenkt weder durch eine Offenbarung
noch durch eine objektive Garantie, sondern in Augenblicken, in denen
die Entscheidung meines Wollens kommt, vorbereitet durch die Aneignung geschichtlicher Überlieferung, durch Vorbild und Leitung,
hell geworden in Kommunikation. *Transzendenz* kommt zum Menschen, wie der Mensch sich *ihr bereit* macht, und dies Kommen selbst
mit der Weise des Bereitseinkönnens ist ihre Chiffre.

Kunst als Sprache aus dem Lesen der Chiffreschrift.

Das Lesen der Chiffre in Natur, Geschichte und im Menschen mit-
zuteilen, ist Kunst, wenn die Mitteilung in der Anschaulichkeit als
solcher, nicht im spekulativen Gedanken erfolgt. Da Kunst die
Chiffren sprechen läßt, aber was sie als Kunst sagt, auf keine andere
Weise gesagt werden kann, und das so Gesagte doch das eigentliche
Sein trifft, um das alles Philosophieren sich bewegt, wird hier die
Kunst das *Organon der Philosophie* (Schelling). Metaphysik als
Kunstphilosophie ist das Denken in der Kunst, nicht über Kunst; dem
spekulativen Denken wird Kunst nicht Gegenstand, wie in der Kunst-
wissenschaft, vielmehr wird dem Denken die Anschauung der Kunst
Auge, mit dem es auf Transzendenz blickt. Das philosophische Denken
in der Kunstanschauung kann sich als Philosophie nur mitteilen in
abgleitenden Verallgemeinerungen. Hier lebt Philosophie aus zweiter
Hand. Sie führt nicht, sondern lehrt ergreifen, was dem Gehalte nach
ihr gehört, doch sie selbst nicht schafft. Das Philosophieren muß, wo
es zu erreichen meint, worauf es eigentlich ankommt, sich mit schlechthin versagenden Erörterungen begnügen. Was Shakespeare ungedeutet
und undeutbar in dem scheiternden Selbstsein seiner ursprünglichen
Charaktere sagt, vermag ich besser zu hören, wenn ich philosophiere,
aber nicht in Philosophie zu übersetzen.

1. **Kunst als Zwischenreich.** — Wo die Chiffre nur ein Anfang ist, um sie alsbald zu vernichten und eins zu werden mit der

Transzendenz, von der sie trennte, ist Mystik. Wo die verborgene Gottheit vernommen wird aus dem faktischen Handeln des Selbstseins heraus, ist das entscheidende Zeitdasein der Existenz. Doch wo in der Chiffre die Ewigkeit des Seins gelesen wird, die reine Kontemplation anhält vor dem Vollendeten, also die Spannung der Trennung meiner von dem Gegenstande bleibt und doch das Zeitdasein verlassen ist, da ist das Reich der Kunst als eine Welt *zwischen* der zeitlos versunkenen Mystik und der faktischen Gegenwart der zeitlichen Existenz. Löst sich das Ich mystisch auf in das unterschiedslose Eine, gibt sich im Zeitdasein das Selbstsein hin angesichts der verborgenen Gottheit, so liest es im Kunstanschauen die Chiffreschrift des Seins und bleibt darin nur Möglichkeit. Mystik gleitet in gegenstandslose Allgöttlichkeit; die Kunst verwirklicht in ihren Chiffren das Vielfache des Göttlichen in seinen unermeßlich reichen Gestalten, deren keine es allein und ganz ist; im einen Gott der Existenz wird Kunst zerschlagen, das Leben ihrer Chiffren zu einem Spiel des Möglichen.

Die Befriedigung in der Phantasie des Kunstschauens nimmt mich *aus dem bloßen Dasein* sowohl wie *aus der Wirklichkeit der Existenz heraus.* Sie ist ein Aufschwung des absoluten Bewußtseins, befreit vom Daseinselend; Hesiod läßt die Musen gezeugt werden, „daß sie Erlösung brächten vom Leid und im Elende Linderung". Aber Phantasie ist auch unverbindlich, denn sie schafft noch nicht Wirklichkeit meines Selbstseins, sondern einen Raum des Seinkönnens — oder eine Gegenwart, deren Sein meine innere Haltung verwandelt, ohne daß ich darin schon als Existenz einen wirklichen Schritt täte. Wer die Kunst genießt, „eilig vergißt er das Leid, nicht denkt er ferner des Kummers: also haben ihn flugs der Göttinnen Gaben verwandelt". Existenz aber vergißt nicht, verwandelt sich nicht durch Ablenkung in der Erfüllung eines Anderen, sondern im Übernehmen und Aneignen des Wirklichen.

Diese echte Verwandlung aber gelingt ihr nicht, wenn sie nicht ihren eigenen Raum gewinnt durch das Zwischengeschobensein jener Selbstvergessenheit im Schauen des Seins, welche die Kunst gewährt. In ihrer Unverbindlichkeit ist die Verbindlichkeit durch Möglichkeit. Erst wo man ästhetisch, so daß aller Ernst unmöglich wird, das beliebige Fremde genießt, das nie in den Raum eigener Möglichkeit treten, sondern nur der Abwechslung der Neugier und dem Erzeugen mir selbst nie eigener Gemütsbewegungen dienen soll, da ist keine Wahrheit mehr: dann legen sich vor die Wirklichkeit von Dasein und

Existenz die existentiell leer gewordenen Bilder der Kunstsprachen; nichts Eigentliches wird mehr gesehen. Diese mögliche Entartung bedeutet keinen Einwand gegen das ursprüngliche Recht zur Seligkeit im Kunstanschauen. Seine Unverbindlichkeit befreit mich erst zur Möglichkeit des Existierens. Ganz versunken in die Daseinswirklichkeit, nur besorgt um Wirklichkeit meiner Existenz wäre ich wie gefesselt. Keiner Bewegung fähig verzehrte ich mich im Nichtkönnen und bräche aus in blinde Gewaltsamkeiten. Stände ich als Existenz vor der ursprünglichen Chiffre, so bliebe ich unerlöst zur Freiheit, wenn diese Chiffren nicht Sprache würden. Die augenblickliche Aufhebung der Wirklichkeit in dieser Sprache der Kunst ist Bedingung für die Möglichkeit, frei die Wirklichkeit als Existenz zu ergreifen.

Wirklichkeit ist zwar mehr als Kunst, weil sie die leibhaftige Selbstgegenwart der Existenz im Ernste ihres Entscheidens ist; sie ist aber auch weniger, weil sie aus ihrer Dumpfheit erst zur Sprache wird im Widerhall der Sprache der durch Kunst erworbenen Chiffren.

2. Metaphysik und Kunst. — Der Mensch drängt im metaphysischen Denken zur Kunst. Er öffnet seinen Sinn für den Ursprung, in dem sie ernst gemeint, nicht bloß Dekoration, Spielerei, Sinnenfreude war, sondern Chiffren las. Durch alle Formanalyse von Werken, durch alles geistesgeschichtliche Erzählen von ihrer Welt, durch die Biographie ihrer Schöpfer hindurch sucht er Kontakt mit dem, was er vielleicht nicht selbst ist, was aber als Existenz fragte, sah und bildete im Grunde des Seins, das auch er sucht. Durch alle die Dinge, welche nach dem äußerlichen Merkmal des von Menschen Gemachten Kunstwerke heißen, geht ein Schnitt: die einen sind die Sprache der Chiffre einer Transzendenz, die anderen sind ohne Grund und Tiefe. Erst im metaphysischen Denken nimmt der Mensch diesen Schnitt in reflektierter Bewußtheit wahr und glaubt sich der Kunst mit Ernst zu nähern.

3. Nachahmung, Idee, Genie. — Um das als Chiffre Gelesene aussprechen zu können, muß der Künstler Wirklichkeiten *nachahmen*. Nachahmen ist jedoch noch nicht Kunst. Es spielt eine Rolle im weltorientierenden Erkennen, z. B. als anatomische Zeichnung, als Abbildung von Maschinen, als Entwurf von Modellen und Schematen. Nur der Gedanke führt hier die Sprache nach dem Kriterium einer empirischen Realität oder eines sinnkonsequenten Entwurfs. Diese Nachahmung sagt nur etwas Rationales prägnant und durchsichtig in der Anschauung aus.

194

Der Künstler nimmt mehr wahr als empirische Realität und gedankliche Konstruktion. In den Dingen liegen Ganzheiten und Formen als unendliche *Ideen,* die allgemein und doch nicht adäquat abbildbar sind. Schemata in Typen und Stilformen drücken abstrakt und unpassend, aber für rationale Weltorientierung angemessen aus, was als Substanz der Ideen kontinuierlich in der Welt sich überträgt. Die Kunst bringt die Mächte zur Gegenwart, die in Ideen sich darstellen.

Diese Mächte sind nicht als allgemeine vom Künstler auch allgemein zum Ausdruck zu bringen. Sie konkretisieren sich im Werk des *Genies* zu einer absolut geschichtlichen, unvertretbaren Einmaligkeit, die trotzdem als das Allgemeine verstanden wird, das nicht wiederholt werden kann. Darin erst spricht die Transzendenz, welche Chiffre geworden ist, weil Existenz in ihrer Geschichtlichkeit sie ergriff.

Die Wiederholung durch den Schüler verliert den Zauber der ursprünglichen Wahrheit, als die das Genie gleichsam die Transzendenz selbst vom Himmel holte. Es bleibt schließlich Nachahmung von Wirklichkeiten oder früheren Werken oder erdachten Verstandesdingen.

Die *Nachahmungstheorie* der Kunst trifft nur den Stoff ihrer Sprache, der *ästhetische Idealismus* die allgemeinen Mächte, die *Genietheorie* den Ursprung. Jedoch im Geniebegriff ist die Zweideutigkeit, ob in ihm die schöpferische Begabung gemeint ist, welche einer objektiven Leistungsbewertung unterliegt, oder die geschichtliche Existenz, aus deren Ursprung die Offenbarung der Transzendenz geschah. Die Existenz ist das durch das Werk hindurch ansprechende Wesen, von dem ich in seiner Sprache wie in einer Kommunikation getroffen werde, die Begabung hat eine mir ferne objektive Bedeutung. Wo aber der an die Gründe des Seins rührende Mensch in Chiffren zu sagen vermag, was ist, wird Existenz und Begabung eines als Genie.

4. **Transzendente Vision und immanente Transzendenz.** — Die Chiffre kommt in der Kunst als transzendente Vision zur Anschauung oder wird als immanente Transzendenz in der Wirklichkeit als solcher sichtbar.

Mythische Personen außer der natürlichen Welt oder als besondere Wesen in der Welt gewinnen durch den Künstler Gestalt. Homer und Hesiod haben nach Herodot den Griechen ihre Götter geschaffen. Diese geschichtlichen Wesen werden nicht ausgedacht, nicht erfunden, sie sind ursprüngliche Schöpfung einer Sprache, analog der Wortsprache, in welcher Transzendenz verstanden wird. Sie bleiben *noch dunkle Symbole* in den Mächten, welche nur in Fetischen und fratzenhaften Idolen Gestalt haben. Sie werden zu menschlichen Gestalten, die wie *Steigerung des menschlichen Daseins* anmuten, aber Konzeption des Göttlichen auf dem Wege über den Menschen sind: der Mensch ist das immer mangelhafte Ebenbild der Götter, welche dieser Vision der Transzendenz offenbar wurden. In mythischen Visionen werden gesehen die Jungfrau — Mutter — Königin, der leidende Christus, Heilige, Märtyrer und das unermeßliche Reich christlicher Figuren, Szenen, Ereignisse. Die *Zerrissenheit empirischen Daseins*, nicht seine mögliche Vollendung wird hier Gestalt der Transzendenz. Immer aber wird in den Mythen die alles nur Menschliche von sich abscheidende Göttlichkeit in Menschengestalt als eine spezifische Welt neben der bloß wirklichen Welt, das Wunder neben dem Natürlichen zum anschaulichen Gegenstand.

Anders die *immanente Transzendenz* derjenigen Kunst, welche nur empirische Wirklichkeit als solche darzustellen scheint. Jede Kunst zwar kann nur in Anschaulichkeiten sprechen, die in ihrem Ursprung empirisch sind. Aber die mythische Kunst macht aus Elementen der Wirklichkeit eine andere Welt: wo sie echt ist, wird darin sichtbar, was durch die Elemente als solche nicht erbaut werden könnte und durch sie nicht konstruierbar ist. Es ist wirklich eine andere Welt, deren Zerlegung in ihre empirischen Elemente sie zerstört. Aber die Kunst der immanenten Transzendenz läßt die empirische Welt selbst zur Chiffre werden. Sie scheint nachzuahmen, was in der Welt vorkommt, aber sie macht es transparent.

Während die Kunst transzendenter Visionen die *Welt eines Kultus* voraussetzt, in dessen glaubendem Vollzug die Menschen einig sind, und damit eine Abhängigkeit der eigenen Vision, deren Tiefe grade dadurch erreicht wird, daß nicht der Einzelne nur auf sich steht, sondern sagt, was er mit allen wußte, ist die Kunst der immanenten Transzendenz an die *Unabhängigkeit des einzelnen Künstlers* gebunden. Dieser sieht ursprünglich das Dasein, gleitet ab in bloße Nachahmung, erkennende Analyse des Wirklichen, schwingt sich aus eigener Freiheit hinauf in die Sichtbarkeit dessen, was kein Kult und keine Gemeinschaft ihn lehrt. Der Künstler der reinen Transzendenz gestaltet überlieferte Vorstellungen, der Künstler der immanenten Transzendenz lehrt Dasein neu als Chiffre lesen.

Die bisher größten Künstler standen *zwischen beiden Möglichkeiten.* Sie ließen die mythischen Inhalte nicht fallen, sondern nahmen sie hinein in die Wirklichkeit, welche sie als solche aus ihrer eigenen Freiheit in der Transzendenz neu entdeckten: so Äschylus, Michelangelo, Shakespeare, Rembrandt. Die ursprüngliche Zueinandergehörigkeit des Mythischen und der Wirklichkeit wird ihnen zu gesteigerter Wirklichkeit, wie sie jeweils nur einmal so gesehen und gestaltet werden konnte. Herausgenommen aus der still gewordenen Überlieferung sprechen die Mythen durch sie noch einmal eine laute und andere Sprache. Das Wirkliche hat teil an den Mächten, die nicht mehr in der Sprache der Wirklichkeit allein zu fassen sind. In der äußersten Begrenzung aber auf das Wirkliche unter Fallenlassen aller Mythen hat van Gogh Transzendenz — notwendig unendlich ärmer, aber für unsere Zeit wahr — zum Sprechen gebracht.

5. Die Mannigfaltigkeit der Künste. — Musik, Architektur und Plastik lassen die Chiffre in der von ihnen wirklich hergestellten *Zeitlichkeit, Räumlichkeit* und *Körperlichkeit* lesen. Malerei und Dichtung drücken in der Welt unwirklicher *Vorstellungen* aus, die eine beschränkt auf alle Sichtbarkeit, welche durch Linie und Farbe zu illusionärer Gegenwart auf der Fläche gebracht werden kann, die andere in der Vorstellung alles Anschaulichen und Denkbaren überhaupt, wie es die Sprache zum Ausdruck bringt.

In der *Musik* wird die Form des Selbstseins als *Zeitdasein* zur Chiffre. In der Innerlichkeit des sich zeitlich im Verschwinden die Gestalt gebenden Seins bringt sie die Transzendenz zum Sprechen. Sie ist die abstrakteste Kunst, sofern ihr Stoff ohne Sichtbarkeit und Räumlichkeit, ohne Vorstellbarkeit und insofern der unkonkreteste ist, die konkreteste aber, sofern dieser ihr Stoff grade die Form der sich stets hervortreibenden und verzehrenden Zeitlichkeit des Selbstseins ist, das in der Welt für uns das eigentliche Sein ist. Die Musik berührt gleichsam den Kern der Existenz, wenn sie deren universelle Daseinsform zu ihrer Wirklichkeit macht. Nichts schiebt sich als Gegenstand zwischen sie und das Selbstsein. Ihre Wirklichkeit kann jeweils die gegenwärtige Wirklichkeit des sie agierenden oder im Hören mitvollziehenden Menschen werden, der seine zeitliche Daseinsform, die er gliedert und nur mit dem Ton erfüllt, transparent werden läßt. Daher ist die Musik die einzige Kunst, die nur ist, wenn der Mensch sie agiert. (Der *Tanz* ist so sehr nur im Getanztwerden, daß er nicht einmal einer Notenschrift fähig ist, durch die er tradierbar wäre; er kann nur von Mensch zu Mensch gelehrt werden; sofern in ihm Chiffre ist, ist es das Musikalische in ihm, wie alle Musik etwas hat, das einer Begleitung in Körperbewegung fähig ist. Das *Drama* bedarf nicht notwendig der Aufführung, die tiefsinnigsten Dramen vertragen sie fast nicht: Lear, Hamlet.)

Architektur gliedert den *Raum* und schafft die Räumlichkeit als Chiffre des Seins. Wenn sie die Aufforderung zu den Weisen meiner Bewegung in ihr ist und erst durch eine Folge meines zeitlichen Tuns ganz zur Gegenwart wird, so ist sie doch darin grade das Bestehende, nicht wie die Musik Verschwindende. Die räumliche Gestalt meiner Welt in Begrenzung, Gliederung, Proportionen wird die Chiffre des ruhenden, bleibenden Bestandes.

Plastik läßt die *Körperlichkeit* als solche sprechen. Von Fetischen und Obelisken bis zur Marmorplastik der Menschengestalt ist in ihr als Chiffre nicht ein Abbild eines Anderen, sondern in der Dichte der dreidimensionalen Masse das Dasein des Seins ergriffen. Weil dieses in menschlicher Gestalt die konkreteste Erscheinung als Körperlichkeit hat, ist diese zum beherrschenden Gegenstand der Plastik geworden, aber nicht der Mensch, sondern der Gott in übermenschlicher Gestalt einer körperlichen Gegenwart in der Chiffre dieser Plastik.

Musik braucht zur Erfüllung der Zeit den Ton als ihren Stoff, *Architektur* zur Erfüllung des Raumes die begrenzende Materie in Zusammenhang mit Zweck und Sinn dieser dem wirklichen Menschendasein als seine Welt dienenden Räumlichkeit, *Plastik* zur Erfahrung ihrer Körperlichkeit den Stoff der Inhalte, welche in dieser Form gestaltet sind. Jedesmal, wenn dies Erfüllende sich verselbständigt, wird die Kunst unwesentlich, weil die Chiffre verblaßt: musikalische Imitation natürlicher Geräusche, plastische Gestaltung beliebiger Dinge, der Gegenstände überhaupt im Abbild, architektonische Isolierung der Zweckform in ihrer nun maschinellen, rationalen Durchsichtigkeit.

Während *Musik, Architektur und Plastik* im Sprechen ihrer Chiffre an ihr Element als wirkliche Gegenwart gebunden sind, bewegen sich *Malerei und Dichtung* in den Visionen eines gegenwärtig Unwirklichen, als Möglichkeit Entworfenen, frei zu unendlichen Welten hin, Farbe und Wortsprache als unselbständige Mittel für Anderes nutzend.

Daher ergreifen die *ersteren* durch die Sinnlichkeit ihrer Gegenwart, das faktische Selbsttun der Zeitlichkeit, wenn ich Musik höre, die faktische Lebens- und Bewegungsform im Raum, wenn ich ein Bauwerk erfasse, die Schwere und Leibhaftigkeit der Körperlichkeit, wenn ich eine Plastik begreife. Diese Künste sind spröde für den eigentlichen Zugang zu ihnen, in ihrem begrenzten Reichtum von einer Tiefe, die nur anhaltender Selbstdisziplin sich öffnet. Ich muß als ich selbst dabei sein, wenn sich die Chiffre offenbaren soll. Die Selbsttätigkeit geht gradezu auf dies Chiffresein ohne zwischengeschobenes Anderes als Gegenstand. Gelingt überhaupt der Zugang, so ist daher auch die Täuschung leichter abzuhalten.

Malerei und Dichtung dagegen lassen im leichten Spiel den unendlichen Raum aller Dinge, alles Sein und Nichtsein zugänglich werden. Die Selbsttätigkeit geht zunächst auf den Gewinn einer Illusion der Vorstellung, und erst durch diese auf die Chiffre. Diese ergreift schwerer, weil in endloser Abwechslung sich immer anderes zeigt. Die leichte Zugänglichkeit täuscht durch die mühelose Mannigfaltigkeit.

Dafür offenbaren Malerei und Dichtung den Reichtum der wirklichen Welt. Sie lassen nicht nur die Chiffren von Zeit und Raum und Körperlichkeit lesen, sondern die Chiffren der erfüllten Wirklichkeit, in die sie in Gestalt der Vorstellung die drei vorigen Gebiete wie alles, was überhaupt ist und sein kann, mit hineinziehen. Das Zwischengeschobene des Gegenständlichen, an dem sie sich bewegen, entfernt sie von der elementaren Wucht der Nähe des Seins, aber ergreift das Dasein, wie es für uns überall ist: als ein Zwischensein. Sie distanzieren in der Chiffre vom Sein, aber sie bringen näher der Weise, wie ich wirklich im Dasein den Chiffren begegne. —

Quer zu dieser Teilung sind *Musik und Dichtung* gemeinsam gegen die anderen Künste zu stellen. Beide sind die unmittelbar ergreifendsten; täuschend, wenn die Chiffre verlierend, durch schnell erregte Gemütsbewegungen, durch Sinnlichkeit in der Musik, durch das Vielerlei spannenden Erlebens in der Dichtung; wahrhaft, weil sie in dem abstraktesten Material von Ton und Sprache das zeitlich akzentuierte Mittun am entschiedensten fordern, um die Chiffre fühlbar werden zu lassen in der Erregung gegenwärtigen Selbstseins. Die räumlichen Künste sind distanzierter, kühler, insofern vornehmer. Sie offenbaren ihre Chiffre der leiser auf sie zuschreitenden Betrachtung.

Dritter Teil.

Das spekulative Lesen der Chiffreschrift.

Daß Transzendenz ist (Gottesbeweise).

Daß überhaupt Transzendenz ist, *kann keine empirische Feststellung und kein zwingender Schluß sichern.* Das Sein der Transzendenz wird im Transzendieren getroffen, aber weder beobachtet noch erdacht.

Ich zweifle am Sein der Transzendenz, wenn ich als reines Bewußtsein überhaupt es denken will und zugleich unter dem Impuls aus möglicher Existenz stehe, für welche dieser Zweifel allein relevant ist. Nun möchte ich Gewißheit gewinnen. Ich will mir beweisen, daß Transzendenz ist. Diese Beweise, seit Jahrtausenden in typische Formen geronnen, scheitern. Denn Transzendenz ist nicht überhaupt, sondern nur in geschichtlicher Chiffre für Existenz.

Trotzdem sind die Beweise nicht nur Irrungen, sofern in ihnen eine existentielle Vergewisserung des Seins sich deutlich wird. Ihr Denken ist noch nicht der Aufschwung der Existenz in der Relativierung allen Daseins, das nichts als Dasein ist, aber es wird eine gedankliche Klärung dieses faktischen Aufschwungs. Ihre Form ist zwar das Ausgehen von einem Sein und das Hingelangen an die Transzendenz, ihr Sinn aber ist Klärung eigentlichen Seinsbewußtseins.

Zu *Täuschungen* werden die Beweise, wenn sie als ein Wissensresultat an die Stelle existentieller Vergewisserung treten. Ohne Täuschung zu werden, sind sie in ihrer rationalen Objektivität jedoch noch wie *letzte Verdünnung* einer Seinsklärung. Als wirklich gedacht in dem Widerhall existentieller Erfüllung sind sie selbst *Chiffre des so Denkenden,* in der sein Denken und Sein eins wird.

Aus dem, was ich im Wissen habe, wenn ich meines Seins eigentlich inne bin, ergreife ich aber diesen *Inhalt,* als ob ich ihn noch hätte, auch wenn jenes Innesein nicht mehr gegenwärtig ist: er ist die *unbestimmte Tiefe des Seins der Transzendenz,* welche *in Negationen* ausgesagt wird; er ist *das Höchste* als das absolute Ideal, das Größtdenkbare, das Maximum in jedem Sinne, das ich zwar nicht ausdenken und vorstellen, aber in der Vorstellung auf dem *Wege der Steigerung* alles mich Erfüllenden vergegenwärtigen kann; er ist für den spezifisch Religiösen das *Du,* an das er sich wendet, und das er zu hören glaubt als das Subjekt jener Tiefe und Höhe, wenn er *betet.*

200

In den Negationen wird das Ungenügen an allem Dasein ausgedrückt, in der Steigerung eine Erfüllung durch Wirklichkeit, im Gebet das zu mir Inbezugtreten der Transzendenz. Das Innesein ist entweder der unablässige Antrieb zum Transzendieren, in dem die Transzendenz unbestimmt bleibt, aber wirklich ist (ausgedrückt in Negationen), oder das positive Leuchten des Seins, wo überall ich Wahrheit, Schönheit, guten Willen sehe (ausgedrückt in der Steigerung), oder es ist im Gebet das Hinwenden der Existenz an das Wesen, das ihr Grund und Geborgenheit, Maß und Hilfe ist (ausgedrückt als Persönlichkeit der Gottheit).

Der Beweis als rationale Aussage nimmt nun die Form an: *das, was im existentiellen Innesein als Sein gegenwärtig ist, muß auch wirklich sein, denn sonst könnte jenes Innewerden selbst nicht sein.*

Das heißt: Das Denkendsein, welches dieses Innesein ist, ist dasjenige Sein, das mit seinem Denken in existentieller Einheit identisch ist und dadurch auch die Wirklichkeit seines Gedachten erweist.

Oder: Wäre das Denken dieses existentiellen Seins nicht mit der Wirklichkeit seines Inhalts — der Transzendenz — verbunden, so wäre es auch selbst als Denkendsein nicht. Es ist aber, also ist auch Transzendenz.

Oder: Das Sein der Existenz ist nur mit dem Gedanken der Transzendenz. Die Einheit ist zunächst die existentielle von Sein und Denken im Denkenden und dann die Chiffre der Einheit von Gedanke und Transzendenz.

Während sonst überall in der Welt für das Bewußtsein überhaupt ein Gedachtes noch nicht wirklich ist, vielmehr beides getrennt bleibt und die Wirklichkeit der Feststellung bedarf, ist hier, und nur hier, Trennung von Sein und Denken sinnwidrig, weil der Sinn dieses denkenden Inneseins aufgehoben, seine Faktizität geleugnet würde, wenn die Trennung erfolgte. Während das Transzendieren für das Dasein als mögliche Existenz auch nur eine Möglichkeit ist, und durch Freiheit entschieden werden muß, ob es mit dem Werden des Selbstseins vollzogen wird, ist das Transzendieren der Existenz nunmehr Wirklichkeit, mit der die Gewißheit des Seins der Transzendenz identisch ist. Ich kann die Faktizität dieses Inneseins leugnen (und tue es als Psychologe, wenn ich es zu einem Phänomen mache, dessen Herkunft und Bedingungen ich untersuche, und es damit erschöpft sein lasse; wenn ich also nur die empirische Realität eines Erlebens, nicht das existentielle Sein im Auge habe), aber diese Faktizität sowohl wie ihr Leugnen ist Freiheit. Als mögliche Existenz kann ich ihre Möglichkeit, als wirkliche ihre Wirklichkeit nicht leugnen. Ich kann als Existenz nicht nicht transzendieren, sondern äußersten Falls das Transzendieren aus Freiheit negieren und im Negieren doch noch vollziehen.

Die allgemeine Form des Beweises *modifiziert* sich:

Das *Größtdenkbare* ist ein möglicher Gedanke. Ist er möglich, so muß das Größtdenkbare auch wirklich sein. Denn wäre es nicht wirklich, so könnte etwas, das größer ist als das Größtdenkbare, nämlich das, was auch noch wirklich ist, gedacht werden — was ein Widerspruch ist. — Jedoch als bloßer Gedanke wäre dies unvollziehbar: so wenig ich die größte Zahl denken kann, so wenig irgendein anderes Größtes; denn jede Grenze würde ich im Gedanken wieder überschreiten müssen; ich kann das Größte als ein Vollendetes nicht zum Gedankeninhalt machen. Das Größtdenkbare ist aber nicht nur ein leerer oder unmöglicher Gedanke, sondern er ist ein erfüllter und dann notwendiger Gedanke, den ich denken muß, wenn ich eigentlich im Sein bin.

Ich denke den Gedanken der *Unendlichkeit*. Ich selbst bin ein endliches Wesen und treffe im Dasein nur Endliches an. Daß jener Gedanke in mir liegt, und daß ich mir meiner Endlichkeit bewußt werde, muß einen Grund haben, der nicht in meiner bloßen Endlichkeit liegen kann. Es muß ein der Ungeheuerlichkeit des Gedankens adäquater Grund sein. Das heißt, die Unendlichkeit, die ich denke, muß sein, weil ich nur dann begreife, daß ich sie denke.

Diese und andere Modifikationen des von Kant *ontologischer Gottesbeweis* genannten Gedankens lassen an entscheidender Stelle die Existenz sprechen und lähmen dadurch trotz ihrer objektivierenden Rationalität, welche selbst schon nicht zwingend ist, ihren Beweischarakter. Als bloße Rationalität wären sie ein Sich-etwas-ausdenken in Zirkeln und Tautologien und mit logisch unmöglichen Gegenständen. Die Rationalität kann aber erfüllt sein mit der Klarheit dessen, was ich in mir trage, und dadurch zwar nie Beweis, aber Chiffre für das Sein der Transzendenz bedeuten. Weil sie als Beweis im Sinne der Argumentation nichtig ist, kann sie nur Ausdruck eines zur höchsten Allgemeinheit der Aussage vordringenden Seinsbewußtseins bedeuten. Daher ist sie als Gehalt nie dasselbe. Als was der Beweis dasselbe ist, als losgelöste logische Form, ist er gleichgültig. Als was er eigentlich ist, ist er geschichtlich erfüllt, daher kein Besitz für

202

irgendein Wissen, sondern eine Sprache, die jeweils neu und eigen zum Sprechen zu bringen ist.

Die Beweise sind weder empirisch noch logisch. Es kann nicht gemeint sein, das Sein der Transzendenz im Sinne eines irgendwo Bestehenden erschließend zu errechnen. Sondern in diesen Beweisen ist ein ebenso erfahrenes, aber erst durch Freiheit zur Erfahrung gebrachtes, wie ausgesprochenes, aber im Ausgesagten als Chiffre gedachtes Sein für ein Selbstsein.

Die Formen des ontologischen Beweises gehen auf Transzendenz schlechthin. Sie fassen nichts Einzelnes ins Auge, sondern gehen von meinem Seinsbewußtsein im Dasein aus. Ich selbst als Denkender werde mir in ihnen zur Chiffre. Aber erfüllt wird diese Chiffre erst durch das, was ich in einem bin und sehe und glaube. Alle besonderen Gottesbeweise sind darum Anwendungen des ontologischen, indem sie von einem bestimmten Sein ausgehen, das als existentiell ergriffenes Sein einen spezifischen Aufschwung charakterisiert.

Der *kosmologische* Beweis geht vom Dasein der Welt aus, die nicht aus sich selbst besteht; der *physikotheologische* von der Zweckmäßigkeit des Lebendigen, der Schönheit der Weltdinge; der *moralische* vom guten Willen, der als Grund und Ziel das Sein der Transzendenz fordert. Die rationale Form und das anschauliche Sein ist jedesmal nur das Medium, in dem der eigentliche Beweis aus der Erfahrung des Ungenügens sich hervortreibt. Blickt man durch den Schleier der rationalen Sprache hindurch, so sieht man die Quelle jedes Beweises im Seinsbewußtsein der Existenz, das sich zum Ausdruck bringt.

Lassen die Gottesbeweise im Denken das, woraus bewiesen wird, verkümmern, dann werden die Aussagen leer. Die Kraft der Beweise besteht nur im existentiell erfüllten Gehalt der Gegenwart des Seins, worin als Chiffre die Transzendenz vernommen wird.

Weil die Beweise nicht eigentlich als solche gemeint sind, sondern als geschichtlich zu erfüllende Chiffren, und weil sie so leicht ins Nichtige ausgleiten, verhindern sie nicht den Zweifel an dem Sein der Transzendenz. Sie sind kein Mittel, den Zweifel zu heben — sie fordern ihn vielmehr heraus, wenn sie den Anspruch machen, den Zweifel zu widerlegen —, sondern das Innesein zu klären und zu kräftigen.

Wie ist es überhaupt möglich, an dem Sein der Transzendenz zu zweifeln? Weil das Seinsbewußtsein sich in die Blindheit bloßen Daseins verlieren kann: die Existenz versagt. Weil leeres formales Denken möglich ist, in dem nichts eigentlich gedacht wird: der Zweifel besteht nur in Worten. Weil nicht bemerkt wird, daß doch faktisch etwas absolut gesetzt wurde, das an die Stelle der Transzendenz trat, nicht sie ist: der Zweifel ist nur der Schutz für eine ungeklärte Unbedingtheit.

Gegen meinen Zweifel gibt es keine Widerlegung, sondern nur *ein Tun*. Die Transzendenz wird nicht bewiesen, sondern von ihr wird gezeugt. Die Chiffre, in der sie mir ist, wird nicht wirklich ohne mein Tun. Im Ungenügen und in der Liebe entspringt das Tun, das aktiv die Chiffre verwirklicht, welche noch nicht ist, oder das kontemplativ aufnimmt, als was sie mich anspricht.

Die Transzendenz wird so dem philosophischen Selbstsein in der Welt nicht ohne Freiheit gegenwärtig. Die Transzendenz des philosophierenden Menschen wird so wenig bewiesen wie der Gott der Religion, der im Kultus gefunden wird.

Daß Chiffre ist (Spekulation des Werdens).

Werden Formeln des Transzendierens zu Aussagen vom Sein der Transzendenz benutzt, Denkerfahrungen in ontologisches Wissen verwandelt, so heißt es etwa:

Es ist Transzendenz. Das Sein als Sein ist absolut, denn es ist von nichts anderem abhängig; und nicht auf ein Anderes bezogen, denn es hat nichts außer sich. Es ist unendlich. Was uns gespalten ist, ist in ihm eins. Es ist die Einheit schlechthin, von Denken und Sein, von Subjekt und Objekt, von Wahrheit und Richtigkeit, von Sein und Sollen, von Werden und Sein, von Materie und Form. Wenn jedoch dieses eine und ganze Sein selbstgenugsam ist, so fragt Existenz, die sich im Dasein findet: warum ist Dasein? Warum gibt es Spaltung, scheiden sich Subjekt und Objekt, Denken und Wirklichkeit, Sollen und Sein? Wie kommt das Sein zum Dasein, das Unendliche zum Endlichen, Gott zu Welt?

Darauf gibt es spielende Antworten:

Das Sein wäre nicht eigentliches Sein, wenn es sich nicht *offenbarte*. Als selbstgenugsames Sein weiß es nicht von sich. Es ist nur eine Möglichkeit und kreist in sich ohne Wirklichkeit. Nur wenn es ins Dasein tritt, und dann aus allen Spaltungen wieder zu sich zurückkehrt, wird es in einem offenbar und wirklich. Es ist nur ganz, wenn es auch die äußerste Spaltung, die seiner selbst vom Dasein, in sich

umsetzt und eint. Was es ist, muß es werdend sein in der Zeit. Es
ist nur unendlich, wenn es die Endlichkeit in sich schließt. Es ist die
höchste Macht und Vollkommenheit, wenn es dem Endlichen und Ge-
spaltenen eine Selbständigkeit des Eigenseins gibt, und es doch um-
greift als das Sein, in dem Alles in Einem ist. Die höchste Spannung
birgt die tiefste Offenbarkeit.

Diese Antwort, welche alles in Einklang bringt, wird verworfen im
Blick auf alles Dunkle, Böse, Sinnlose. In neuem Spiel wird gedacht:
Wohl mußte das Sein sich offenbaren. Aber was jetzt als Dasein ist,
ist keine Offenbarkeit. Dieses Dasein brauchte nicht zu sein. Es ist
eine Katastrophe in der Transzendenz eingetreten. Ein *Abfall* erfolgte
von Wesen, die in ihm beschlossen doch ein Eigensein über das ge-
setzte Maß wollten. So entstand die Welt.

In beiden Gedanken ist das Dasein *Geschichte*. Als Selbstoffen-
barung des Seins ist es die zeitlose Geschichte ewiger Gegenwart. Die
Ausbreitung in der Zeit ohne Anfang und Ende ist als Offenbarkeit
Erscheinung des Seins, das jederzeit mit sich gleich sich ewig gibt und
zurückkehrt. Als Abfall dagegen ist das Dasein die zeitliche Geschichte
mit Anfang und Ende. Die Anfänge sind als Katastrophe durch ein
Verderben, das Ende als Wiederherstellung und damit Aufhebung des
Daseins gedacht.

Diese Antworten haben als nackte Objektivierungen den *Mangel*,
daß sie *ausgehen von dem imaginären Punkte einer als Sein erkannten
Transzendenz*, als ob dieses gewußt sei. Die Formulierungen über das
selbstgenugsame Sein, das in seiner Vollendung ungestört verharren
könne und nicht zum Dasein zu kommen brauche, sind Projektionen
von Gedanken in einen absoluten Bestand, die als Gedanken eigentlichen Sinn nur haben als Ausdruck eines kategorialen Transzendierens
oder eines existenzerhellenden Appells. Der Ansatz der Frage selbst ist
fragwürdig, weil die Frage das Sein des imaginären Punktes der
Transzendenz wie einen Bestand zum Ausgangspunkt nimmt.

Das Dasein wird der Existenz zur Chiffre. Sie kann nicht einmal
die Frage, warum es da sei, klar erfüllen. In dieser Frage wird sie nur
schwindliger in dem Maße, als sie mit den Worten einen Sinn zu verbinden sucht. Daß aber das Dasein Chiffre ist, das ist ihr das Selbst-
verständliche, wenn ihr Transzendenz ist. Alles muß Chiffre sein
können; wäre keine Chiffre, so auch keine Transzendenz. Die Einheiten der Spaltungen sind im Lesen der Chiffre, ohne daß wir damit
ein vom Dasein losgelöstes Sein jemals ergreifen könnten. Darum er-

reichen wir auch nicht den Ausgang für die Frage, warum Sein zum Dasein komme. Wir können aus unserem Dasein aufsteigen zur Chiffre, aber nicht von dem Sein der Transzendenz absteigen zur Chiffre. *Daß überhaupt Chiffre ist, ist für uns identisch damit, daß überhaupt Transzendenz ist,* da wir als Dasein auf keine andere Weise als im Dasein Transzendenz erfassen. An die Stelle der Frage, warum Dasein sei, tritt uns die Frage, *warum Chiffre sei.* Darauf ist die Antwort: *sie ist für existentielles Bewußtsein die einzige Form, in der ihm Transzendenz aufgeht, Zeichen, daß der Existenz die Transzendenz zwar verborgen, aber nicht verschwunden ist.*

Damit wird *die Tiefe der Unbegreiflichkeit als Chiffre in ihr Recht eingesetzt* gegen das vermeintliche Wissen von dem übersinnlichen Werden der Transzendenz selbst und ihrem Werden zur Welt. *Chiffre ist das anzuerkennende Dasein, in dem ich mich finde und in Wahrheit nur werden kann, was ich bin.* Ich möchte wohl ein Anderer sein, ich möchte wohl meine Gleichheit mit allem Edlen voraussetzen, noch lieber, daß ich besser sei als alle; es wurmt mich mein Sein; ich möchte Gott selber sein, wenn es ihn gibt. So kann ich jedoch nur denken und wollen, wenn ich keine Chiffre lese. Durch sie erhalte ich ein tiefes Bewußtsein meiner existentiellen Möglichkeit an diesem Ort meines Daseins; und die Ruhe des Selbstseins darin, daß ich das Sein als das unbegreifliche in der Chiffre erblicke, und daß ich dann aus meiner Freiheit mit aller Kraft werde, was ich bin und kann. Ich erfahre die mich schlechthin zerstörende Selbsttäuschung in dem transzendenzlosen Ausdenken und triebhaften Wollen, in dem alles anders sein soll, als es ist, Wirklichkeit nicht mehr eigentlich getroffen wird. In dieser Selbsttäuschung verliere ich, was ich durch meinen Einsatz wirklich anders werden lassen kann.

Wie die Gegenwart des Chiffrelesens ist (spekulative Erinnerung und Voraussicht).

Die Frage, warum Dasein sei, und das Spiel ihrer Beantwortung ist trotzdem nicht ohne alle Wahrheit. In ihr kommt ein Bewußtsein des Gewordenseins zum Ausdruck; *die Geschichtlichkeit der Existenz wird universalisiert zum Dasein des Seins schlechthin.* Der Prozeß des Selbstoffenbarwerdens, den ich allein aus mir in Kommunikation kenne, wird Widerschein einer Transzendenz, in der er nicht verloren ist. Der Abfallsgedanke, existentiell nur als Wirklichkeit der Freiheit, wird in der Transzendenz verwurzelt, weil er nicht genügend in der Existenz selbst sich klar wird, und wie in einer Erinnerung an vorzeitliches Wählen meiner selbst im ursprünglichen Ausgang aller Dinge vom Sein der Transzendenz sich zu ergründen meint. Die Geschichtlichkeit existentiellen Werdens ist zur Chiffre geworden.

Sobald aber die Helligkeit der Chiffre der Geschichtlichkeit zu einem Wissen vom Weltwerden objektiviert wird, ist alles Täuschung: das Weltdasein ist Gegenstand allein der forschenden Weltorientierung, auch wenn es sich um Anfang und Ende handelt. Forschung ist grenzenlos. Für sie gilt als Voraussetzung, deren Aufhebung undenkbar ist, daß die Welt als endlos ohne Anfang und Ende Zeitdasein ist.

Was Sein ist, habe ich als Gegenwart, aber nicht als bloße Gegenwart. In der Erinnerung wird es mir gegenwärtig, was es ist als das, was es war. In der Voraussicht wird es mir gegenwärtig als das, was werden kann und noch entschieden wird.

Erinnerung und Voraussicht sind nur mein Zugang zum Sein. Erfasse ich in ihnen die Chiffre, so einen sich beide. Was erinnert wird, ist Gegenwart als Möglichkeit, welche in der Voraussicht wieder gewonnen werden kann. Was in der Voraussicht ergriffen wird, ist nur als erinnert auch erfüllt. Die Gegenwart bleibt nicht mehr bloße Gegenwart, sondern wird in der von Erinnerung durchdrungenen Voraussicht, sofern ich in ihr die Chiffre lese, ewige Gegenwart.

1. Erinnerung. — Erinnerung ist *psychologisch* als Wissen vom Gelernten, als Gedächtnis von erlebten Ereignissen und Situationen, von Dingen und Menschen. Sie ist tote Erinnerung als bloßes Haben von etwas, das ich vorstellend reproduzieren kann, sie ist verarbeitende Erinnerung in unbewußter und bewußter Nachwirkung erfahrenen Lebens, als ein ganz zu eigen Machen und Durchdringen, als ein Vergessen durch Verwandlung in allgemeines Wissen oder durch ein Absperren, als ob es gar nicht erfahren sei.

Erinnerung ist als *historische* die Aneignung der Tradition. Das nur psychologische Gedächtnis begrenzter Zeitspanne vermag das eigene Dasein zu durchbrechen, ein Sein außerhalb seiner, das war, als es selbst noch nicht war, zu fassen. Ich nehme teil am Gedächtnis der Menschheit, indem ich dokumentarisch an mich herankommendes Dasein aufnehme. Ich erweitere mich über das Dasein, das ich selbst bin, in unbegrenzte Zeiträume. Mein Dasein zwar bleibt Ausgang als Situation, Maßstab, an dem ich messe und worauf ich beziehe, aber es wandelt sich selbst durch die Weise der historischen Erinnerung.

Diese formt mich als unbewußte Überlieferung vom ersten Augenblick meines Erwachens an. Als gegenständliches Wissen und Vorstellen des Vergangenen in seiner Gestaltenfülle wird sie ein Glied meiner geistigen Bildung. Für bloße Betrachtung und Forschung besteht ein Vergangenes als erstarrtes Sein, das ist, wie es geworden ist. Geschichtliches Erinnern erfaßt als selbst lebendiges Sein das Vergangene als noch gegenwärtige Wirklichkeit von Möglichkeiten, die im Flusse sind: ich nehme an ihnen teil und entscheide noch mit, was eigentlich war. Zwar ist, was war, an sich entschieden, aber es ist noch nicht für uns endgültig als was es war und uns angeht. Daher die Unergründlichkeit des Gewesenen, das, an sich bestehend, für uns nie erschöpfte Möglichkeit ist.

Im Psychologischen und Historischen wird die Erinnerung *existentiell*, wo der Erinnernde sich an das Erinnerte bindet. In freiem Ergreifen eines Gegebenen übernehme ich im Erinnerten, was ich bin. Ich bin, was ich war, und was ich sein will. Als *Treue* im geschichtlichen Bewußtsein meines Schicksals in seiner Unlösbarkeit von den Menschen, mit denen ich wurde, als *Pietät* gegen das, was das eigene Dasein begründet, als Kraft der *Verehrung* gegen das, was als eigentliches Sein der Existenz mich ansprach, vollzieht sich die existentielle Selbstidentifikation, in der ich erst eigentlich bin und nicht nur ein leeres Ich in einem Bewußtsein überhaupt. Mit der Verleugnung der Erinnerung würde ich mich entwurzeln.

Keine dieser Erinnerungen ist schon als solche *die metaphysische. In jeder ist sie möglich.*

Es ist Erfahrung, aber wenn ausgesprochen, nur Deutung: *Im Aufgehen einer Einsicht* ist eine Selbstverständlichkeit, als ob ich immer gewußt hätte und nur jetzt erst hell habe, was ich einsehe. Es ist wie ein Zusicherwachen, ein Wiederkommen dessen, was ich schon mitbrachte, ohne es bis dahin zu wissen. — *Im Verstehen des geschichtlich Vergangenen* nehme ich lange äußerlich zur Kenntnis, aber wenn es mir aufgeht, ist es wie Erinnern, zu dem mir das Dokumentarische nur Anlaß war. Aus mir kommt entgegen, was im Äußeren an mich herantritt, um es mir zum Bewußtsein zu bringen. —*Erinnern ist in jedem Gehalt, der mir existentielle Gegenwart wird;* es verwirklicht sich, was ich vorher so nicht gewollt hatte und doch eigentlich ich selbst bin, ohne daß ich es wußte. In Entscheidung und Erfüllung meines Seins erinnere ich ewiges Sein.

Das Bewußtsein des Erinnerns war hier in dem, *was als wirklich gegenwärtig* ist. Zur Erinnerung wird es mir nur, wenn ich es als Chiffre lese, faktisch in ursprünglichem Innesein, deutend in nachträglicher Mitteilung. Ich erinnere nicht ein Anderes. Ich dringe nicht über die Chiffre hinaus in eine fremde Welt des Jenseits. Chiffre-sein bedeutet grade, nur in ihr selbst lesen in der Einheit von Dasein und Transzendenz. Erinnerung ist eine Zugangsform, in der das Chiffrewerden des Daseins fühlbar ist.

Dies Erinnern begleitet mein Dasein als das stete Bewußtsein von der Tiefe des Vergangenen. *Das Vergangene* wird in der Chiffre zum Sein. Sein als Gewesensein ist nicht mehr und ist doch nicht nichts. Erinnerung wird der Zugang zu ihm durch die Faktizität des Gegenwärtigen. In der Welt selbst wird diese Welt der Erinnerung zur Gegenwart des unergründlichen Vergangenen. Was für die Weltorientierung nur ein neues, jetzt seiendes Dasein ist im endlosen Fluß des Kommens und Gehens, ist für Existenz Erscheinung des Seins, das in ihm erinnert wird. Äußerlich gesprochen ist das Dasein Zeichen des Seins, innerlich ist es als Chiffre von der Erinnerung durchdrungen. In der Unbegreiflichkeit der Liebe konnte Goethe dieses Chiffresein aussprechen: „Ach, du warst in abgelebten Zeiten meine Schwester oder meine Frau", in der Leidenschaft des Lesens des gesamten Daseins als Chiffre Schelling von einer „Mitwissenschaft mit der Schöpfung" reden, bei der der Mensch dabei war und darum jetzt sie wieder erinnern kann. Dieses Erinnern ist als Sehnsucht der Impuls der Bereitschaft; es kann schon in früher Kindheit bewegen, wo noch kaum Vergangenheit und noch nichts verloren ist.

Von hier aus vermögen an sich gleichgültige psychologisch bedingte Erlebnisse, die als solche häufig vorkommen, gelegentlich in den Zusammenhang des erinnernden Chiffrelesens einzutreten, wenn sie sich mit existentiellen Gehalten erfüllen: so das déjà vu und das Erwachen aus dem Schlaf mit dem Bewußtsein, eben aus einer entscheidenden Tiefe als dem Vergangenen hervorzutauchen. Tief betroffen von dem Schauer des Geheimnisses, das mir das eigentliche Sein zu enthüllen schien, will ich es noch fassen, aber im Maße des Wachwerdens wird es flacher und bei vollem Bewußtsein bin ich vielleicht noch in einer eigentümlich bereiten Stimmung, aber was war, ist jetzt doch nichts.

2. V o r a u s s i c h t. — Voraussicht sieht auf das, was kommen wird. Sofern sie notwendig eintretendes Geschehen *erwartet*, macht sie eine *Voraussage*. Sofern sie ein *Ziel verwirklichen* will, macht sie in einem

Bild des Ganzen, was wirklich werden soll, einen *Plan* von Zweck-Mittel-Verhältnissen. Sofern sie *in unbestimmten Situationen das Handeln bestimmt*, wird sie zur *Spekulation*, die aus nur wahrscheinlichen Prognosen in stets schwebender und verschiebbarer Weise jeweils ergreift, was zum Ergebnis führen kann.

Zukunft ist das *Mögliche, Voraussicht* insofern *ein Denken des Möglichen*. Auch wenn ich eine Prognose des notwendig Geschehenden stelle, bleibt immer wegen der Unendlichkeit möglicher Bedingungen ein Spielraum: was noch nicht ist, kann noch anders werden, als die gewisseste Erwartung voraussieht. Die faktische Weltorientierung erweitert den Raum des Möglichen dadurch, daß sie bestimmtere Erwartungen und reichere Bilder kennen lehrt, aber sie beschränkt den Raum zugleich durch Abgrenzung des Bestimmbaren gegen den Nebel der unbegrenzten Möglichkeiten.

In dem Möglichen der Zukunft ist ein Ausschnitt dessen, *was von mir abhängt.* Für die Zukunft ist das schlechthin Wesentliche, daß noch etwas *entschieden* wird. Was ich im Zukünftigen eigentlich bin, liegt so viel an mir, daß ich mich verantwortlich weiß. Zwar ist mein Bewußtsein der Ohnmacht dem Laufe der Welt gegenüber so ursprünglich, wie mein Bewußtsein der Freiheit für mich selbst. Aber, während die Erinnerung die Bindung des Unentrinnbaren in mir selbst ist, gibt die Voraussicht Freiheit im Raum des Möglichen.

Was Dasein ist, erkenne ich an dem, was eintreten wird; was ich selbst bin, durch das, was ich entscheide. Das Sein wäre in der Vollendung alles zukünftigen Daseins endgültig offenbar. Jetzt aber ist Sein als zukünftiges Sein die schwebende Chiffre, die ich antizipierend erfülle oder in ihrer Unbestimmtheit als Richtung lese.

Ich antizipiere im metaphysischen Spiel das Ende der Tage, die Vollendung als Anbruch des zeitfreien Geisterreichs, die Zurückbringung alles Verlorenen, die prozeßlose Offenbarkeit. Im Zeitdasein aber ist jedes Zukunftsbild eines Daseins, das dieses als endgültig bestehendes Reich der Vollendung zeigt und als Wirklichkeit gemeint ist, sinnwidrige Utopie. Denn in der Welt der Zeit hat die Weltorientierung das letzte Wort, die nur immer entschiedener die Unmöglichkeit eines ruhig in sich fortbestehenden Daseins und immer neue Möglichkeiten zeigt. Aber als metaphysische Sprache kann ein das Zeitdasein transzendierendes Spiel eine stets verschwindende Bedeutung haben.

Ich lese die Richtung des Seins als Zukünftigsein: das Sein ist die

Verborgenheit, die offenbar werden wird, es kommt an den Tag, was
ist; schon ist im Dasein der Keim dessen, was werden und dann zeigen wird, was ist. Im Gegenwärtigen ist das Kommende das Seiende.

Ich lasse alle Fesseln wissender Weltorientierung dadurch fallen,
daß ich sie transzendierend im Grenzenlosen erweitert denke: die unendliche Möglichkeit wird mir der Widerschein des unendlichen Seins.

Sein ist, was Zukunft ist, Voraussicht die Form des Zugangs zu ihm.

3. Gegensatz und Einheit von Erinnerung und Voraussicht. — Erinnerung und Voraussicht *kontrastieren* sich einander.
Erinnerung faßt die Vergangenheit als bestehend. In kontemplativer
Haltung kehrt der Mensch nur zurück zu dem, was ist. Die Zeit als
Zeit wird gleichgültig, es wird nicht mehr entschieden. *Voraussicht*
faßt Zukunft als das, was mich angeht, es durch Entscheidung mit
herbeizuführen, aber an sich als das herankommende Sein. Beidemal
wird in der Isolierung, sei es des Vergangenen, sei es des Zukünftigen, der Gegenwart ihr Sein genommen. Die *Entwertung der Gegenwart* wird gedeutet als Tiefpunkt und Übergang: sie ist der äußerste
Abfall, aus dem man zurückblickt, oder die äußerste Ferne, aus der
man vorausblickt. Sie selbst ist nichts. Ich lebe aus ihr heraustretend:
suche mich in dem Grunde des Vergangenen, oder lebe in Erwartung
des Zukünftigen, das mich erst als Sein bestätigen wird. *Aus dem
Nichtigkeitsbewußtsein der Gegenwart werden dann Vergangenheit
und Zukunft ihrerseits zweideutig.* Die Vergangenheit als das in seiner
Tiefe Vollendete, zu dem zurück mein Wesen drängt; oder als das
Furchtbare, dem ich unbegreiflich entwachsen bin, und zu dem ich
nie wiederkehren möchte; die Bindung durch meine Vergangenheit
als Substanz meines Seins oder als Fessel meiner Möglichkeit. Die
Zukunft als die goldene Zeit, wo sich einmal alles lösen wird; oder
als der Abgrund, sei er das Ende, sei er die leere Endlosigkeit, sei er
das Herandrängen aller Schrecken, vor denen ich hoffnungslos stehe.

Die Isolierung von Vergangenheit oder Zukunft, die Entwertung
der Gegenwart, die Zweideutigkeit des Nichtgegenwärtigen stehen in
Zusammenhang. Sie sind gemeinsam die Abgleitung vom beginnenden
Chiffrelesen zu einer Objektivität ohne Chiffre. Erinnerung und Voraussicht sind Weisen des Chiffrelesens nur, wenn sie *sich einigen zur
ewigen Gegenwart* des Jetzt als Blickpunkt existentiellen Seins.

Existenz überwindet Zeit nur in dem entschiedensten Ergreifen
der Zeit selbst. Diese als Stätte der Entscheidung ist weder Tiefpunkt
noch Abfall, sondern die Gegenwart, auf die zurückgeworfen ich

eigentlich bin. In der Unbedingtheit des Entscheidens strahlt das Jetzt
von dem Sein her, das aus ihr geliebt wird in der Gestalt der transparent gewordenen Gegenwart des Menschen und der Welt. Während
im Abgleiten die Gegenwart niemals eigentlich ist, weil sie immer
entweder nicht mehr oder noch nicht ist, und während das empirisch
Wirkliche als das Gegenwärtige eine unerreichbare Grenze der Weltorientierung bleibt, ist das Wirkliche der Transzendenz im Sein der
Chiffre die jeweilige Gegenwart als nunc stans: die ewige Gegenwart,
die getragen von erinnerter Vergangenheit und erhellt von voraus-
geschauter Zukunft mit beiden geeint erst das Sein in der Chiffre
fühlen läßt.

Die Transzendenz in der Chiffre ist das Sein, das mir aus der
Zukunft als vergangenes entgegenkommt, oder: das Sein, das voraus-
schauend erinnert wird. Es schließt sich daher im Kreise: *was zeitlich
nur verläuft, ist zum Sein gerundet.* Aber nur als Chiffre, nicht für
irgendein Wissen; und mit der Gefahr, daß die Chiffre als gedacht
mich zugunsten einer leer werdenden metaphysischen Kontemplation
von der Zeit existentiell löst und damit den Grund zerstört, auf dem
allein diese Chiffre gesehen werden konnte.

Die Erinnerung vollzieht sich zunächst in der *persönlichen Geschichtlichkeit* meines Lebens, das mir bringt, was ich selbst tue, wie
Rückkehr in eine Heimat. Der existentiell entschiedene Lebensweg ist
ein Vergewissern dessen, was ich war. Der Aufschwung zum Sein in
dem Ergreifen des mir als Zukunft Entgegenkommenden ist das Einswerden mit ihm als Sein, womit ich von jeher verbunden war. Es ist
eine Überzeugungskraft in dem, was mir aus der Zukunft in die Gegenwart tritt, welche nicht aus der Richtigkeit von Gedanken und Tatsachen und nicht aus der Zweckmäßigkeit eines Tuns, sondern aus der
gegenwärtigen Wirklichkeit als ewiger entspringt. Was an mich heran-
kommt, ist ganz neu, sofern ich nie daran gedacht und nie davon Bild
und Vorstellung hatte; es ist ganz alt, als ob es immer war und nur
wiedergefunden würde.

Im *Historischen* dann als der Vergangenheit des Menschengeschlechts erinnere ich mich in dem Blick auf diesen Grund meines
Daseins als den Raum der mich erweckenden Existenzen. Ich sehe
nicht mehr beliebiges Material vergangener Welten, sondern was mir
historisch begegnet erkenne ich wieder als das, zu dem ich ewig gehöre, oder lasse es fallen als gleichgültig. Mein Dasein hindurch ist
mein Leben mit der Geschichte ein einziger Gang des Wachwerdens

durch die Gemeinschaft mit den Geistern, und dadurch erst die mögliche Verwurzelung mit der Gegenwart, deren Zukunft mir nun erst gehaltvoll werden kann.

4. Geschichtsphilosophische Spekulation. — Metaphysische Spekulation — als ausgeführtes Gedankengebilde ein seltenes Gewächs aus der Tiefe menschlicher Erinnerung — spricht von dem Sein der Transzendenz, das sie ursprünglich in der Chiffre eigenen existentiellen Daseins las. In einer Geschichte, der die durch weltorientierende historische Wissenschaft erforschte Vergangenheit nur ein Material ist, wird eine Chiffre des Daseins gelesen als eines Ganzen von Anbeginn bis zum Ende der Tage.

Die *Totalvorstellung der Geschichte* ist *für die Wissenschaft* nur eine jeweils unter Gesichtspunkten bestimmte: Zum Beispiel die Vorstellung von dem Menschen, der im Grunde überall und immer derselbe sei: es ist ein historisches Verständnis möglich, weil überall eigene Möglichkeiten und die der anderen identisch sind, wenn sie auch zu höchst abweichender Entwicklung und Verwirklichung gelangen. — Oder: Es ist eine Weltgeschichte in dem Sinne, daß alles Dasein, das bis dahin zerstreut blieb, in einen einzigen Zusammenhang hineingezogen wird. Oder: Es ist ein endloses Sichwandeln der Vielfachheit menschlichen Daseins, aber darin eine gewisse Typik der Verläufe, die ohne Bezug aufeinander als eine Mannigfaltigkeit gekommen und gegangen sind ohne eine adäquate Erinnerung des Ganzen, weil es gar nicht ist.

Anders ist die *Chiffre des Ganzen* als eine selbst geschichtliche Spekulation, in der sich Existenz in der Totalität ihres ihr zugänglichen Daseins erfaßt. Das Seinsbewußtsein kann sich in einer *übersinnlichen Geschichtsphilosophie* aussprechen, welche Vergangenheit und Zukunft umspannt, um alles als Sprache der ewigen Gegenwart zu verstehen. So wurden verschwindende Gebilde spekulativ erdacht: in der christlichen Weltgeschichte von Schöpfung und Sündenfall bis zum jüngsten Tag und Gericht; dann andere in Abhängigkeit von dieser, aber schließlich ganz verwandelt in Hegels durchaus die Vergangenheit und nur das empirische Geschehen als Chiffre setzender Geschichtsphilosophie, in Schellings Vergangenheit und Zukunft umfassender, das Empirische nur leise berührender Geschichtsmythik. Solche Spekulationen sind ihrem Sinne nach nur existentiell zu prüfen. Ihr eigentlicher Gehalt untersteht sinngemäß keiner wissenschaftlichen Forschung.

Wenn hier die Rundung zu endgültig, die Welt zu bestimmt, die Form zu objektiv scheint, und daher die Gefahr der Abgleitung in ein wissendes Haben des Ganzen fast schon im ersten Aufnehmen zum Erliegen der ihm sich hingebenden Existenz führt, so läßt sich eine unbestimmtere Chiffre suchen, die aber auch fast stumm bleibt:

Erinnerung trifft ein *Geisterreich*, das mich eintreten läßt als den, der ich durch mein Tun eigentlich bin. Die Erinnerung ist zugleich ein Vorausschauen: als die Frage, ob ich Glied dieses Geisterreichs werde oder nicht, und wie ich es werde. Ich fühle mich in einer möglichen Gemeinschaft, die ich im innersten Gewissen höre, die längst ist, und die doch nie geschlossen und endgültig ist.

Wo ich fühlte, in Berührung zu treten, sind mir Menschen der Geschichte und Zeitgenossen unantastbar geworden. Ich horche im Stillen, ob der Andere solche Unantastbarkeiten hat — und ob schweigend wir gemeinsam werden, weil wir ohne Objektivität und sagbare Fixierung in solchen Reihen Zutritt fanden.

Nicht das Sein wird sichtbar als Ganzes, nicht die übersinnliche Geschichte von allem, aber die Erinnerung des Geisterreichs durch Selbstwerden in die Zukunft hinein wird Gegenwart als Chiffre, ohne daß ein artikuliertes Ausdenken von Geschichte, Ort und Personen dieses Reichs einen Sinn hätte. Zu ihm ist nur in der Chiffre des wirklichen Daseins Zugang zu finden.

Aber alle große Metaphysik war doch mehr: *ein artikuliertes Lesen der Chiffreschrift*. Was das Sein im Dasein spreche und was es also sei, wird ausdrücklich gefaßt. Dieses fragwürdige Unternehmen, das doch nie restlos abzulehnen ist, wenn überhaupt eine Mitteilung geschichtlich aus der Einsamkeit der die Chiffre lesenden Existenz gesucht wird, ist ins Auge zu fassen.

Was die Chiffre des Daseinsganzen sagt (Spekulation des Seins).

Was Sein ohne Dasein sei, ist schlechthin unzugänglich. Daß überhaupt Transzendenz sei, wurde in Gedankengängen, welche irreführend Gottesbeweise heißen, spekulativ gedacht. Daß überhaupt Chiffre als Dasein ist, war als Unbegreiflichkeit zu begreifen. Die Gegenwart des Chiffrelesens wurde in spekulativer Erinnerung und Voraussicht deutlich.

Was nun aber die Chiffre des Daseinsganzen eigentlich sagt, das würde, wenn es zum Besitze eines spekulativen Wissens werden könnte, die tiefste Einsicht bringen, die im Dasein möglich ist. Aber Dasein bleibt als Chiffre vieldeutig, es wird nicht endgültig zu einem Ganzen. Darum ist, was das Dasein sagt, wieder nur Form einer Bewegung, in der mögliche Existenz ihr Bewußtsein der Transzendenz mit Chiffren positiv erfüllt:

Sie erforscht weltorientierend das Wirkliche und will durch eine umfassende Hypothese entschleiern, was dem Ganzen zugrunde liegt. Sie möchte erkennen und statt der Chiffre ein Wissen gewinnen im *Positivismus.*

Sie durchstreift forschend alle Wirklichkeit mit dem existentiellen Bewußtsein der durchgängig in sich bezogenen Einheit des geistigen Ganzen, die sie in zahllosen Abwandlungen überall wiederfindet, als *Idealismus.*

Sie sieht das notwendige Scheitern des hypothetischen Erkennens und die Grenze von Einheit und geistigem Ganzen. Zwar kehrt sie zurück zum Positivismus mit dem unerbittlichen Blick auf alle empirische Wirklichkeit, aber sie hält diese nicht für das Sein schlechthin; zwar läßt sie ein Bewußtsein von Einheit und geistigem Ganzen relativ gelten, aber zerschlägt es als Verabsolutierung und Antizipation. Denn Existenz muß bleiben, wo sie allein wirklich sein kann, im Zeitdasein, aus dem heraus sie die Vielfachheit des Seins, die Unbestimmbarkeit der Transzendenz, die Vieldeutigkeit der Chiffre sieht. Nur in geschichtlicher Konkretheit kann sie das glauben, was sie faktisch tut als *Chiffrenlesen der Existenzphilosophie.*

1. Positivismus. — Der Positivismus hat die Stärke, keine empirische Realität auslassen zu wollen. Er verwirft jedes Mittel, eine Wirklichkeit unter den Namen Zufall, gleichgültig, unwesentlich, krank, abnorm zu einem Unwirklichen zu machen. Er hat aber die Schwäche, das Nichterforschbare erforschen zu wollen. Seine Welthypothese, als Forschung eine Irrung, steht unter dem Impuls, die Chiffre des Daseins zu deuten. Da dieser Impuls in dieser Methode sich selbst mißversteht, verliert er den eigenen Ursprung: statt Chiffren hat er am Ende leere begriffliche Mechanismen oder ein leeres Nichtwissen.

Der Positivismus ist der Boden der weltorientierenden Wissenschaften. Ihr Impuls ist, zu sehen was ist; ihr metaphysischer Sinn, prägnant das Tatsächliche zu zeigen, das mögliche Chiffre wird.

2. Idealismus. — Der Idealismus hat die Stärke, die Einheit des geistigen Ganzen ins Auge zu fassen. Er will nichts vereinzelt bestehen lassen, sondern es aus dem Ganzen begreifen, mit allem Anderen ver-

binden. Seine Schwäche aber ist, daß er vorbeisieht an dem, was ihm
seine Einheit stört. Während er den Reichtum des Daseins durch-
zugehen scheint, endet er mit einer von Transzendenz leeren Beruhigung angesichts der vermeintlichen Harmonie des Ganzen.

Alle *Einheit und Ganzheit,* ursprüngliche Chiffre der Einheit des
Seins, hört für den Idealismus auf, Chiffre zu sein, indem er sie begreift: Das Ganze ist die Einheit der Gegensätze. Was sich auszuschließen scheint, bildet erst in synthetischer Einheit das wahre Sein. Was
sich gegenseitig zu vernichten scheint, ruft sich im Negieren grade
zum gehaltvollen Dasein erst hervor. Was isoliert wie Disharmonie
aussieht, ist nur ein Moment zur Steigerung der Harmonie des Ganzen.
Diese ist eine organische, sich gliedernde Einheit in einer Entwicklung, welche, was nicht gleichzeitig miteinander möglich ist, nacheinander möglich macht. Alles hat seinen Ort und seine Bestimmung,
wie jede Figur in einem Drama, wie jedes Organ in einem lebendigen
Leibe, wie jeder Einzelschritt in der Ausführung eines Plans.

Die *Motive* dieser Einheit liegen zunächst in der Grunderfahrung,
daß mir *meine Welt stets zum Ganzen wird:* Sie ist im Raum nicht
ein Trümmerhaufen, sondern das Gebilde, das mich, wenn ich recht
sehe, überall als Schönheit anspricht. Wo ich bin, wird mir ein
Ganzes, in der Gliederung meines Raums, in der Struktur der Körperlichkeit, in der Atmosphäre der Landschaft, die das an sich in seiner
Isoliertheit Strukturlose einschließt. Nicht meine Schöpfung nur ist
diese Ganzheit, die Natur kommt entgegen: das Zerrissenste und
Grellste überzieht sie mit einer Decke einenden Friedens. Das Weltganze, im Kosmos gedacht, in Bildern vergegenwärtigt, ist in Analogie
als Weltlandschaft die eine erfüllte Räumlichkeit des Daseins.

Die zweite Grunderfahrung ist die *Einheit des Geistes,* daß alles,
was ist, als verstanden in den Zusammenhang des Selbstbewußtseins
tritt. Der Kosmos wird statt in der Einheit der Raumnatur vielmehr
in der Einheit des Geistes als absoluten Geistes gelesen, in der die
Raumnatur nur ein Glied ist. Der Geist, in der Geschichte daseins-
offenbar, ist je in mir selbst als Verstehbarkeit gegenwärtig.

Das entscheidende Motiv für die Einheit ist aber der *Wille zur
Versöhnung.* Die Harmonie ist, weil das Seinsbewußtsein einer mög-
lichen Existenz sich in der Wiederherstellung aus dem Negativen des
Unwahren, Bösen, Schlechten, des Schmerzes und des Leidens be-
ruhigt. In der Welt zwar ist das Negative, aber nur als Moment eines
Prozesses, in dem das Sein zu sich selber kommt. Ich in meiner Be-

216

schränktheit und Unvollkommenheit stehe an einer Stelle im Ganzen, an der ich diese spezifische Aufgabe zu erfüllen und das dazugehörige Negative meiner Partikularität zu tragen und in das Ganze aufzulösen habe. Das Negative jeder Art ist an sich gar nicht wirklich, sondern Artikulation des Positiven. Das Negative an meiner Stelle, mein Leid, ist an dieser Stelle für sich allein gesehen zwar sinnlos, im Ganzen gesehen aber sinnvoll. Ich habe die Ruhe der Kontemplation zu gewinnen, welche mich an meinem Ort im Ganzen sieht, im Bewußtsein einer Beschränktheit sowohl wie eines Berufes, und welche weiß, daß alles in Ordnung ist. Freiheit ist dieser Ruhe nur das Zusammenstimmen der inneren Haltung mit diesem Ganzen; Schönheit die Vollkommenheit des Seins im Kunstwerk, wie sie im beschränkenden Dasein nie sein kann.

Der Idealismus ist die *Philosophie des Glücks*. Das Leben im Bewußtsein des realen Ganzen, das in den Chiffren des Daseins als das All-eine gegenwärtig ist und alle Negativität zurücknimmt, kennt wohl Spannungen, aber nur solche, für welche auch die Lösung da ist. Ehe, Familie, Staat, das Berufsganze und das Ganze des gesellschaftlichen Körpers, schließlich das Weltganze ist die Substanz, mit welcher in innigem Einklang zu leben möglich scheint. Wo Mangel ist, da ist durch Anderes Ergänzung. Kampf ist nur Mittel werdender Verbindung. Eins steigert das Andere. Durch Dissonanz geht es zur Harmonie.

3. Chiffrenlesen der Existenzphilosophie. — Existenzphilosophie vermag kein endgültiges in Bild oder Spekulation sich rundendes Wissen vom Sein der Transzendenz zu gewinnen. Ihr bleibt als dem Philosophieren im Dasein die Zerrissenheit des Seins mit der einzigen Möglichkeit, das eine Sein auf dem Wege über die Geschichtlichkeit als Existenz zu erringen. Sie weiß, daß mit der vermeintlichen Vollendung das Dasein verlassen wäre, ohne das Eine für Alle und das Ganze verwirklicht zu sehen. Daher ist das *Zeitdasein* mit dem Bewußtsein, Zukunft für sich selbst und ein Ganzes zu haben, dem man angehört, indem man es wählt, *die bleibende Welt des Philosophierens*.

Es kehrt *zurück zum Positivismus* und kennt keine Grenze der Bereitschaft für das Anerkennen des Tatsächlichen, vor dem zunächst nur gefordert wird: so ist es. Das immer neu und anders werdende Faktische bleibt ihm Anstoß.

Es tritt in *die absolute Geschichtlichkeit der Existenz*, damit in die Grenzsituationen und in Kommunikation. Positivismus und Idealismus kennen die eine Wahrheit und daher nur eine relative Geschichtlichkeit und eine sekundäre Kommunikation in der einen bestehenden Wahrheit. Kommunikation wird nicht Ursprung, wo Wahrheit und Gottheit offenbar sind. Die Geschichtlichkeit ist dort nur ein besonderer Fall oder eine Konkretion des Allgemeinen. Existentiell aber wird die Kommunikation zur Erweckung, Berührung, Verbindung der Wahrheiten, die nur sie selbst sind und als in einem Ganzen gedacht für uns sich verlieren. Da die Gottheit verborgen bleibt, ist der feste Halt nur zwischen Existenzen, die sich die Hand reichen.

Im Zeitdasein als Erscheinung ist der Existenz diese *Zeitlichkeit selbst Chiffre*, aber nicht eindeutig. Existenz kann nicht antizipieren, weder für sich die Wirklichkeit ihres Verwirklichens und Scheiterns, noch das Ganze in dem, was selbst schon als Chiffre „Ende der Tage" heißt. Quer zu ihrer gegenwärtigen Zeitlichkeit ist ihr Ewigkeit gegenwärtig, aber wiederum nur in zeitlichen Chiffren als Entscheidung, Entschluß, Bewährung, Treue.

Als Raum ihrer Möglichkeiten vermag sie *die Welt der Chiffren festzuhalten*, die einmal direkt und unmittelbar gemeint waren. Auch was dem *Idealismus* als System zum Wissen wurde, ist jetzt *als Ganzes selbst eine mögliche Chiffre*. Die großartigen Seinsaspekte Plotins und Hegels werden als solche Chiffren relevant, zwar unverbindlich, aber als Möglichkeit des Sprechens in einem existentiellen Augenblick und als Hintergrund des Anderen als des Fremden, das seine wenn auch nicht meine Wahrheit hat.

Aus dem existentiellen Ursprung wird ein Denken des Ganzen, erzählend in der Welt der Chiffren und konstruierend in der Spekulation, *ein metaphysisches System wie einen Mythus* nehmen. Statt nur relative Weltbilder vom Dasein in der Systematik der Wissenschaften durch die Weltorientierung zu besitzen, wird das eine Sein als der Grund von allem gedacht. Das geschieht entweder in naturalistischen, in logischen, in dialektisch-geistigen Gestalten, welche verwandt sind in der Grundhaltung, die eine beruhigende Einheit des Ganzen als des Allgemeinen zu sehen. Oder es geschieht in dem an der Grenze von Begrifflichkeit und anschaulichem Mythus stehenden Erzählen einer positiven transzendenten Geschichte in der Grundhaltung, das Ganze in der unergründlichen Geschichtlichkeit und alles Eigentliche als unvertretbar Einzelnes, aus keinem Allgemeinen Herleitbares, aber in der Transzendenz Verwurzeltes zu sehen.

Chiffren können sich für mögliche Existenz *nicht* mehr *fixieren*, und doch brauchen sie *nicht nichts* zu sein. Aber was sie auch sind,

objektiv geworden sind sie unendlich zweideutig, und wahr sind sie
nur, wenn sie sich erhalten in der Chiffre des *Scheiterns*, welche nach
ihrer faktischen Seite mit positivistischer Rückhaltlosigkeit gesehen
und existentiell in den Grenzsituationen ernst genommen ist.

Vierter Teil.

Verschwinden von Dasein und Existenz als entscheidende Chiffre der Transzendenz (Sein im Scheitern).

Der vielfache Sinn des faktischen Scheiterns.

Alle Gestaltung der *Körperwelt* von Stoffen und Steinen bis zu den
Sonnen ist bestandlos; in ihrem unaufhörlichen Wandel bleibt, woraus
sie hervorgehen. Über jedes *lebendige Dasein* kommt der Tod. Der
Mensch erfährt als Leben und in seiner *Geschichte*, daß alles sein
Ende hat: Verwirklichungen werden im Wandel soziologischer Zustände unhaltbar; gedankliche Möglichkeiten erschöpfen sich; Weisen
des geistigen Lebens klingen aus. Vernichtet wurde, was groß war;
das Tiefe verflüchtigt sich, als ein anders Gewordenes wirkt es scheinbar fort. Geschichte war nur in Technik und Rationalisierung des
Daseins, auf das Ganze gesehen, ein Fortschreiten, war im eigentlich
Menschlichen und Geistigen jedoch im Hervorbringen des Außer-
ordentlichen zugleich der Triumphweg zerstörender Mächte. Ginge
eine Entwicklung der Menschheit ins Grenzenlose: kein in der Zeit als
Weltdasein dauernder Zustand würde erreicht, ohne daß in ihm der
Mensch als Mensch wieder zerstört würde; das Geringere und Massen-
hafte scheint zu überdauern in bloßem Anderswerden; der Weg wäre
ohne Einheit des Sinns und der Kontinuität und so ohne Möglichkeit
des Ganzwerdens; es würde nur verwirklicht und dann zerstört, was
keiner Erinnerung je wieder gegenwärtig zu sein braucht. Ein noch
lebendiges Dasein, das diese Vergangenheit gar nicht als Voraussetzung seines Bewußtseins besäße, sondern nur als vergessenes und
wirkungsloses Vorher, wäre wie das Dasein von ein paar glimmenden
Hölzern, die ebensogut der Rest des Brandes von Rom sein können
wie des Verbrennens eines Abfallhaufens. Sollte eine phantastische
Technik heute noch Unausdenkbares vollbringen, so könnte sie auch
ebenso ungeheuer zerstören. Wäre die Möglichkeit, auf technischem

Wege die Grundlagen allen Menschendaseins zu vernichten, so ist
kaum zu zweifeln, daß sie auch eines Tages verwirklicht würde. Unsere
Aktivität kann hemmen, verlängern, Aufschub für eine Spanne Zeit
gewinnen; nach aller Erfahrung von Menschen in der Geschichte wird
auch das Furchtbarste, das möglich ist, irgendwann und irgendwo,
von jemandem vollbracht. — Das *Scheitern* ist *das Letzte;* so erweist
es die unerbittlich wirklichkeitsnahe Weltorientierung. Mehr noch: es
ist in allem das Letzte, was überhaupt im Denken zur Gegenwart
kommt: Es scheitert im *Logischen* die Geltung an dem Relativen; das
Wissen sieht sich an den Grenzen vor Antinomien gestellt, an denen
die widerspruchslose Denkbarkeit zugrunde geht; über das Wissen
hinaus taucht als übergreifend die nicht rationale Wahrheit auf. Es
scheitert für die *Weltorientierung* die Welt als Dasein, da sie nicht
aus sich selbst und in sich selbst zu begreifen ist; denn sie wird weder
zu einem in sich geschlossenen, durchschaubaren Sein, noch kann der
Erkenntnisprozeß zu einem Ganzen sich vollenden. Es scheitert in der
Existenzerhellung das Ansichselbstsein der Existenz: wo ich eigentlich
ich selbst bin, bin ich nicht nur ich selbst. Es scheitert in der *Transzendenz* der Gedanke an der Leidenschaft zur Nacht.

Solche Vergegenwärtigungen von Werden und Vergehen, Zerstörbar-
keit und gewisser Zerstörung, Mißlingen und Versagen verwirren durch
die darin noch ungeschiedene *Vielfachheit des Sinns von Scheitern.*

Für bloßes Dasein ist nur Vergehen, von dem es nichts weiß. Erst
für das Wissen ist Scheitern und dann für mein Verhalten zu ihm.
Das *Tier* ist nur der objektiven Vergänglichkeit unterworfen; sein
Dasein ist ganz Gegenwart, die Sicherheit seines Instinkts, die vollendete Wohlgeratenheit seines Tuns bei ihm angemessenen Lebens-
bedingungen; wenn diese aber versagt werden, ist es das wilde Ge-
baren, die brütende Stille, die dumpfe Angst ohne Wissen und Willen.
Erst für den Menschen ist das Scheitern; und zwar so, daß es für ihn
nicht eindeutig ist; es fordert ihn heraus, sich zu ihm zu verhalten.
Ich kann sagen: *an sich* scheitert nichts und bleibt nichts; ich lasse
es scheitern *in mir* durch die Weise, wie ich das Scheitern erkenne
und anerkenne. Lasse ich mein Wissen um das Ende von Allem in
die unterschiedslose Einheit des nur dunklen Abgrunds versinken, vor
dem ich die Augen verschließen möchte, so kann ich das Tier wie ein
Daseinsideal rein gegenwärtiger Erfüllung ansehen und es mit Liebe
und Sehnsucht über mich stellen. Aber ich kann nicht Dasein des
Tieres werden, sondern nur als Mensch mich preisgeben.

Bleibe ich in der Situation des Menschen, so unterscheide ich. *Was* scheitert, ist nicht nur *Dasein* als Vergehen, nicht nur *Erkenntnis* als Selbstzertrümmerung im Versuch des Begreifens des Seins schlechthin, nicht nur *Handeln* als Ausbleiben eines des Bestandes fähigen Endzwecks. In den Grenzsituationen wird offenbar, daß alles uns Positive an das dazugehörige Negative gebunden ist. Es gibt kein Gutes ohne mögliches und wirkliches Böses, keine Wahrheit ohne Falschheit, Leben nicht ohne Tod; Glück ist an Schmerz gebunden, Verwirklichen an Wagen und Verlieren. Die menschliche Tiefe, welche ihre Transzendenz zum Sprechen bringt, ist real gebunden an das Zerstörende, Kranke oder Extravagante, diese Bindung aber in unübersehbarer Mannigfaltigkeit nicht eindeutig da. In allem Dasein kann ich die antinomische Struktur sehen.

Während so die Weisen des Scheiterns als objektive Wirklichkeit oder Unausweichlichkeit des Denkbaren sind, daher in irgendeinem Sinne ein Scheitern im Dasein und als Dasein bedeuten, liegt das *Scheitern der Existenz* auf einer anderen Ebene. Wenn ich in der Freiheit aus dem Dasein zur Seinsgewißheit komme, so muß ich grade bei der hellsten Entschiedenheit des Selbstseins im Tun auch dessen Scheitern erfahren. Denn die Unmöglichkeit, absolut auf sich zu stehen, erwächst nicht erst aus der Daseinsgebundenheit, die faktisch zerstört, sondern aus der Freiheit selbst. Ich werde durch sie in jedem Falle schuldig; ich kann nicht ganz werden. Die Wahrheit als eigentliche Wahrheit, die ich erfasse, weil ich sie bin und lebe, hat keine Möglichkeit als allgemeingültige kennbar zu sein; Allgemeingültiges könnte zeitlos am sich immer wandelnden Dasein bestehen, aber eigentliche Wahrheit ist grade die, welche untergeht.

Das eigentliche Selbstsein kann sich nicht durch sich selbst allein halten; es kann sich ausbleiben und vermag sich nicht herbeizuzwingen. Je entschiedener es sich gelingt, desto klarer wird seine Grenze, an der es versagt. Es wird bereit für sein Anderes, die Transzendenz, wenn es in seinem Sichselbstgenugseinwollen scheitert. Daß mir aber die Transzendenz ausbleibt, daß mein Vertrauen, schließlich mich selbst in transzendenter Bezogenheit anzutreffen, getäuscht wird — nie weiß ich, was dann meine Schuld war und was ich als mir geschehen tragen muß; *ich kann als ich selbst scheitern*, ohne daß das philosophische Vertrauen und ohne daß göttliches Wort und religiöse Garantie helfen, trotzdem alle Wahrhaftigkeit und Bereitschaft da zu sein schien.

In der Vielfachheit des Scheiterns aber ist die Frage, ob Scheitern schlechthin Vernichtung ist, weil das, was scheitert, in der Tat zugrunde geht, oder ob im Scheitern ein Sein offenbar wird; ob Scheitern nicht nur Scheitern, sondern Verewigen sein kann.

Scheitern und Verewigen.

Eine natürliche Selbstverständlichkeit vitalen Daseins richtet sich auf Dauer und Bestand. Sie will nicht nur das Scheitern vermeiden, sondern ihr ist Voraussetzung, daß das Sein schlechthin als Bestand möglich sei: es ist empirisch in einer Entwicklung, die eine unbegrenzte Zukunft hat; es bewahrt, was gewonnen wurde; es schreitet fort zu einem Besseren; es ist logisch in widerspruchsloser Denkbarkeit restlos zugänglich. Für solche Voraussetzung wird das Scheitern nicht notwendig. Es ist eine Gefahr, aber sie kann überwunden werden. Wenn der Einzelne stirbt, bleibt sein Tun, aufgenommen von den Anderen in die Geschichte. Der Widerspruch braucht nirgends zur notwendigen Antinomie zu werden; er ist durch Irrtum und wird durch Klarheit und bessere Erfahrung wieder aufgehoben.

Jedoch nur gewollte Blindheit kann diese Voraussetzung festhalten. Das Scheitern ist das Letzte.

Weil alles, was *empirische Erscheinung* wird, sich als *vergänglich* erwiesen hat, wandte sich Dasein, *das eigentliche Sein suchend*, an das *Objektive* als das Gültige und Zeitlose; aber soweit ihm solches zugänglich wurde, ist es grade in seiner Zeitlosigkeit nicht nur unwirklich, sondern leer. Es wandte sich an das *Subjektive*, um dem Gültigen in dessen Wirklichkeit Erfüllung zu verschaffen; aber es sieht sie zerrinnen in dem Fluß des bloßen Lebens. Es will Sein als *Verewigung* und sucht sie in der *Dauer:* in der Nachkommenschaft, in Leistungen, deren Wirkungen über das Leben hinausgehen. Aber auch hier kann es sich nicht darüber täuschen, daß alles nur eine Verlängerung des zeitlichen Bestehens, nicht absolute Dauer bedeutet. Nur Gedankenlosigkeit verwechselt längeres Dasein mit Unvergänglichkeit.

Wenn angesichts der Vergänglichkeit von allem — mag es auch erst nach Jahrtausenden vergehen — schließlich *Dasein als mögliche Existenz* eigentliches Sein nur sieht in der konkreten gegenwärtigen Wirklichkeit eigenen Selbstseins, werden auch Zerstörung und Untergang zu einem Sein, wenn sie nur frei ergriffen sind. Scheitern, als das Scheitern meines Daseins nur wie zufällig erlitten, kann ergriffen werden als eigentliches Scheitern. Der Verewigungswille, statt das Scheitern zu verwerfen, scheint sein Ziel im Scheitern selbst zu finden.

Habe ich als vitales Wesen den Willen zur Dauer, suche ich im Verlieren neuen Halt an einem Bestehenden, so will ich als mögliche Existenz das Sein, das ich noch im Untergang zu ergreifen vermag, ohne daß es besteht. Dem *erlittenen Untergang* gegenüber, wenn mir das Liebste unvollendet entschwindet, kann ich auf mich nehmen, was geschieht, und im hellsichtigen Erdulden doch erfahren, daß, was Augenblick als erfüllte Gegenwart war, nicht verloren ist. Wenn ich aber dann in verklärender Phantasie das Sein mit dem Untergehen in dem Gedanken verknüpfte, daß, was den Göttern lieb sei, sie früh aus der Welt nehmen, oder daß, was Form und Gestalt wurde, Ewigkeit habe, so wehrt sich Existenz. Wenn ihr nur bleibt, in Passivität zu dulden, kann sie sich nicht abfinden in kontemplativer Beruhigung. Denn ihr Bewußtsein eigentlichen Seins kann sich nicht vollenden in der reinen Betrachtung des Nichtverlorenseins. Sie muß sich vielmehr selbst hineingenommen haben in das Scheitern, zunächst in der Aktivität eigenen Wagens, dann im Scheiternlassen ihrer selbst. Nicht schon für Kontemplation, die nur hinnimmt, wird die Chiffre entschieden offenbar, sondern für Existenz, die als Dasein untergehend sie aus Freiheit hervorbringt, die als Existenz zerschellt und darin ihren Grund findet im Sein der Transzendenz.

Der Widerspruch des Scheiterns bleibt als Erscheinung. Die Lösung wird nicht gewußt. Sie ist im Sein, das verborgen bleibt. An dieses Sein stößt, wer wirklich in seinem ihm eigenen Schicksal die existentiellen Stufen durchschritt. Dieses Sein kann nicht vorausgesetzt werden. Keine Autorität vermag es zu verwalten und zu vermitteln. Es blickt dem entgegen, der wagend sich ihm nähert.

Eine Verkehrung, in der sich das Sein wieder ganz zum Nichts verdunkelt, wäre es, das *Scheitern gradezu zu wollen*. Nicht schon in beliebigem Untergang, nicht in jedem Vernichten, Sichselbstaufgeben, Verzichten, Versagen ist das echte offenbarende Scheitern. Die Chiffre der Verewigung im Scheitern wird hell nur, wenn ich *nicht* scheitern will, aber zu scheitern wage. Das Lesen der Chiffre des Scheiterns kann ich nicht planen. Ich kann nur planen, was Dauer und Bestand gewährt. Die Chiffre enthüllt sich nicht, wenn ich sie will, sondern wenn ich alles tue, um ihre Wirklichkeit zu vermeiden; sie enthüllt sich im amor fati; aber unwahr wäre der Fatalismus, der sich vorzeitig ergäbe und darum nicht mehr scheitert.

Wenn also das Scheitern, in das ich beliebig hineinstürze, das leere Nichts ist, so braucht das Scheitern, das über mich kommt, wenn ich alles tue, um es wahrhaftig zu verhindern, nicht nur Scheitern zu sein. So kann ich das Sein erfahren, wenn ich im Dasein getan habe, was ich konnte, mich zu wehren; und so, wenn ich als Existenz ganz für mich einstehe und alles von mir verlange, nicht aber, wenn ich im Bewußtsein meiner kreatürlichen Nichtigkeit vor der Transzendenz mich dem Kreatursein überlasse.

Wie das Erlahmen im Daseinskampfe und wie die würdelose Preisgabe des Selbstseins ins Nichts greift, so ist im *Willen zum Ende aller Dinge* in seiner Direktheit nicht das Ende als Sein der Ewigkeit, sondern als Vernichtung des Daseins ergriffen. In den nihilistischen und sinnlichen Vorstellungen vom Ende als der Lust am Zerschlagenwerden dieser elenden Welt ist eine täuschende Verführung. Vor dem Weg, an dessen Ziel erst die Chiffre des Seins im Scheitern steht, wird ausgewichen in der Haltung: „Wir glauben an das Ende, wollen das Ende, denn wir selbst — sind ein Ende oder wenigstens der Anfang vom Ende. In unseren Augen liegt ein Ausdruck, der noch nie in Menschenaugen gelegen hat." In diesen Worten klingt ein Ton, der wegen seiner scheinbaren Verwandtschaft mit dem Aufschwung existentiellen Scheiterns in der Welt um so furchtbarer das falsche Pathos einer weltlosen Leidenschaft enthüllt.

Eine Verkehrung der Erfahrung des Seins aus Wagnis und Vernichtung ist überall dort, wo Erscheinung nicht nur vergänglich, sondern gleichgültig wird, wo ich daher, um eigentlich zu sein, kein Weltdasein aufbaue, sondern mich dem *Abenteuer* ergebe: ich verabsolutiere das Wagen, Zerstören, Untergehen, auch wenn es um nichts geht, ja grade dann, um mit diesem Bewußtsein ins Sein zu treten, über das jedes Ernstnehmen der Welt, alle Dauer wie alle Zeitlosigkeit täusche. Der Abenteurer verachtet alle Lebensordnungen wie alles Bestehende. Das Extravagante, alle Bindungen Lösende, das übermütig Spielende, das Überraschende und Unerwartete ist ihm, der sein Untergehen jubelnd ergreift oder lächelnd erduldet, das Wahre.

Dasein als mögliche Existenz aber schaudert wie vor der Leere der nur objektiven Geltungen, wie vor der Täuschung der vermeintlichen Dauer, so vor der Gehaltlosigkeit des bloßen Untergangs im Abenteuer. Objektivität und Dauer, wenn sie auch nichts an sich selbst sind, bleiben der Leib der Erscheinung der Existenz im Zeitdasein. Der bloße Untergang ist nichtig: es geht ohne Verwirklichung in der Welt eigentlich nichts unter als nur eine chaotische Subjektivität. Aber doch bleibt wahr, daß, was wesentlich ist, in der Erscheinung untergeht, und daß die Aufnahme des Untergangs in sich erst die Tiefe offenbart, die auf den Grund eigentlichen Seins blicken läßt. *Verewigung* würde daher sein: der Aufbau einer Welt im Dasein mit der Kontinuität eines Willens zur Norm und zur Dauer, aber mit dem Bewußtsein nicht nur und der Bereitschaft, sondern dem Wagen und Wissen des Untergangs, in dem Ewigkeit in die Erscheinung der Zeit tritt.

Dies echte Scheitern allein, dem ich rückhaltlos wissend und übernehmend offen bin, kann erfüllte Chiffre des Seins werden. Ob ich mir die Wirklichkeit verschleiere, oder ob ich ohne Wirklichkeit auf den Untergang zugehe, in beiden Fällen verfehle ich im faktischen Scheitern das wahre Scheitern.

Verwirklichen und Nichtverwirklichen.

Aus dem Bewußtsein des Scheiterns folgt nicht notwendig die Passivität des Nichtigen, sondern die Möglichkeit eigentlicher Aktivität: *Was untergeht, muß gewesen sein.* Untergang wird erst wirklich durch Weltwirklichkeit, sonst wäre es nur ein Verschwinden von Möglichkeit. Daher lege ich das Gewicht meines Seins ganz in das Dasein als Verwirklichung, um Dauer zu schaffen, und glaube daran als an ein zu Tuendes. Ich will Bestand, um das erfüllte Scheitern zu erfahren, in dem mir erst das Sein aufgeht. Ich erfasse die Welt und breite mich mit allen Kräften in ihrem Reichtum aus, um ihre Gebrochenheit und ihr Untergehen aus diesem Ursprung zu sehen und nicht um sie nur in abstrakten Gedanken zu wissen. Nur wenn ich vorbehaltlos in die Welt trete und leide, was ihre Zerstörung mir bringt, kann ich das Scheitern als Chiffre wirklich erfahren. Sonst wäre nur der grundlose gleichgültige Untergang von Allem.

Dem Seinsbewußtsein möglicher Existenz ist die Welt der Raum, in dem es erfährt, was eigentlich ist. Ich wende mich an die Gesellschaft, in der ich lebe und mitwirke, indem ich die mir möglichen Wirkungskreise ergreife; an die kommunikative Dauer in Familie und Freundschaft; an die Objektivität der Natur in ihrer Gesetzlichkeit und technischen Beherrschbarkeit. Als Dasein atme ich in einer Welt; als Mensch mit Menschen bringe ich eine Erfüllung des Daseins hervor. Wenn auch alle Erfüllung nur Vergänglichkeit ist, so doch in ihr durch sie die Chiffreschrift des Seins.

Es könnte der Gedanke begründet scheinen: *alles scheitert, also braucht man nicht anzufangen, denn es ist doch alles sinnlos.* Dieser Gedanke setzt Dauer als Wertmaßstab voraus und verabsolutiert das Weltdasein. Wenn aber auch für Dasein und daher für jeden von uns der Wille zu Dauer und Bestand unausweichlich und der Gedanke des Scheiterns von allem der Ausdruck zunächst der Verzweiflung in der Grenzsituation ist, so kann doch Existenz nicht zu sich kommen, ohne in die Grenzsituationen getreten zu sein.

Anders ist jedoch der Sinn im entschlossenen Nichtverwirklichen, wo für Existenz keine schlechthin verpflichtende Notwendigkeit zu diesem Dasein in der Welt ist. Es ist *möglich*, daß ich, im Dasein mich findend, doch *mit dem Dasein überhaupt kämpfe.* Das Dasein in der Welt kann mit wahrhaftiger Bewußtheit nur ergriffen werden, wo der negative Entschluß als Frage die Existenz berührte. Man muß in der Möglichkeit die Welt verlassen haben und dann zu ihr zurückgekehrt sein, um sie positiv als Welt zu haben: in ihrem Glanz und ihrer Fragwürdigkeit, in ihrem Wesen als einziger Erscheinungsstätte der Existenz, an der sie mit sich selbst und anderer Existenz sich versteht.

Daß ich *nicht allein im Dasein bin,* dieses Faktum macht jenen negativen Entschluß, der das Weltdasein in Frage stellt, selbst so fragwürdig, da er sich weltlos und kommunikationslos nur in den Abgrund der Transzendenz stürzt. Existenz aber im Dasein kann sich als Wille zur Kommunikation, welche Bedingung ihres eigenen Seins ist, weder absolut auf sich selbst stellen noch unmittelbar an Transzendenz halten. Niemand kann allein selig werden. Keine Wahrheit ist, mit der ich allein für mich das Ziel erreichen könnte. Ich bin mit, was andere sind, bin verantwortlich für das, was außer mir ist, weil ich es ansprechen und zu ihm in tätige Beziehung treten kann, bin als mögliche Existenz zu anderen Existenzen. Daher erreiche ich das Ziel meines Daseins nur, wenn ich erfasse, was um mich ist. Erst wenn die Welt, zu der ich in mögliche Kommunikation treten kann, mit mir zu sich gekommen ist, bin ich zu mir gekommen. Freiheit ist gebunden an Freiheit der Anderen, Selbstsein hat sein Maß im Selbstsein der Nächsten und schließlich aller.

Erst im schließlichen Scheitern *dieser* Verwirklichung offenbart sich, was Sein sei.

Deutung der Notwendigkeit des Scheiterns.

Daß, wohin wir blicken und greifen, am Ende Scheitern ist, läßt fragen, ob es so sein muß. Die Antworten, unmöglich als Einsichten, suchen ein Deutlichwerden des Seins in der Chiffre.

1. Geltung und Dauer müssen brüchig sein, wenn Freiheit ist. — Läge die Wahrheit des Seins in der *Geltung widerspruchsloser Denkbarkeit,* so wäre der unbewegte Bestand eintönigen Sichgleichseins wie das Sein des Todes, an das ich nicht glauben kann. Damit für mich die zwar unerkennbare, aber eigentliche Wahrheit des Seins durchbreche, muß der logische Bestand in Antinomien scheitern.

Wäre die Wahrheit des Seins die Dauer ohne Ende in der Zeit, so wäre wiederum nur toter Bestand; denn bloße Dauer würde in eintöniger Gleichheit zu einer anderen Zeitlosigkeit. Daß Sein ist, muß im Zeitdasein vielmehr die Gestalt einer Bewegung zum Scheitern annehmen. Wenn Sein als Erscheinung im Dasein eine Höhe erreicht, so ist diese als solche sogleich nur ein Punkt, der umschlägt zum Verschwinden, um die Wahrheit der Höhe zu retten, die im Bestehenbleiben verloren würde. Jede Vollendung vergeht unaufhaltsam. Was eigentlich ist, ist noch nicht oder nicht mehr. Es ist gar nicht anders zu finden denn als die Scheide zwischen dem Weg zu ihm hin und dem Weg von ihm her. Die Unmöglichkeit des Verweilens läßt das Ganze einer erfüllten Wirklichkeit der Existenz um diesen verschwindenden Punkt kreisen. Der Augenblick als solcher ist alles, und doch nur Augenblick. Die Wahrheit in der Wirklichkeit ist nicht in der Isolierung dieser Höhe, sondern in der Ausbreitung des vor und nach.

Diese Bewegung ist jedoch nicht schon verständlich als die Ausschaltung endloser Langeweile, welche ohne sie von dem toten Bestand in Gültigkeit und Zeitdauer her sich über alles legen würde. Das Wesentliche ist vielmehr, daß das Sein als *Freiheit* nie ein Dasein als *Bestand* gewinnen kann. Es ist, indem es sich erwirbt, und hört auf, wenn es als geworden beständig sein möchte. Fertigwerden ist sein Erlöschen. Daß Bestand als endlose Dauer und als zeitloses Gelten scheitern, ist die Möglichkeit der Freiheit, welche als Dasein in der Bewegung ist, in der sie als Dasein vergeht, wenn sie eigentlich ist. Auch das Sein der Transzendenz ist zwar als Transparenz des Daseins in diesem gegenwärtig, aber so, daß das Dasein in seiner Transparenz als Dasein verschwindet. Was eigentlich ist, das tritt in einem Sprunge in die Welt und erlischt in ihr, indem es sich verwirklicht. Das Schlechtere scheint daher dauernder, der Adel aus Freiheit aber besteht nicht in der Dauer; so ist die Gestaltung der Materie dauernder als Leben, Leben als Geist, die Masse als der Einzelne in seiner Geschichtlichkeit.

2. **Da Freiheit nur durch und gegen Natur ist, muß sie als Freiheit oder als Dasein scheitern.** — Freiheit ist nur, wenn Natur ist. Freiheit wäre nicht ohne Widerstand vor sich und ohne einen Grund in sich. Was etwa in der Geisteskrankheit übermächtig wird und den Menschen als ein ihm Fremdes zerstört, gehört zum Dasein des Menschen als seine dunkle Natur, die ihn hervorbringt, mit der er aber zu kämpfen hat. Er kann in die Lage kommen, daß er sich selbst nicht wiedererkennt in dem, was er tat. Es ist, als habe etwas ihm den Sinn verwirrt, aber er tat es, und er muß dafür einstehen. Wohl fordert sein Genius, allem zugänglich und offen zu sein und dadurch frei zu seinem Entschluß zu kommen. Aber sein Wesen, das den Genius hört, ist ihm nicht jeden Augenblick sicher gegenwärtig. Daher verlangt der gute Wille in der Kommunikation nicht nur ein Zuwarten im Prozeß des Hellwerdens und Entwirrens, sondern Anerkennung möglicher Existenz trotz der Wirrnis und schließlich in ihr. Es ist diese ungeheure Chiffre des Seins im Dasein, daß Natur und Freiheit nicht nur zwei Mächte sind, die im Kampf liegen, sondern daß Freiheit erst durch Natur möglich ist. Im Ideal der freien Humanitas ist der dunkle Grund nicht nur gebändigt, sondern bleibt die bewegende Kraft in der Gebändigtheit. Ihre Überschreitungen, von der getroffenen Existenz als Versagen und als Aufgabe genommen, sind der untilgbare Mangel, dessen Grund selbst noch Grund der Existenz ist.

Daher ist Transzendenz nicht nur in der Freiheit, sondern durch diese hindurch auch in der Natur. Sie als das Andere der Existenz ist Chiffre, die den übergreifenden Grund anzeigt, aus dem auch ich, aber nicht ich allein bin. Die mehr als das Dasein möglicher Existenzen umfassende Wirklichkeit der Welt scheint für mich nur wie das Material meiner Freiheit zu sein, dann aber ein Eigensein der Natur kundzugeben, dem auch ich unterworfen bin. Die Unergründlichkeit des als Einheit unerkennbaren Ganzen verbietet es, die Natur zum Sein schlechthin zu machen, aber auch, die Existenz für alles zu halten. Es wäre die Enge einer Existenzphilosophie, die sich auf dem Boden des Selbstseins abschlösse. In der Angst vor dem Dasein als

Natur und vor dem selbstvergessenen Verfallen an sie würde dieses Philosophieren die Hingabe aufheben, die im Hören auf das der Existenz schlechthin Andere möglich wird, das weder sie selbst noch durch sie Wirklichkeit ist.

Wenn Existenz in ihrer Verengung die Natur in bloßes Material für ihre Freiheit zu verwandeln tendiert, dann revoltiert Natur zuerst als die Natur in dem Grunde der Existenz. Da aber Existenz als Freiheit nicht anders kann als diesen Weg zu gehen, so *muß* sie im Dasein zerschellen, weil sie gegen Natur verstößt. Es ist die Antinomie der Freiheit: Mit der Natur eins zu werden, läßt Existenz als Freiheit vernichten, gegen sie zu verstoßen, läßt sie als Dasein scheitern.

3. Wenn das Endliche Gefäß des Eigentlichen sein soll, muß es fragmentarisch werden. — Weil in der Unbedingtheit Existenz das Maß der Endlichkeit überschreiten will, wird die Endlichkeit des Daseins im Aufschwung der Existenz am Ende ruiniert. Darum ist das Scheitern als Konsequenz eigentlichen Seins im Dasein. Das Dasein besteht im Zusammensein von Vielem, das sich gegenseitig Möglichkeit und Raum lassen muß; die Welteinrichtung in Maß, Einschränkung, Zufriedengeben, Kompromiß schafft die relative Beständigkeit. Aber um eigentlich zu sein, muß ich diese Beständigkeit stören, Unbedingtheit kennt kein Maß. Die Schuld der Unbedingtheit, zugleich Bedingung der Existenz, wird gebüßt mit der Vernichtung durch das Dasein, das bestehen will. Daher gehen durch die Welt zwei Gestalten des Ethos. Die eine ist mit Anspruch auf Allgemeingültigkeit ausgedrückt in der Ethik des Maßes, der Klugheit, der Relativität, ohne den Sinn für das Scheitern, die andere in fragendem Nichtwissen durch die Ethik der Unbedingtheit der Freiheit, welche alles für möglich hält, ergriffen von der Chiffre des Scheiterns. Beide Gestalten fordern sich gegenseitig und begrenzen eine die andere. Die Ethik des Maßes wird relativ gültig für Dauer und Bestand als Voraussetzung für die Möglichkeit des Daseins der Freiheit; die Ethik der Unbedingtheit wird relativ als Ausnahme, deren Anderssein anerkannt bleibt, wenn sie vernichtet wird.

Existenz muß sich als endliches Dasein ergreifen, das andere Existenzen und die Natur außer sich hat. Als mögliche Existenz aber will sie notwendig ganz werden und in Verwirklichung zur Vollendung ihres Werks und ihrer selbst gelangen. Ihre Unbedingtheit ist, Unmögliches zu wollen. Je entschiedener sie folgt und Anpassungen ausschließt, desto mehr will sie die Endlichkeit sprengen. Ihr höchstes

Maß hat kein Maß mehr. Darum muß sie scheitern. Der Fragmentcharakter ihres Daseins und ihres Werks wird die Chiffre ihrer Transzendenz für andere auf sie blickende Existenz.

4. Spekulatives Lesen der Chiffre: nur auf dem Wege über die Daseinstäuschung wird in dem Scheitern das Sein offenbar. — Wenn das Sein als das Eine, Unendliche gedacht wird, so ist Endlichwerden ein Einzelwerden. Weil dieses nicht das Ganze ist, muß es zurückkehren, d. h. zugrunde gehen. Endlichwerden wäre als solches Schuld, im Einzelsein der Eigenwille das unausrottbare Merkmal dieser Schuld. Ein Übermut des Selbstseins führte zum Abfall; das Prinzip der Individuation wäre an sich böse, Tod und jeder Untergang Chiffre der Notwendigkeit der Rückkehr und Buße der Schuld des Endlichseins.

Dieser mythische Gedanke ist in seiner abstrakten Eindeutigkeit, in der die Freiheit verlorengeht, wie objektives Wissen eines Vorgangs. Da die Endlichkeit universal ist, jedes besondere Dasein und nicht nur der Mensch darunter fällt, ist sie nicht eigentlich als Schuld des Eigenwillens erfahrbar, da dieser nur dem eigenen Dasein zukommt, in dem er die Blindheit seiner Selbsterhaltung ist. Hier aber muß der Eigenwille für Existenz nicht notwendig das letzte Wort haben, vielmehr kann er in die Abhängigkeit von der Unbedingtheit der Existenz gezwungen werden. Die unvermeidliche Schuld erfährt dann erst diese Unbedingtheit, aus der nicht nur der Eigenwille gemeistert, sondern das Maß der Endlichkeit überschritten wird.

So ist das Sein im Weltdasein nicht nur verhüllt, sondern verkehrt. Weil die Welt nur dadurch ihren Bestand hat, daß die Kraft des Willens zum Dasein sie stets wieder hervorbringt, ist es, als ob dieses Interesse um die Verwirklichung in der Welt die Gestalt sei, in der allein das Sein Dasein hat. Da hierin aber die Grundtäuschung über das Sein, daß es dieses Dasein selbst sei, begründet liegt, wird Sein vielmehr erst im Scheitern dessen offenbar, worin es da ist. Die Täuschung ist das unausweichliche Mittelglied, die Kräfte in Bewegung zu bringen, in deren Scheitern mit dem Aufheben der Täuschung das Sein fühlbar wird. Ohne diese Täuschung wäre es für uns in dem Dunkel der Möglichkeit des Nichtseins geblieben.

Das Sein, im endlichen Dasein der Wahrnehmung verschlossen, hat es gleichsam so angestellt, daß wir im Suchen nach ihm meinen, es als Dasein hervorbringen zu müssen, während es ewig ist. Denn uns zeigt es sich über den Weg der Daseinsverwirklichung im Entschleiern

230

der Daseinstäuschung, d. h. durch die in der Wirklichkeit geschehende Erfüllung im Scheitern.

5. Was nicht in die Deutungen aufgenommen ist. — Jeder deutende Gedanke, für wahr genommen und verwirklicht, läßt im Scheitern die Chiffre des Seins sehen. Er ist ein Ausdruck für den Aufschwung des absoluten Bewußtseins. Aber in die Deutung geht nur ein, was im menschlichen Gedanken als sich erfüllender Gehalt ergriffen werden kann.

Jedoch geht in sie zunächst nicht ein das *sinnlose Enden*. Die Negativität kann in ihrer Überwindung Ursprung eigentlicher Wirklichkeit werden; sie kann erwecken und hervorbringen. Aber die Negativität, die nur vernichtet, das unfruchtbare Leiden, das nicht erweckt, sondern nur verengt und lähmt, die Geisteskrankheit, welche zusammenhanglos aus dem Anderen her nur überwältigt, kann nicht gedeutet werden. Es gibt nicht nur die produktive Zerstörung, sondern die schlechthin ruinöse Zerstörung.

Zweitens geht in die Deutung nicht ein das *Versagen von Möglichkeiten*, wenn scheitert, was noch gar nicht da war, aber die Möglichkeit seines Daseins schon kundgab.

Zwar kann Selbstsein im Überwinden die ihm versagte Möglichkeit in andere Erfüllung verwandeln, wo das Scheitern Ursprung neuen, nur aus ihm hervorgehenden Seins wird. Nichtverwirklichen wird existentielle Wirklichkeit dort, wo das Schicksal ist, daß in der faktischen Situation jede Verwirklichung Abgleitung werden müßte. Weil im Wesentlichen kein Kompromiß gemacht wird, vollzieht sich das Leid der Möglichkeit ohne Wirklichkeit. Wo etwa frühe Zerstörung die beginnende Wirklichkeit traf, da ist der Schmerz der Treue, der vor der Weite neuer Möglichkeiten verschließt. Daß nicht Armut des Könnens, sondern Reichtum unergründlicher Erinnerung der Ursprung ist, läßt die Substanz solchen Wesens der Nichtverwirklichung in einem rätselvollen Glanz erstrahlen. Hier ist Existenz wahrer als im Kompromiß, der eine breite Scheinwirklichkeit ohne die absolute Verbundenheit wählt. Diese Existenz ohne Wirklichkeit wird in der ihr beschiedenen Welt von wenigen einzig geliebt. — Sie lebt in einsamer Qual, die nicht aufhört; denn die Weite ihrer Möglichkeit im Kontrast zu ihrer Wirklichkeit läßt ihr keine Ruhe; ihr Bewußtsein kann sich nicht darüber täuschen, daß Existenz nur in der Ausbreitung eines Weltdaseins als Erscheinung sich erfüllt. Dafür wird aber die ihr noch gehörende Wirklichkeit von ihrer vollendeten

Menschlichkeit beseelt, diesem Ergebnis inneren Handelns, das als Zurückhalten vor der Wirklichkeit der Situation nicht passives Versagen, sondern eigentliche Aktivität war. Wenn sie den anderen wie ein seliger Geist in der Welt erscheint, sie im Geheimnis bleibt, wie ein Wesen, das in Fesseln geworfen ward, so fürchtet sie selbst diese Vergötterung, die ihr die letzte menschliche Nähe rauben würde. Sie kennt die Gefahren der Unnatur und Gewaltsamkeit. Weil aber ihr Kompromißlosigkeit nicht Prinzip einer ethischen Rationalität, sondern die Existenz selbst war, setzte sich ihr angesichts dieser Gefahren all ihr Wesen um in Milde und natürliche Selbstverständlichkeit, wohl einmal durchbrochen von Unbegreiflichkeiten und getragen von einem unlösbaren Schuldbewußtsein ohne rationalen Grund. Diese Existenz versteht sich selbst nicht, ist ohne Anspruch und will nicht erkannt werden, im Kontrast zu der Ohnmacht, die sich Relief und Bedeutung geben möchte. Sie lebt ein Leben ohne Lösung, aus einem ungewußten Heroismus in der Wirklichkeit des Negativen und Möglichen; sie vermag den Tiefen des Seins näherzubringen als andere, für die sie wie ein Seher wird. Die Geschichtlichkeit ihrer Erscheinung als einer schicksalhaften Nichtverwirklichung ist die Daseinstiefe ihrer selbst geworden.

Während aber solches Scheitern im Nichtverwirklichen zu einer neuen Substantialität führt, wird doch gegenüber einem Scheitern, das die Möglichkeit schlechthin ruiniert, nur undeutbares Nichts bleiben.

Der Deutung entzieht sich drittens die Vernichtung als *geschichtliches Ende, das die Möglichkeit der Kontinuität des Menschlichen durch Verschüttung aller Dokumente und Spuren ausschließt.* Unser leidenschaftlicher Wille, das eigentliche Sein in der Erscheinung nicht verlorengehen zu lassen, drängt zum Erretten seiner Dokumente, daß es aufgehoben im geschichtlichen Geiste bestehe. Wenn, was war, in der Erinnerung bleibt, sein Untergang doch seine Gegenwart als Fortwirkung in bewahrendem Sein hervorbringt, so ist die endgültige Zerstörung die Vernichtung der Möglichkeit des Erinnerns. Was an menschlicher Größe, an existentieller Unbedingtheit, an Schöpfertum wirklich war, ist für immer vergessen. Was wir geschichtlich erinnern, ist wie eine zufällige Auswahl, die alles Verlorene mit vertreten muß. Ungedeutet ist der Ruin im absoluten Vergessen.

Die Chiffre des Seins im Scheitern.

Durch die undeutbare Vernichtung wird alles philosophierend Errungene wieder und wieder in Frage gestellt. Wer wirklich sieht, was ist, scheint das starre Dunkel des Nichts erblicken zu müssen. Nicht allein läßt alles Dasein im Stich; das Scheitern selbst ist nur noch als Sein des Nichts, nicht mehr als Chiffre. Bleibt das Scheitern dieses Menetekel, so ist alles nur undurchsichtig in leerer Nacht. Das drohende Äußerste des undeutbaren Scheiterns muß alles zerschlagen, was hinter den Scheuklappen täuschenden Glückes erschaut, erdacht, erbaut war. Aus dieser Wirklichkeit ist kein Leben mehr möglich.

Das Transzendieren, das sich noch deutete, schien ein Sein zu ergreifen, an dem ein Halt ist; es ist nun wie ein Irrwahn. Denn Wahrhaftigkeit wehrt sich gegen alle Träume, die ein phantastisches Wissen vom Sein bringen. Sie muß alle Konstruktionen verwerfen, die das Ganze treffen wollen, aber statt dessen Wirklichkeit verschleiern. Jedoch ohne Transzendieren ist nur zu leben in radikaler, nur das Nichts lassender Verzweiflung.

Es ist die letzte Frage, wie die jetzt noch mögliche Chiffre des Scheiterns sei, wenn über alle Deutungen hinaus das Scheitern doch nicht das Nichts zeigt, sondern das Sein der Transzendenz. Es ist die Frage, ob aus der Finsternis ein Sein leuchten kann.

1. Die undeutbare Chiffre. — Die Endlichkeit ist nicht zu überspringen, als nur im Scheitern selbst. Tilge ich die Zeit in metaphysischer Kontemplation gerichtet auf das Scheitern, ohne seine Wirklichkeit zu erfahren, so falle ich um so entschiedener ins endliche Dasein zurück. Wer jedoch die Zeit im echten Scheitern tilgt, kehrt nicht zurück; unzugänglich den Bleibenden, fordert er vom endlichen Dasein, das Sein der Transzendenz unangetastet zu lassen. Es ist nicht zu wissen, warum die Welt ist; vielleicht ist es im Scheitern zu erfahren, aber es ist nicht mehr zu *sagen*. Im Dasein hört vor dem Sein angesichts des Umfangs des Scheiterns mit dem Denken die Sprache auf. Es ist nur Schweigen möglich gegenüber dem Schweigen im Dasein. Will aber die Antwort das Schweigen brechen, so wird sie sprechen, ohne etwas zu sagen:

a) Antwort kann *vor dem sinnlosen Ruin* das einfache Bewußtsein des Seins werden. Wie in allem Vergehen der Weltgestaltungen die Materie bleibt als das schlechthin andere, aber gleichgültige Sein, so

in dem Scheitern allen Daseins und Existierens das unzugängliche
eigentliche Sein, in dessen dunklem Sinn das Wesen scheint. *Es ist,*
ist die inhaltlich leere Aussage des Schweigens.

b) Vor der im Keim *zerstörten Möglichkeit* möchte Schweigen das
Sein *vor* der Zeit hören, worin *ist*, was nicht wirklich wurde.

c) Vor der *Unwiederbringlichkeit im Vergessen* weiß noch der
Wille zum Wiederretten des Verlorenen für die Erinnerung, daß
Verlust und Rettung nicht das Sein der Existenz treffen, das vergessen oder erinnert ist, sondern ihr Dasein; für sein Schweigen ist
in der Transzendenz nur verloren, was nie in ihr war.

Nur vor der undeutbaren Chiffre wird schließlich das Ende der
Welt das Sein. Während für das Wissen jedes Ende in der Welt und
in der Zeit ist, niemals ein Ende der Welt und der Zeit, steht das
Schweigen vor der undeutbaren Chiffre des universalen Scheiterns
in bezug auf das Sein der Transzendenz, vor dem *die Welt vergangen*
ist. Das Nichtsein allen uns zugänglichen Seins, das sich im
Scheitern offenbart, ist das Sein der Transzendenz.

Keine dieser Formeln sagt etwas, jede sagt dasselbe, alle sagen
nur: *Sein.* Es ist, als ob sie nichts sagten, denn sie sind ein Brechen
des Schweigens, ohne es brechen zu können.

2. Die letzte Chiffre als Resonanz für alle Chiffren. —
Was an Chiffren in wirklicher Erfüllung Sein offenbarte, muß, vor
dem undeutbaren Scheitern in Frage gestellt, rückwärts aus der Quelle
des im Schweigen erfahrenen Seins leben oder verdorren. Denn
Scheitern ist der umspannende Grund allen Chiffre-Seins. Chiffre als
Seinswirklichkeit zu sehen, entspringt erst in der Erfahrung des
Scheiterns. Aus dieser erhalten alle Chiffren, die nicht verworfen
werden, ihre letzte Bestätigung. Was ich in die Vernichtung ein-
tauchen lasse, vermag ich als Chiffre zurückzuerhalten. Lese ich
Chiffren, so lasse ich sie entspringen im Blick auf den Ruin, der in
der Chiffre meines Scheiterns erst jeder besonderen Chiffre ihre
Resonanz gibt.

Während das passive Nichtwissen nur der Schmerz des möglichen
Nichts oder die kritische Verwahrung gegen falsches ontologisches
Wissen bleibt, wird in der Erfahrung des Undeutbaren das Nichtwissen aktiv in der Gegenwart des Seins als Ursprung allen eigentlichen Seinsbewußtseins in dem unendlichen Reichtum der Welterfahrung und Existenzverwirklichung.

Die Undeutbarkeit als letzte Chiffre ist aber nicht mehr als bestimmbare Chiffre. Sie bleibt offen, daher ihr Schweigen. Sie kann ebensogut die absolute Leere wie die endgültige Erfüllung werden.

3. Ruhe in der Wirklichkeit. — Im Blick auf das Scheitern scheint es unmöglich, zu leben. Wenn das Wissen um das Wirkliche die Angst steigert, Hoffnungslosigkeit mich in der Angst vergehen läßt, so scheint vor der unausweichlichen Tatsächlichkeit die Angst das letzte zu werden; die eigentliche Angst ist die, die sich für das Letzte hält, aus der kein Weg mehr ist. Der Sprung in ein angstloses Sein scheint ihr wie eine leere Möglichkeit: ich will springen, aber ich weiß schon, daß ich nicht herüberkomme, sondern nur in den bodenlosen Abgrund der endgültig letzten Angst versinke.

Der Sprung aus der Angst zur *Ruhe* ist der ungeheuerste, den der Mensch tun kann. Daß er ihm gelingt, muß seinen Grund über die Existenz des Selbstseins hinaus haben; sein Glaube knüpft ihn unbestimmbar an das Sein der Transzendenz.

Erst die Angst, die den Sprung zur Ruhe findet, vermag auch *rückhaltlos die Weltwirklichkeit zu sehen.* Bloße Angst und bloße Ruhe dagegen verschleiern die Wirklichkeit: Angst vor ihr macht sich das Scheitern undeutlich; sie wird im Sichhalten an eine vermeintlich gekannte Wirklichkeit glaubenslos; wenn Angst sich so faktisch zum Letzten macht, verbirgt sie sich vor sich durch Haben eines beruhigenden Wissensinhalts; in dieser Fälschung der Wirklichkeit zum bestehenden Ganzen wird unwahre Harmonie erträumt, ein ideales Sollen formuliert, die Wahrheit für eine einzige gehalten und als richtige gewußt. Diese Ruhe entspringt der Unwahrheit. Sie konnte entstehen, weil die Angst die Augen schloß; darum ist die Angst der verborgene, aber nicht überwundene Grund dieser Ruhe.

Es ist das Grundfaktum unserer Existenz im Dasein, daß die Wirklichkeit, die die vernichtende Angst hervorbringt, weder ohne Angst gesehen werden kann, wie sie eigentlich ist, noch ohne den Übergang der Angst in Ruhe. Daß der Mensch zugleich Wirklichkeit sehen, selbst wirklich sein und doch leben kann, ohne in der Angst zu vergehen, knüpft sein Selbstsein an seine entschiedenste Wirklichkeitsnähe, aber in einem unvollendbaren Prozeß, in dem weder Angst noch Ruhe das Letzte, und keine Wirklichkeit die endgültige ist. Weil, um die Wirklichkeit zu sehen, erfordert ist, auch die äußerste Angst als eigene zu erfahren, ermöglicht diese erst den schwersten und unbegreiflichsten Sprung zu der Ruhe, der die Wirklichkeit unverdeckt bleibt.

Gibt es in der Wahrhaftigkeit des Seinsbewußtseins keine Lösung, keine Antwort in dem Schweigen, keine Rechtfertigung dessen, was ist und wie es ist, keine Beruhigung und in der Chiffre keine Enthüllung, so ist *Dulden* der Weg vor der Ruhe. Wenn das passive Dulden leer und nur die Form ist, sich im Gehenlassen der Dinge widerstandslos preiszugeben, vermag aktives Dulden das Scheitern allen Daseins zu erfahren und doch zu verwirklichen, solange irgend Kraft ist; in dieser Spannung erwirbt es sich Gelassenheit. Durch Dulden besteht die Welt des der Wirklichkeit offenen Menschen, dem das Sein der Transzendenz fühlbar wurde. Im Dulden ist das Nichtwissen des Glaubens, welcher tätig in der Welt ist, ohne eine gute und endgültige Welteinrichtung für möglich halten zu müssen. Zwar kann ihm die Chiffre des Scheiterns verblassen, wenn es ihm wie in abgründiger Sinnlosigkeit keiner Form seines denkenden Aufschwungs mehr zugänglich scheint; aber Dulden hält noch am Sein *trotz* des Scheiterns, wo ihm die Chiffre *durch* Scheitern ausbleibt.

Erst die Vergewisserung dieser Transzendenz, welche im dunkelsten Wendepunkt selbst auf die Sprache der Transzendenz verzichten konnte, wird der Halt im Dasein, welcher eine nicht mehr täuschende *Ruhe* gibt. Doch diese Gewißheit, an die Gegenwart der Existenz gebunden, kann in der Zeit nicht als objektive Garantie konstituiert werden, sondern muß immer wieder entschwinden. Aber wenn sie ist, vermag nichts etwas gegen sie. Es ist genug, daß Sein ist. Zwar Wissen von der Gottheit wird Aberglaube; aber Wahrheit ist, wo scheiternde Existenz die vieldeutige Sprache der Transzendenz in die einfältigste Seinsgewißheit zu übersetzen vermag.

Nur dieser letzten Ruhe ist ohne Täuschung die Vision der Vollendung in verschwindendem Augenblick möglich. Die eigentliche Nähe zur Welt entsprang, wo die Chiffre des Untergehens gelesen wurde. Die Weltoffenheit der Existenz war erst ganz bereit, wenn die Transparenz von allem auch dessen Scheitern mit in sich aufnahm. Das Auge wurde klar, sah und forschte grenzenlos in der Weltorientierung, was da ist und war; es war, als ob sich der Schleier von den Dingen höbe. Jetzt vermag Liebe zum Dasein unermüdlich zu verwirklichen, und wird die Welt unsäglich schön in ihrem transzendent gegründeten Reichtum; — aber sie bleibt auch dann in ihrer Furchtbarkeit noch Frage, auf die im Zeitdasein nie letzte Antwort für alle und für immer wird, wenn der Einzelne hellsichtig zu erdulden vermag und seine Ruhe findet.

236

Was leicht ist als gesagt, ist nie ganz gegenwärtig. In jeder Antizipation des bloßen Gedankens wird es unwahr. Nicht durch Schwelgen in der Vollendung, sondern auf dem Wege des Leidens im Blick auf das unerbittliche Antlitz des Weltdaseins, und in der Unbedingtheit aus eigenem Selbstsein in Kommunikation kann mögliche Existenz erreichen, was nicht zu planen ist und als gewünscht sinnwidrig wird: im Scheitern das Sein zu erfahren.